U0067657

設計職人
必修
ILLUSTRATOR
文字與材質特效

JET_COMPANY

下田和政 著

INTRODUCTION 引言

這是一本利用範例來學習各種設計主題的 Adobe Illustrator 教材，書中所有範例都是按照基本的操作方法來完成，在您一步一步執行操作步驟的過程中，自然能學會所有技巧。

另外，Illustrator 各種面板類、交談窗的設定值 (參數)，都標示在視窗畫面附近，您可以不假思索就明白設定內容。

本書共分成 2 大部分，前半部分介紹以 LOGO、標題等文字類為主題的「文字特效」；後半部分是壁紙等設計背景用的「紋理」。根據範例性質，進一步分成 9 個種類來說明操作步驟。

這是一本教您學會製作特效的教材，也是設計素材的參考書，若您願意將這本書放在伸手可及的螢幕旁，隨時參考翻閱，我將深感榮幸。

■ 作者簡介

下田和政 平面設計師

擔任雜誌、書籍的美術總監，同時還負責版面設計、攝影、插畫製作等，橫跨多種設計領域。

主要著作有：『設計職人必修 Illustrator: APP 圖示設計 Professional Z』、『設計職人必修 Photoshop：識別設計 Professionalz Logo・Icon・Mark』、『設計職人必修 Photoshop X Illustrator 風格至上ProfessionalZ』、『設計職人必修 Illustrator 識別設計ProfessionalZ~LOGO・ICON・MARK~』、『設計職人必修: Illustrator 48+48 經典特效』、『設計職人必修 Photoshop 48+48 經典特效』、『Photoshop Design Shot!』、『自由使用素材集 Free Font 900』(ASCII MEDIA WORKS) …等書。

▌TABLE OF CONTENTS 目錄

Adobe Illustrator、Apple Mac・Mac OSX、Microsoft Windows 以及所有記載於本書內的其他商品名稱、公司名稱，全都屬於各公司的商標或註冊商標。書中不特別註明 TM 或 ®。書中的內容以及光碟中提供您練習的範例檔案 (完成檔、照片素材) 皆受到著作權法的保障。任何檔案除了個人於私領域使用外，禁止任意印刷或於網站、部落格、社群網站上二次使用、發佈、販售等行為。另外，對於使用光碟中的檔案，產生異常狀況或損害，作者及出版社概不負任何責任。

依目的分類
的範例目錄

IMAGE INDEX

本書不論從哪一個範例開始，都可以毫無困難地執行操作
步驟。首先，請翻開下一頁的目錄，挑選您想試作的範
例。找到您有興趣的內容後，從該範例開始練習操作。

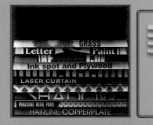

STONE. *Stone text effect*
09 P.062

G GRASS EFFECT
09B VARIATION P.065

g *GRASS TEXT EFFECT*
10 P.068

FIRE RED HOT IRON TEXT.
11 P.072

BREAK
12 P.076

CARVE *LETTER CARVING EFFECT*
13 P.080

LETTER CARVING CUTOUT
13B VARIATION P.083

BLEND SHADOW
14 P.086

border
15 P.090

outline
15B VARIATION P.093

MAP *PAPERCRAFT TEXT EFFECT*
16 P.095
※16B／16C P100

THREED *THREE-DIMENSIONAL TEXT EFFECT*
17 P.102

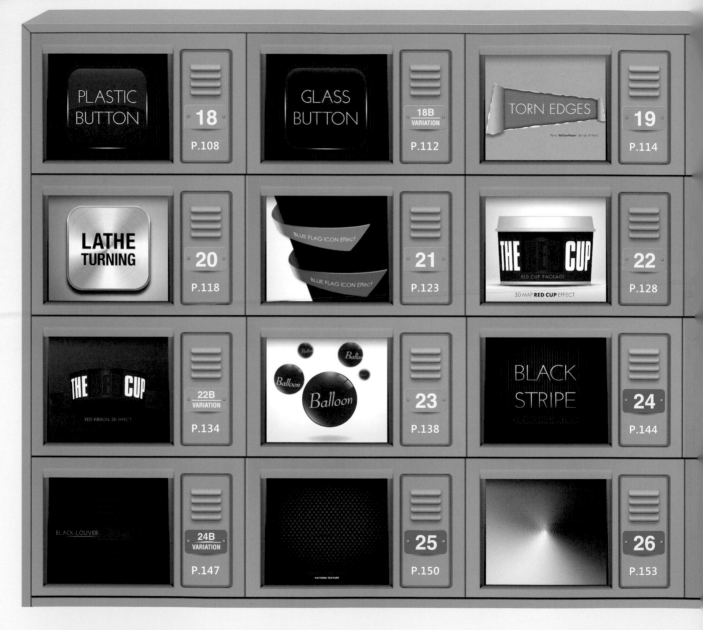

PLASTIC BUTTON — **18** P.108

GLASS BUTTON — **18B VARIATION** P.112

TORN EDGES — Torn YellowPaper Strip Effect. — **19** P.114

LATHE TURNING — **20** P.118

BLUE FLAG ICON Effect / BLUE FLAG ICON Effect — **21** P.123

THE CUP — RED CUP PACKAGE — 3D MAP RED CUP EFFECT — **22** P.128

THE CUP — RED RIBBON 3D EFFECT. — **22B VARIATION** P.134

Balloon / Balloon — **23** P.138

BLACK STRIPE — **24** P.144

BLACK-LOUVER — **24B VARIATION** P.147

PATTERN TEXTURE — **25** P.150

26 P.153

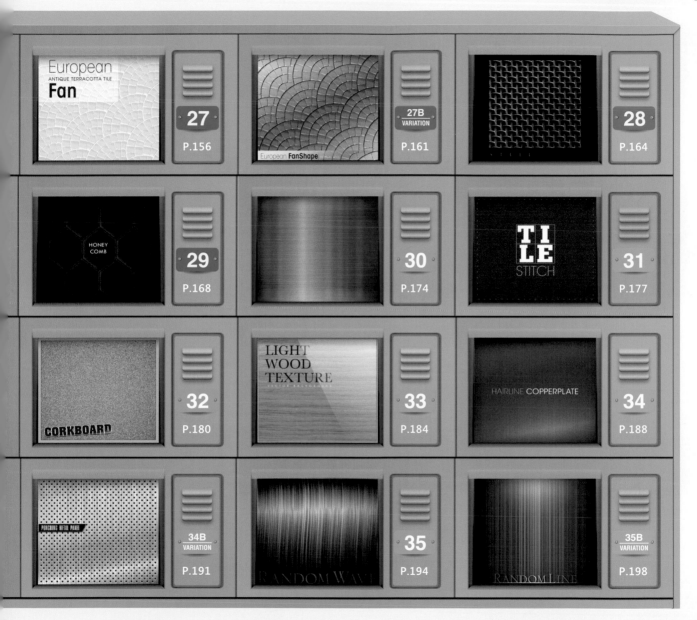

European
ANTIQUE TERRACOTTA TILE
Fan

27
P.156

27B
VARIATION
P.161

European **FanShape**

28
P.164

HONEY COMB

29
P.168

30
P.174

TILE
STITCH

31
P.177

CORKBOARD

32
P.180

LIGHT WOOD TEXTURE

33
P.184

HAIRLINE COPPERPLATE

34
P.188

PUNCHING METAL PANEL

34B
VARIATION
P.191

RANDOM WAVE

35
P.194

RANDOM LINE

35B
VARIATION
P.198

BAR CHART
45B VARIATION
P.246

RANDOM MOSAIC
46
P.248

RANDOM TILE PATTERN
46B VARIATION
P.252

BLUE DOT CIRCLE BACKGROUND
47
P.255

RED DOT WAVE BACKGROUND
47B VARIATION
P.259

White lights
48
P.262

06:20 RAINBOW-BRIDGE
49
P.268

※Dot Screen Effect P270

50
P.271

※Mezzotint × Texture P273

The Old Tree
51
P.274

Silhouette
Image Trace in Adobe Illustrator CS6
51B VARIATION
P.277

BROWN PAPER
TEXT EFFECT
52
P.280

Ahead of the field
53
P.284

關於光碟
About DVD

本書附贈 DVD 光碟一片，收錄各章精美的完成檔案，請將 DVD 光碟放入光碟機中，稍待一會兒即會出現**自動播放交談窗**，按下**開啟資料夾以檢視檔案**項目就會看到如下的畫面。

開啟範例檔案的注意事項

本書的範例檔案分成兩個資料夾，**CC CS6** 資料夾中的檔案是支援 Illustrator CC/CS6 (儲存成 CS6 格式)，**CS5 CS4 CS3** 資料夾則是支援 Illustrator CS5/CS4/CS3 (儲存成 CS3 格式) 的格式。請依你所使用的 Illustrator 版本來開啟對應的檔案。

在 **CC CS6** 及 **CS5 CS4 CS3** 資料夾下還分成兩個資料夾，分別為 **THE FIRST SECTION** (文字特效) 及 **THE SECOND SECTION** (材質特效)，您只要展開這兩個資料夾，依序點開單元編號，就可以開啟範例檔案。檔案的命名方式以單元編號加上 .ai。

本書範例所使用的字型有部份為付費字型，若您的電腦中沒有相同字型，當您開啟範例檔案時，Illustrator 會出現如右交談窗，請按下**開啟**鈕，以替代字型來開啟檔案，但其效果會和書上有些微差異。

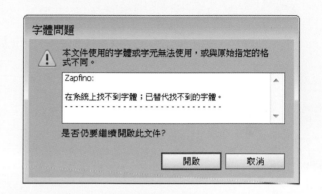

使用範例檔案的注意事項

● 範例檔案的著作權歸屬於作者。這些檔案僅提供個人用來確認製作的範例結果，嚴禁轉載或轉發等二次使用。

● 支援 CS5 / CS4 / CS3 的檔案是將 CS6 製作的檔案另存成 CS3 格式，與 CS6 沒有互通的效果 (陰影等) 會被影像化。

● 完成檔案以及照片素材僅提供學習用途。嚴禁使用這些檔案進行商品化或設計化的行為。

How To Use

本書的結構

本書是以 Adobe Illustrator CS6 製作的範例為主，在 Windows 環境下，顯示操作面板及交談窗，並且標示相關參數來說明操作步驟。

本書的範例分成 2 個部分，包括以 LOGO、文字特效為主題的 The First Section 以及以背景、紋理為主題的 The Second Section。另外，再進一步按照內容分門別類（Section 01～09），並且標示成 9 種主題顏色。

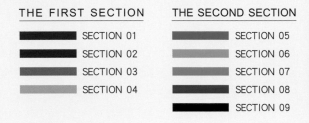

THE FIRST SECTION

SECTION 01
SECTION 02
SECTION 03
SECTION 04

THE SECOND SECTION

SECTION 05
SECTION 06
SECTION 07
SECTION 08
SECTION 09

新增文件

本書是將 Illustrator 的色彩模式設定為 **CMYK**，點陣特效的解析度設定為 **300pixel/inch** 來說明操作步驟。新增文件時，請執行『**檔案/新增**』命令，開啟**新增文件**交談窗，將**描述檔**設定為**列印**。當您想確認或調整文件設定時，可以分別執行『**檔案/文件色彩模式/CMYK 色彩**』命令，以及執行『**效果/文件點陣效果設定**』命令，就可以改變設定內容。

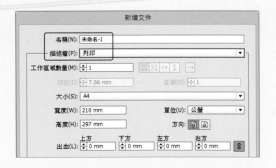

Windows / Mac 按鍵對應標示

本書同時支援 Windows 以及 Mac 兩種作業環境。使用 Mac 版本的讀者，請按照右表對應按鍵，執行操作。另外，本書是在 Windows 環境下，截取 Illustrator CS6 的視窗畫面來說明操作步驟，Mac 版本也可以執行相同操作。工具及面板等部分會隨著 OS 或 Illustrator 的版本而出現名稱或位置差異。若操作方法有明顯差異，會在本文中的註解特別加註說明。

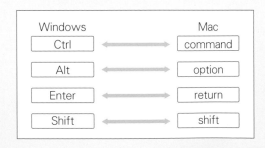

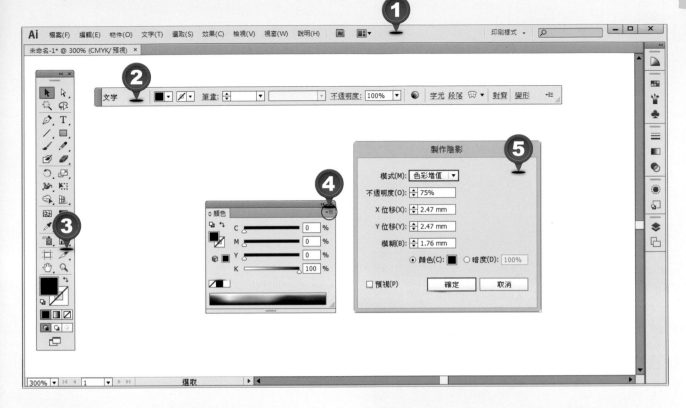

1 功能表列

這裡可以呼叫出各種收藏起來的面板或交談窗。Windows 版本沒有 Illustrator 項目,裡面的內容改移到「編輯」功能表中。

2 控制面板

除了各種面板之外,這裡的項目會根據您選取的工具或物件種類而產生變化。各種面板右上方或面板選單的內容也會顯示在這裡。

3 工具面板

集合各種以按一下或拖曳方式操作的工具。可以分離隱藏的工具,個別顯示成小面板。

4 顏色面板

這是從功能表列的**視窗**叫出來的面板。右上方的面板選單中,可以顯示選項(擴充面板)。

5 交談窗(此畫面為「製作陰影」)

這是輸入參數的數值,或決定詳細設定的視窗。本書為了方便讀者閱讀,有時會放大、裁切視窗。

本書的閱讀方法
How To Read

操作步驟的標示方法

一邊參考操作面板或交談窗的參數，一邊執行本書的製作步驟，就能完成範例物件。

對於功能表列的命令描述方法，本書以「/」來代表執行功能表列的命令（例如：執行『檔案/新增…』命令，語尾部分的「…」全都省略）。此外，會隨著參數的數值或樣式種類而隨機改變效果的命令，則以「:」來表示。

※描述範例　執行『效果/風格化/製作陰影』命令

交談窗的標示方法

出現在本書說明步驟中的畫面（交談窗等），會在旁邊標示必須設定的參數。關於輸入參數的部分，如果不需要特別設定（維持預設值等），有時會省略不顯示。

假如要重新還原 Illustrator 的環境設定，請按住 Ctrl + Alt + Shift 鍵（Mac 是 command + option + shift 鍵），再重新啟動 Illustrator。

※啟動 Illustrator 時，不會以視窗通知。

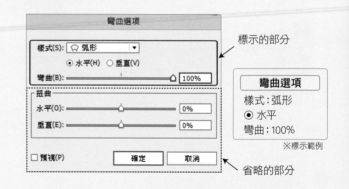

標示的部分

| 彎曲選項 |
| 樣式：弧形 |
| ◉ 水平 |
| 彎曲：100% |

※標示範例

省略的部分

物件的位置（基準點）

本書在調整物件大小或變形時，是將基準點（ 顯示於應用程式列）設定在物件的中央來標示參數。此外，從 Illustrator CS5 開始，物件的座標軸就更改了 Y 軸的規格。使用 CS4、CS3 版本的讀者，請注意交談窗的垂直移動值（＋）與（－）正好相反。本文中已經加上註解，當您檢視畫面中的數值時，請特別留意垂直方向的設定。

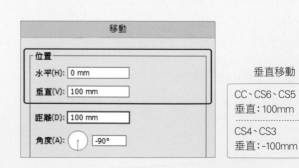

垂直移動

CC、CS6、CS5
垂直：100mm

CS4、CS3
垂直：-100mm

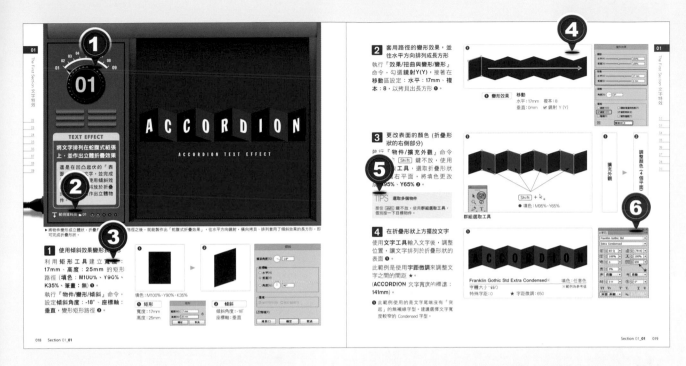

① **範例編號**

利用轉盤指出各小節的編號。另外，範例編號與收錄檔案名稱是以號碼來顯示，至於應用範例的編號會另外加上「B」來區別。

② **收錄檔案名稱、難度等級**

標示 5 種等級的操作難度以及範例所在的資料夾。

③ **製作步驟的內容**

搭配畫面說明範例的操作步驟。另外，呼叫出交談窗的方法以及參數的數值也會在本文中說明。

④ **物件的狀態**

利用圖解清楚顯示各個製作步驟的物件變化狀態，包含使用工作操作時的路徑在內。

⑤ **TIPS、註解、提醒**

這說明與本文內容有關的 TIPS 或因為 Illustrator 版本及 OS 差異而衍生出問題的訊息欄位。同樣地，註解或提醒也會標示於本文的下方。

⑥ **物件面板、工具的狀態**

按照操作時呼叫出來的物件交談窗等重點，顯示必要的畫面。此外，參數的數值也會標示在畫面附近。

開始練習前的設定

Settings

顯示操作步驟

執行『**編輯（Mac 是 Illustrator）/偏好設定**』命令，可以開啟
偏好設定交談窗。本書是執行『**編輯/偏好設定/單位**』命令，設
定**一般：公釐、筆畫：pt、**
文字：Q。此外，本書是執
行『**編輯/偏好設定/使用者介**
面』命令，將**亮度**設定為**亮**，
再截取畫面。

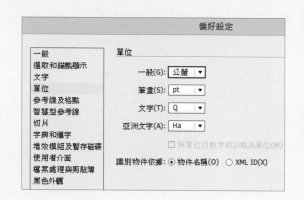

「顏色」面板的顯示模式

本書沒有特別在畫面上標示出**顏色**面板。假如**顏色**面板選擇了
非 CMYK 以外的模式，請利用**顏色**面板右上方的選項選單，執行
『**CMYK**』命令，形成可以輸入數值的狀態。此外，倘若畫面上
沒有顯示面板，請執行『**視窗/選擇目標面板**』命令，叫出該面
板。由於印刷與螢幕有特性上的差異，因此印刷於書中的紙張影
像，可能與您實際操作時，顯示於螢幕畫面上的顏色有出入。

確認「對齊」面板

如果無法讓物件整齊排列，請按下**對齊**面板右上方的選項選單，
執行『**顯示選項**』命令，在面板右下方的「**對齊至**」按下 ，
選擇**對齊選取的物件**。

> **各面板右上方的選項選單**
> 本文中沒有記載開啟選單的方法。但是，**漸層**面板、**筆畫**面板、**文字**面板分別
> 都是在展開面板的狀態下來說明操作步驟。

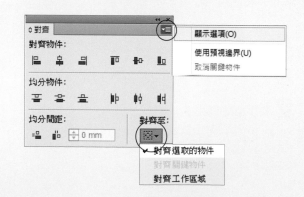

01 P.018

01B VARIATION P.022

02 P.026

02B VARIATION P.030

The First Section

文字特效

Section 01

強調文字輪廓及
細部的裝飾

03 P.033

03B VARIATION P.037

04 P.040

05 P.044

▶ 將物件變形成立體狀，折疊角度為 18°。變形路徑之後，就能製作出「蛇腹式折疊效果」。往水平方向鏡射、橫向拷貝、排列套用了傾斜效果的長方形，即可完成折疊形狀。

1 使用傾斜效果變形長方形

利用 **矩形工具** 建立 **寬度：17mm、高度：25mm** 的矩形路徑（**填色：M100%、Y90%、K35%、筆畫：無**）❶。

執行『**物件/變形/傾斜**』命令，設定**傾斜角度：-18°、座標軸：垂直**，變形矩形路徑 ❷。

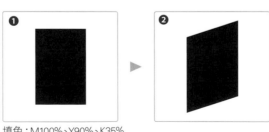

填色：M100%、Y90%、K35%

❶ 矩形

寬度：17mm
高度：25mm

寬度(W)：17 mm
高度(H)：25 mm
確定　取消

❷ 傾斜

傾斜角度：-18°
座標軸：垂直

傾斜

傾斜角度(S)：-18°

座標軸
○ 水平(H)
● 垂直(V)
○ 角度(A)：90°

選項
☑ 變形物件(O)　□ 變形圖庫(T)

☑ 預視(P)

拷貝(C)　確定　取消

2 套用路徑的變形效果,並往水平方向排列成長方形

執行『**效果/扭曲與變形/變形**』命令,勾選**鏡射Y(Y)**,接著在**移動**區設定:水平:**17mm**、複本:**8**,以拷貝出長方形 ❶。

❶ **變形效果** | **移動**
水平:17mm　複本:8
垂直:0mm　☑ 鏡射 Y (Y)

3 更改表面的顏色 (折疊形狀的右側部分)

執行『**物件/擴充外觀**』命令 ❶,按住 [Shift] 鍵不放,使用**群組選取工具**,選取折疊形狀的 4 個右平面,將填色更改成 **M95%**、**Y65%** ❷。

[Shift] + ▸₊

● 填色:M95%、Y65%

群組選取工具

TIPS **選取多個物件**
按住 [shift] 鍵不放,使用**群組選取工具**,個別按一下目標物件。

❶ 擴充外觀 ▶ ❷ 調整顏色 (4 個平面)

4 在折疊形狀上方擺放文字

使用**文字工具**輸入文字後,調整位置,讓文字排列於折疊形狀的表面 ❶。

此範例是使用**字距微調**來調整文字之間的間距 ★。

(**ACCORDION** 文字寬度的標準:**141mm**)。

❶ 此範例使用的是文字尾端沒有「突起」的無襯線字型。建議選擇文字寬度較窄的 Condensed 字型。

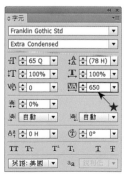

Franklin Gothic Std Extra Condensed※　　填色:任意色
字體大小:65Q　　　　　　　　　　　　※範例為參考值
特殊字距:0　　★ 字距微調:650

5 統一選取放置在左平面的文字

先執行『**文字/建立外框**』命令 ❶，再執行『**物件/解散群組**』命令 ❷。接著按住 [Shift] 鍵不放，使用**選取工具**統一選取放在左平面的文字 (5 個) ❸。

選取工具

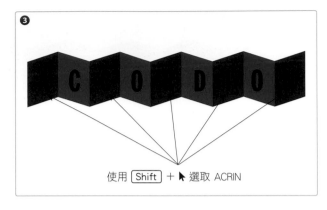

使用 [Shift] + ▶ 選取 ACRIN

❶ 建立外框　▶　❷ 解散群組

6 利用傾斜效果變形剛才選取的 5 個字母

執行『**物件/變形/傾斜**』命令，設定**傾斜角度：-18°**、**座標軸：垂直**，統一變形 5 個字母 ❶。

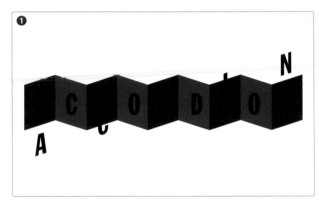

❶ 傾斜

傾斜角度：-18°
座標軸：垂直

7 利用「對齊」面板讓變形後的 5 個字母橫向對齊

將傾斜效果變形後的 5 個字母設定填色：白色 ❶。

按下**對齊**面板的**垂直居中**鈕，讓放於折疊形狀上 5 個字母彼此對齊 ❷。

★ 假如物件無法和圖 ❷ 一樣對齊，請確認**對齊**面板是否按照 P016 的說明完成設定 (對齊選取的物件)。

❶ 將選取的字母變成白色

❷ 對齊

★垂直居中對齊

8 傾斜變形右平面的 4 個字

利用 [Shift] 鍵＋**選取工具**，統一選取折疊形狀右平面的文字 (4 個字母) ❶。執行『**物件/變形/傾斜**』命令，設定**傾斜角度：-18°**、**座標軸：垂直**，統一變形 4 個字母 ❷。

使用 [shift] + ▶ 選取 CODO

❷ **傾斜**

傾斜角度：-18°
座標軸：垂直

9 利用「對齊」面板讓變形後的 4 個字母橫向對齊

將傾斜變形後的 4 個字母設定為填色：白色 ❶。

按下**對齊**面板的**垂直居中**鈕，讓放於折疊形狀上 4 個字母彼此對齊 ❷。

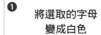

❶ 將選取的字母變成白色

❷ **對齊**

垂直居中

Finish 在折疊形狀的下層加上長方形陰影完成範例

使用**矩形工具**建立**寬度：148mm**、**高度：20mm** 的長方形路徑 (**填色：K100%**、**筆畫：無**)，接著移動到折疊形狀的上層 (略微偏下) ❶。

執行『**物件/排列順序/移至最後**』命令，在**透明度**面板中，將**漸變模式**設定為**色彩增值** (不透明度 100%) ❷。

最後，將**填色：M100、Y92** (**筆畫：無**) 的長方形放在物件的最下層，完成範例 ❸。

(此範例設定為**寬度：200mm**、**高度：115mm**)

❶
寬度：148mm
高度：20mm

❷ **透明度**

漸變模式：色彩增值
不透明度：100%

TYPE-1 : ACCORDION

TYPE-2 : DICE-TRANSFORM

VARIATION

2 個「折疊效果」的應用範例

這裡要介紹 2 個使用折疊物件製作出來的應用範例。運用簡單的圖案,可以表現出 2 種不同視角的應用變化。

⊥ 範例資料夾 ■ 01

▶ 這裡的範例包括往上移動陰影,調整視角的 Type-1 ,以及加上蓋子,變成 5 個箱子形狀的 Type-2。Type-1 是從 P021-9 開始,執行不同於前面範例的操作步驟,Type-2 是從 P019-3 開始。因此,以下將分別從出現差異的操作步驟起,說明 2 個範例的製作方法。

`Type-1` **#1** 更改左平面的顏色

★ 使用 [Shift] 鍵+**群組選取工具**選取 P021-9 製作的物件右平面,將填色更改為 **C95%、M25%、Y45%** ❶。

★ P021-9 的狀態 **ACCORDION**

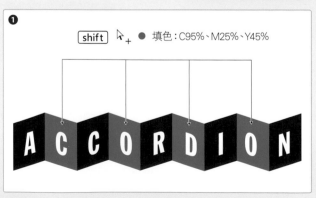

`Type-1` **#2** 更改左平面的顏色

使用 [Shift] 鍵+**選取工具**選取放於左平面上的 5 個字母,再將文字的填色更改為 **C95%、M25%、Y45%** ❶。

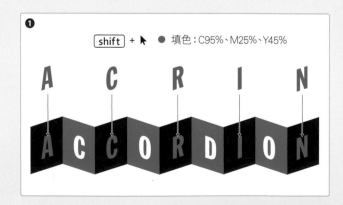

Type-1 #3　設定左平面的筆畫

使用 [Shift] 鍵＋**群組選取工具**選取左側的 5 個平面 ❶，設定**填色：白色、筆畫：C95%、M25%、Y45%、筆畫寬度：2pt** ❷。

※ 筆畫設定請按下**筆畫**面板的**顯示選項**★，再將**對齊筆畫**設定為**筆畫內側對齊**。

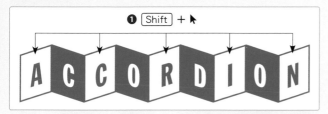

❶ [Shift] ＋ ▶

❷　　筆畫

填色：白色
筆畫：C95%、M25%、Y45%
筆畫寬度：2pt
對齊筆畫：筆畫內側對齊

Type-1 Finish　在下層加入當陰影的長方形即完成範例

使用**矩形工具**建立**寬度 150mm、高度 25mm** 的長方形路徑（**填色：K15%**），接著移動到剛才的物件上層（偏右上方）❶。

最後，執行『**物件/排列順序/移至最後**』命令，完成範例 ❷。

❶　　　　　　　　寬度：150mm　高度：25mm
　　　　　　　　　填色：K15%　（筆畫：無）

❷

Type-2 #1　在折疊物件的表面增加左端點

★ 使用**群組選取工具**選取 P019-3 物件的第 2 個平面 ❶，執行『**物件/變形/移動**』命令，往左移動 34mm/拷貝平面 ❷。

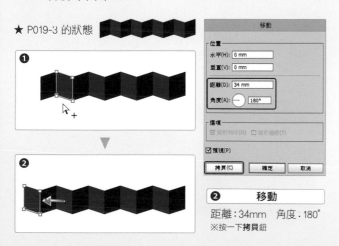

★ P019-3 的狀態

❶

❷

移動

位置
水平(H)：0 mm
垂直(V)：0 mm
距離(D)：34 mm
角度(A)：　　180°

選項
☑縮放物件(O)　□變形圖樣(T)

☑預視(P)

拷貝(C)　　確定　　取消

❷　　移動

距離：34mm　角度：180°
※按一下**拷貝**鈕

Type-2 #2　選取下面的 5 個錨點

選取整個物件，執行『**編輯/拷貝**』命令 ❶，接著使用**直接選取工具**選取物件下面的 5 個錨點 ❷。（直接執行下個步驟）。

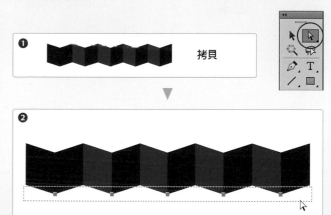

❶　　　　　　　　　　　　拷貝

❷

Type-2 #3　往上移動 5 個錨點

維持選取 5 個錨點的狀態，執行『**物件/變形/移動**』命令，讓錨點往上移動 36mm ❶。

❶　　移動
距離：36mm　　角度：90°

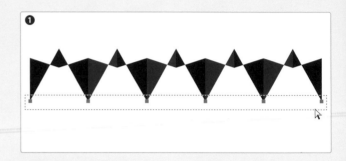

Type-2 #4　選取下面的 6 個錨點

使用**直接選取工具**統一選取物件下面的 6 個錨點 ❶。（直接執行下個步驟）

直接選取工具

Type-2 #5　往上移動 6 個錨點

維持選取 6 個錨點的狀態，執行『**物件/變形/移動**』命令，讓錨點往上移動 25mm ❶。

❶　　移動
距離：25mm　　角度：90°

Type-2 #6　用 2 個物件製作出 5 個箱子

使用**路徑管理員**面板合併變形後的物件 ❶。

接著執行『**編輯/貼至上層**』命令 ❷。

❶　　路徑管理員
形狀模式：聯集

貼至上層

Type-2 #7 設定物件的填色與筆畫

選取全部的物件，設定**填色：白色**、**筆畫：C92%**、**M70%**、**筆畫寬度：5pt ❶**。

※ 筆畫設定請按下**筆畫**面板的**顯示選項★**之後，再將**尖角**設定為圓角。

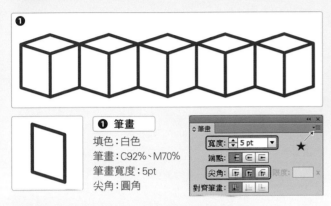

❶

❶ 筆畫

填色：白色
筆畫：C92%、M70%
筆畫寬度：5pt
尖角：圓角

Type-2 #8 在箱子的正面、側面擺放文字

使用**文字工具**輸入文字，接著調整文字的位置，讓文字彼此對齊於箱子的平面上（10 個）❶。

範例使用了「字距微調」來調整所有文字之間的字距★。（DICEEFFECT 文字寬度的標準：160mm）。

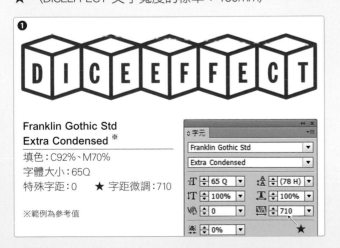

❶

Franklin Gothic Std Extra Condensed ※

填色：C92%、M70%
字體大小：65Q
特殊字距：0 ★ 字距微調：710

※範例為參考值

Type-2 Finish 讓變形後的文字放在「平面」上完成範例

利用 P020-5〜Finish 的步驟，讓文字整齊擺放在箱子的正面 ❶。

※ 使用文字變形，設定**傾斜角度：18°(-18°)**、**座標軸：垂直**。

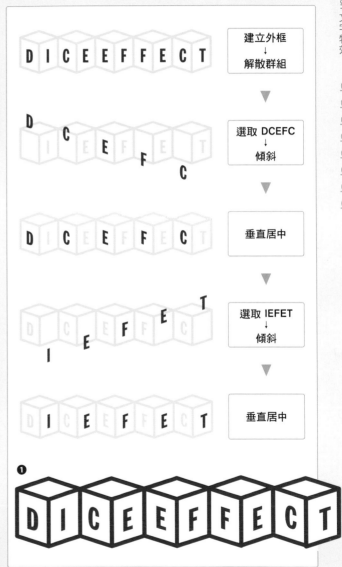

建立外框
↓
解散群組

選取 DCEFC
↓
傾斜

垂直居中

選取 IEFET
↓
傾斜

垂直居中

❶

TEXT EFFECT

廣告漆風格的
手寫看板文字

這是以手寫風格的立體文字製作而成的簡約招牌。以下將按照手寫字型的文字特效、復古招牌、背面陰影等 3 個部分來說明操作步驟。

範例資料夾 ▬ 02 ○ ○ ○ ○ ○

▶ 運用手寫字型呈現以廣告漆描繪的手繪風格。套用「漸變效果」，製作出強調輪廓的「外框文字」，再加上投射在背面的「陰影」，表現復古風格。

1 以橢圓及長方形製作招牌的基本形狀

使用**橢圓形工具**建立**寬度 132mm、高度 100mm** 的橢圓形（**填色：C35%、M19%、Y24%、筆畫：無**）❶。

使用相同的填色（**筆畫：無**），以**矩形工具**建立**寬度 143mm、高度 75mm** 的長方形路徑 ❷。

	橢圓形
寬度(W):	132 mm
高度(H):	100 mm

❶ 橢圓形
寬度：132mm
高度：100mm
填色：C35%、M19%、Y24%

	矩形
寬度(W):	143 mm
高度(H):	75 mm

❷ 長方形
寬度：143mm
高度：75mm
填色：C35%、M19%、Y24%

2 加入圓角矩形並且讓 3 個物件居中對齊

使用**圓角矩形工具**繪製寬度 168mm、高度 58mm、圓角半徑 10mm 的圓角長方形路徑 (填色與橢圓形路徑同色、筆畫:無)❶。選取這 3 個路徑,使用**對齊**面板,讓物件居中對齊 ❷。

★ 假如物件無法和圖 ❷ 一樣對齊,請確認**對齊**面板是否按照 P016 的說明完成設定 (對齊選取的物件)。

填色:C35%、M19%、Y24%

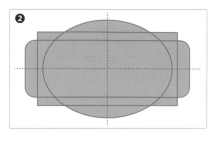

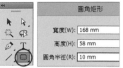

圓角矩形	
寬度(W):	168 mm
高度(H):	58 mm
圓角半徑(R):	10 mm

❶ 圓角矩形

寬度:168mm
高度:58mm
圓角半徑:10mm

❷ 對齊

水平居中
垂直居中

3 合併 3 個路徑,製作出招牌形狀

選取 3 個路徑,按下**路徑管理員**面板中的**聯集**鈕,合併物件 ❶。將合併後的物件筆畫設成和填色一樣的顏色,再將筆畫寬度設定為 18pt ❷。

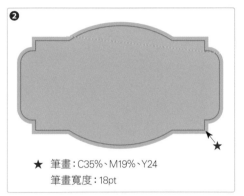

★ 筆畫:C35%、M19%、Y24
　筆畫寬度:18pt

選取全部物件

❶ 聯集

❶ 路徑管理員

形狀模式:聯集

4 使用「外觀」面板增加筆畫

按一下**外觀**面板右上方的選項選單,執行『**新增筆畫**』命令 ❶,將**筆畫**設定為:**C50%、M40%、Y40%、K100%、筆畫寬度:5pt** ❷。接著執行『**物件/鎖定/選取範圍**』命令 ❸。

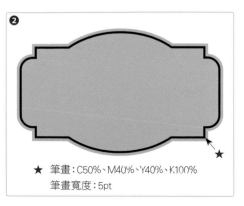

★ 筆畫:C50%、M40%、Y40%、K100%
　筆畫寬度:5pt

新增筆畫

❶

❸ 鎖定

5 上下擺放基本文字

使用**文字工具**輸入基本文字，再參考右圖，安排文字的位置（2處）。手寫字型的英文字母是連字 ❶。

※大小標準：
    Sign 的左右寬度 46mm
    Paint 的左右寬度 138mm

❶ 建議選擇類似用筆描繪的手寫連體字型。

Script MT Std Bold ※　※範例為參考值

字體大小：110Q（上）　265Q（下）
填色：白色
筆畫：C50%、M40%、Y40%、K100%
筆畫寬度：1.4pt（上）　2pt（下）
尖角：圓角

6 建立外框再合併文字

執行『**文字/建立外框**』命令 ❶，再按下**路徑管理員**面板的**聯集**鈕 ❷。

※ 請分別合併上下文字。

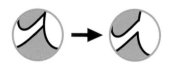

7 分別往左上移動/拷貝上下文字

使用快速鍵，拷貝文字。同時按住 option(Alt) 鍵與 Shift 鍵不放，以**選取工具**拖曳文字，往左上移動/拷貝。個別移動這 2 個文字，移動的距離代表陰影的厚度，建議不要太寬 ❶。

❶ option(Alt) 鍵是「拷貝」命令的快速鍵。Shift 鍵可以維持 45° 移動物件，作用類似參考線。

option(Alt) ＋ Shift ＋ ▶

8 在物件套用漸變效果製作立體陰影

執行『**物件/漸變/漸變選項**』命令,設定**指定階數:30 ❶**。接著使用**選取工具**選取重疊的物件,執行『**物件/漸變/製作**』命令 (上下文字請個別漸變) ❷。

❷

❶ 設定漸變選項

▼

❷ 製作漸變　※個別套用

漸變選項

間距(S):	指定階數 ▼	30

方向:

❶ **漸變選項**　指定階數:30

9 彎曲漸變讓文字變成扇型

執行『**效果/彎曲/弧形**』命令,個別變形套用漸變效果的 2 個文字 ❶。

在招牌的四個邊角加上★ ❷,並於中央下方增加文字,當作裝飾 ❸。

❶

❷

★　填色:C35%、M100%、Y100%、K10%

※此範例是利用**星形工具**製作星形

❶ **弧形 (效果)**　※個別套用

樣式:弧形/水平/彎曲 25%

彎曲選項

樣式(S):	弧形 ▼
	⦿ 水平(H)　○ 垂直(V)
彎曲(B):	25%

扭曲
水平(O):	0%
垂直(E):	0%

❸ *Lettereffect*

Script MT Std Bold ※ ※範例為參考值

字體大小:64Q

Finish 使用橢圓形路徑為招牌加上陰影

執行『**物件/全部解除鎖定**』命令 ❶,接著使用**橢圓形工具**建立**寬度 135mm、高度 70mm** 的橢圓形 (填色:任意色) ❷,並且移動到招牌的下層 ❸。然後執行『**效果/風格化/製作陰影**』命令,套用在橢圓形上,完成範例 ❹。

❷ **橢圓形**
寬度:135mm
高度:70mm

寬度(W):	135 mm
高度(H):	70 mm

❶ 解除鎖定

❸ 移至下層

製作陰影

模式(M):	色彩增值 ▼
不透明度(O):	75%
X 位移(X):	0 mm
Y 位移(Y):	5 mm
模糊(B):	3 mm

⦿ 顏色(C):■　○ 暗度(D): 100%

❹ **製作陰影**

模式:色彩增值　不透明度:75%
X 位移:0mm　Y 位移:5mm
模糊:3mm
顏色:黑色 (根據背景調整)

VARIATION

加上白色邊緣的 POP 貼紙

利用星星及橢圓形裝飾套用漸變效果的立體文字，製作出繽紛熱鬧的範例。在組合物件加上白邊，可營造出貼紙風格效果。

範例資料夾 ■ 02

▶ 擺放在中央的 SiGN 是否好看，最重要的關鍵取決於，字母的排列順序。在立體文字套用「展開漸變」及「外框筆畫」，合併之後就能製作出放置各個物件的貼紙雛型。

1　設定要套用特效的文字

使用**文字工具**輸入基本文字，SiGN 的左右寬度標準是 180mm。此範例選用了裝飾類的字型 **Benguiat** ❶。

❶

ITC Benguiat Bold ※
字體大小：300Q
　　　　※範例為參考值

填色：C20%、M55%
筆畫：K100%
筆畫寬度：9pt
尖角：圓角

筆畫
寬度： 9 pt
端點：
尖角：
對齊筆畫：

2　隨意擺放英文字母

執行『**文字/建立外框**』命令 ❶，再執行『**物件/解散群組**』命令 ❷，然後使用**選取工具**及**旋轉工具**，隨意組合這些英文字母 ❸。

❸ 隨意排列英文字母

❶ 建立外框　▶　❷ 解散群組

3 調整英文字母的前後關係

執行『**物件/排列順序/移至最前**』命令，調整英文字母的前後關係 **❶**。接著選取 4 個英文字母，再執行『**物件/組成群組**』命令 **❷**。

※範例是將「G」移動到最前面★。

❶ ★ 將 G 移動到最前面

❶ 調整字母的排列順序 ▶ ❷ 組成群組

4 往左上移動/拷貝群組

按住 [option(Alt)] 鍵＋[Shift] 鍵不放，使用**選取工具**往左上拖曳移動/拷貝群組 **❶**。

使用**群組選取工具**選取下層的字母「N」★，按住 [Shift] 鍵不放，同時往左拖曳 (移動) **❷**。

❶ [option(Alt)] ＋ [Shift] ＋ ▶   ❷ [Shift] ＋ ▶

5 漸變群組物件，製作立體陰影

執行『**物件/漸變/漸變選項**』命令，設定**指定階數：30** **❶**。使用**選取工具**選取上下重疊的 2 個群組，再執行『**物件/漸變/製作**』命令 **❷**。

❶ 設定漸變選項 ▶ ❷ 製作漸變
　 指定階數：30

漸變選項

間距(S): 指定階數 ▼ 30

方向：

6 用 3 個物件組成背景

這個範例是將圓形 **❶** 與長方形 **❷** 放在文字下層，組合成背景。字母「G」的下層也加上任意尺寸的長方形 **❸**，調整各個物件，讓彼此之間沒有「空隙」(範例為參考值)。

❶
圓形：寬度 75mm
　　　高度 75mm
填色：M20%、Y100%
筆畫：K100%
筆畫寬度：10pt

❷ 長方形：寬度 140mm　高度 26mm
填色：K100%　　　　筆畫：K100%
筆畫寬度：13pt　　　尖角：圓角

❸ 長方形 (任意尺寸)
填色：K100%

★
移至最後

7 展開漸變準備合併物件

執行『**選取/全部**』命令，接著執行『**編輯/拷貝**』命令 ❶，再執行『**物件/漸變/展開**』命令 ❷。

8 執行外框筆畫再合併背景物件

維持選取所有物件的狀態，執行『**物件/路徑/外框筆畫**』命令 ❶。接著按下**路徑管理員**面板中的**聯集**鈕，合併物件 ❷。

路徑管理員

形狀模式：聯集

❶ 拷貝 ▶ ❷ 展開漸變

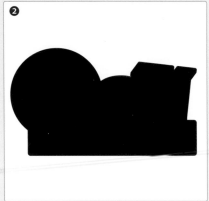

❶ 外框筆畫 ▶ ❷ 聯集

9 在物件周圍加上白邊

執行『**效果/風格化/製作陰影**』命令，設定**模式：色彩增值**、**不透明度：75%**、**顏色：黑色**，在物件下方增加陰影效果 ❶。利用**筆畫面板**在物件周圍加上 12pt 的白色線條 ❷。

Finish 使用文字或符號裝飾物件

執行『**編輯/貼至上層**』命令 ❶，最後在基本形狀的下方加上文字及符號，完成範例。

※此範例的 ★ 符號是使用**星形工具**製作而成。

星形工具

❷

★ 筆畫：白色
　筆畫寬度：12pt
　尖角：圓角

❶ 製作陰影

模式：色彩增值
不透明度：75%
X 位移：2mm
Y 位移：1mm
模糊：1mm
顏色：黑色

製作陰影

模式(M)：色彩增值 ▼
不透明度(O)：75%
X 位移(X)：2 mm
Y 位移(Y)：1 mm
模糊(B)：1 mm
◉ 顏色(C)：■　○ 暗度

❶ 貼至上層

Letter Paint
ITC Benguiat Bold ※
字體大小：52Q

FONT BORDER EFFECT
Century Gothic Bold ※
字體大小：28Q

※範例為參考值

★ 星形工具

星形

半徑 1(1)：2 mm
半徑 2(2)：1 mm
星芒數(P)：5

03

TEXT EFFECT

**讓文字形狀膨脹的
趣味文字特效**

這是讓有著圓弧、膨脹效
果的文字招牌呈現立體感
的特效。擴充文字招牌
的輪廓,再套用光暈效
果,營造出柔和的「圓潤
感」。

範例資料夾 ■ 03

▶ 利用筆畫及路徑的外框,讓文字輪廓呈現圓弧狀,並且往外側位移。合併物件之後,若出現縫隙,請釋放複合路徑,再次執行合併。

1　調整文字大小,製作基本文字

使用**文字工具**輸入基本文字。這個範
例調整了大寫字母 (S、E) 的字型尺
寸,讓文字產生份量感 ❶。

(SoftEdge:文字寬度的標準:寬度
185mm)。

❶ 建議選擇文字尾端沒有「突起」的直線無襯
線字型。假如文字的基線沒有對齊,請利用
字元面板的選項選單★,設定字元對齊方式
為羅馬基線。

Impact ※　　　　　　　　　　填色:任意色

※範例為參考值

SoftEdge　　　**Soft E**dge
字體大小:280Q　　　字體大小:216Q

字元

Impact

Roman

fT 280 Q　　　　ᴵᴬ 212.97
IT 100%　　　　　I 100%
VA (0)　　　　　　VA 0

0%

自動　　　　　　自動

A² 0 H　　　　　ⓣ 0°

TT Tᵣ　　T¹ T₁　　T F

英語·美國　aa 銳利化

2 利用「比例間距」及「特殊字距」調整基本文字的距離

利用**特殊字距**調整文字之間的距離。此範例的字型是不包含標準連字 (Ligature) 的類型，因此要以手動方式縮短 f 與 t 的間距 (請調整成您喜愛的比例)。

TIPS

設定與解除標準連字
執行『**視窗/文字/Open Type**』命令，維持選取文字的狀態，按下**OpenType** 面板的左邊圖示 (**標準連字**)。

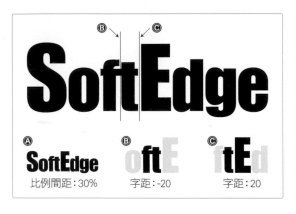

比例間距：30% 字距：-20 字距：20

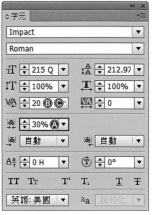

3 增加文字寬度，建立背景的基本形狀

執行『**文字/建立外框**』命令 ❶，再執行『**編輯/拷貝**』命令 ❷。
使用**筆畫**面板設定文字的筆畫：C95%、M58%、筆畫寬度：45pt、尖角：圓角 ❸。

❶ 建立外框 　 ❷ 拷貝 　 ❸

❸ 筆畫
筆畫：C95%、M58%
筆畫寬度：45pt 尖角：圓角

4 展開筆畫寬度，合併基本路徑

執行『**物件/路徑/外框筆畫**』命令 ❶，接著在**路徑管理員**面板中，按下**形狀模式**的**聯集**鈕 ❷。
然後執行『**物件/複合路徑/釋放**』命令，填滿基本形狀之間的縫隙 ❸。

❷ 假如合併物件之後，沒有出現縫隙，可以省略步驟 ❹ ❸～步驟 ❺ ❶ 的操作步驟。

❶ 外框筆畫 　 ❷ 　 ❸ 釋放複合路徑

❷ 路徑管理員
形狀模式：聯集

5 往右下移動/拷貝合併後的物件

在**路徑管理員**面板的**形狀模式**中,按下**聯集**鈕,合併物件 ❶。執行『**物件/變形/移動**』命令,設定**距離:3.5mm**、**角度:-40°**,將合併後的物件往右下移動/拷貝 ❷。

❶ 合併之後,如果出現縫隙,請反覆執行釋放複合路徑聯集。

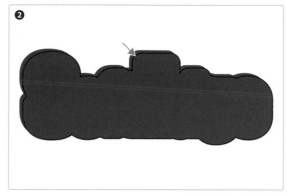

❶　聯集

▼

移動

位置
水平(H): 2.6812 mm
垂直(V): 2.2498 mm

距離(D): 3.5 mm
角度(A): -40°

❷　移動

距離:3.5mm　　角度:-40°
※按下**拷貝**鈕

6 將拷貝後的物件移至下層

把拷貝後的物件設定為**填色:C100%、M75%、Y25%、K10%** ❶,執行『**物件/排列順序/置後**』命令 ❷。

❶

更改填色
★ C100%、M75%、
　Y25%、K10%

▼

❷　置後

7 在下層物件套用陰影效果

執行『**效果/風格化/製作陰影**』命令,將陰影效果套用在下層物件上 ❶。

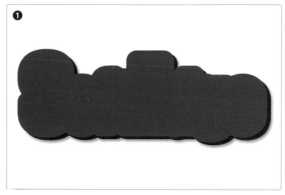

製作陰影

模式(M): 色彩增值 ▼
不透明度(O): 30%
X 位移(X): 1 mm
Y 位移(Y): 1 mm
模糊(B): 0.5 mm
● 顏色(C): ■　○ 暗度(D): 100%

☑ 預視(P)　　確定　　取消

❶　製作陰影

模式:色彩增值　不透明度:30%
X 位移:1mm　　Y 位移:1mm
模糊:0.5mm　　顏色:黑色

TIPS　確認點陣效果的解析度

請先將解析度設定為:**高 (300ppi)**,可以避免套用陰影或模糊效果之後,所導致的影像粗糙問題 (P012)。

文件點陣效果設定
色彩模式(C): CMYK
解析度(R): 高 (300 ppi)

8 利用內光暈讓物件變膨脹

選取上層物件 ❶，執行『**效果/風格化/內光暈**』命令，設定**模式：色彩增值、光暈顏色：黑色**。讓上層物件從邊緣往內側產生黑色模糊，使物件變膨脹 ❷。

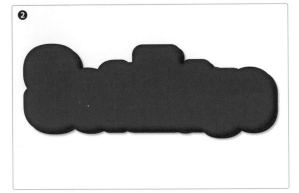

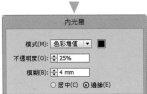

❶ 選取上層物件

❷ 內光暈

模式：色彩增值
光暈顏色：黑色，不透明度：25%
模糊：4mm ，邊緣

9 將拷貝後的文字貼至上層

執行『**編輯/貼至上層**』命令 ❶，並且將貼上的物件填色設定成白色 ❷。

❶ **SoftEdge**

貼至上層

❷ SoftEdge

★填色更改成白色

Finish 在貼上的文字下層製造陰影

執行『**效果/風格化/製作陰影**』命令，設定**模式：色彩增值、不透明度：60%、顏色：黑色**，讓文字下方產生陰影，完成範例❶。

❶ 製作陰影

模式：色彩增值
不透明度：60%
X 位移：1mm　　Y 位移：1mm
模糊：0.5mm　　顏色：黑色

VARIATION

利用「外觀」面板製造外框文字特效

這是使用「外觀」面板完成的外框文字應用範例。利用可以任意更改文字、應用範圍廣泛的技巧，替文字增加特效。

範例資料夾 ■ 03

▶ 這是後續仍能更改字型或文字內容的外框文字應用範例。利用**外觀**面板管理新增在文字上的「填色」及「效果」，一邊確認面板狀況，一邊執行操作步驟。

1 讓基本文字置中對齊

使用**文字工具**輸入要套用特效的基本文字，接著利用**段落面板**設定**置中對齊**（大小標準：**Edge** 的寬度為 **125mm**）❶。

※ 這個範例是在後續能更改文字內容的狀態來說明操作步驟。

Lobster 1.4 ※　※範例為參考值
字體大小：270Q
設定行距：265H
填色：任意色

置中對齊

2 在「外觀」面板執行「新增填色」

在**外觀**面板的選項選單中★，執行『**新增填色**』命令，接著將文字的**填色**設定為 **C72%、Y100%** ❶。

※請在選取**外觀**面板中的**填色**狀態，執行下一個步驟。

● 填色：C72%、Y100%

3 利用位移複製增加文字寬度

確認選取了**外觀**面板中的「填色」★，執行『**效果/路徑/位移複製**』命令，讓文字外側位移6mm ❶。

❶　位移複製 (效果)

位移：6mm
轉角：圓角
尖角限度：4

4 讓物件的邊緣往內側產生黑色模糊

確認選取了**外觀**面板中的「填色」★，執行『**效果/風格化/內光暈**』命令，將光暈效果套用在邊緣，讓物件略微膨脹 ❶。

❶　內光暈

模式：色彩增值　光暈顏色：黑色
不透明度：25%　模糊：4mm
邊緣

5 在物件套用陰影效果

確認選取了**外觀**面板中的「填色」★，執行『**效果/風格化/製作陰影**』命令，在物件下層製造陰影 ❶。

❶　製作陰影

模式：色彩增值　不透明度：35%
X 位移：1.2mm　Y 位移：1.2mm
模糊：0.6mm　顏色：黑色

6 在「外觀」面板執行「新增填色」

在**外觀**面板★執行『**新增填色**』命令，接著將文字的**填色**設定為 C32%、Y45% ❶。

※請在選取**外觀**面板的「填色」狀態，執行下一個步驟。

填色：C32%、Y45%

7 在新增的「填色」套用陰影

選取**外觀**面板中新增的「填色」★，執行『**效果/風格化/製作陰影**』命令，在文字下層加上第 2 層陰影 ❶。

製作陰影

模式：色彩增值　不透明度：50%
X 位移：1.2mm　Y 位移：1.2mm
模糊：1.5mm　顏色：黑色

8 編輯文字……1

接下來要説明編輯文字的步驟。使用**文字工具**選取下面的文字 ❶，再利用**字元**面板，設定文字的**水平縮放：90%** ❷。

※編輯方法會隨著字型種類而異 (步驟 8 之後的設定值為參考值)。

❷ 水平縮放：90%

❶ 用**文字工具**
拖曳選取

9 編輯文字……2

使用**文字工具**選取上面的文字，接著在**字元**面板中，設定文字的**水平縮放：85%** ❶。此範例為了填補 S 字母內的空隙★，而將文字變形成長體。

❶ 您也可以採取按一下**外觀**面板中的位移複製，編輯效果的方法。(增加位移的數值，填補空隙)

❶ 水平縮放：85%

Finish 編輯文字……3

使用**文字工具**，在 S 與 o 之間按一下 ❶，接著在**字元**面板中，設定**特殊字距：-10**，完成範例 ❷。
此範例是縮短 S 與 o 之間的距離來填補空隙★。

❷ 特殊字距：-10

01 02 03 04 05 06 07 08 09

04

TEXT EFFECT

**填滿心型的文字
變形效果**

這是按照心型來變形文字，
看起來十分搶眼的文字特
效。以圓角矩形製作出心
型，再利用「封套扭曲」的
效果，將有份量感的文字組
合變形成立體狀態。

範例資料夾 ■ 04

HEART SHAPE EFFECT

▶ 這是使用**封套扭曲** (以上層物件製作) 完成的文字變形特效。放在心型中的文字建議選擇 Display 字型。此範例選擇了厚實 (穩重) 的粗襯線 (Slab Serif) 字型。

---

1 利用錨點將圓角長方形變成一半

使用**圓角矩形工具**建立**寬度 85mm、
高度 200mm、圓角半徑 50mm** 的路
徑 (**填色：K100%、筆畫：無**) ❶。接
著執行『**物件/路徑/增加錨點**』命令
❷，以**直接選取工具**統一選取下面的
5 個錨點，然後按下
Delete 鍵，將圓角長方
形變成一半 ❸。

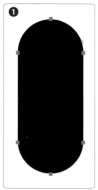

❶ 圓角矩形

寬度：85mm　高度：200mm
圓角半徑：50mm
填色：K100%　筆畫：無

圓角矩形

寬度(W)：85 mm
高度(H)：200 mm
圓角半徑(R)：50 mm

確定　　取消

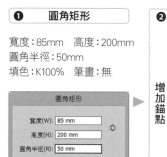

增加錨點

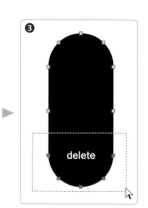

delete

2 利用傾斜與旋轉變形物件

執行『**物件/變形/傾斜**』命令，設定**傾斜角度：3°、座標軸：水平**，變形物件 ❶，接著執行『**物件/變形/旋轉**』命令，讓物件旋轉 -62° ❷。

❶ 傾斜

傾斜角度：3°
座標軸：水平

❷ 旋轉

旋轉區下的**角度**：-62

3 鏡射/拷貝製作出心型

執行『**物件/變形/個別變形**』命令，勾選**鏡射 X（X）**，移動 **-35.75mm/拷貝**物件，完成心型 ❶。

選取剛才製作的 2 個物件，在**路徑管理員**面板的形狀模式，按下**聯集**鈕，合併物件 ❷。

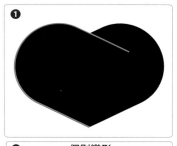

❶ 個別變形

移動
水平：-35.75mm　垂直：0mm
鏡射 X（X）
★按下**拷貝**鈕

❷ 路徑管理員

形狀模式：聯集

4 輸入英文字母

使用**文字工具**輸入要放入心型內的文字（大小標準：Heart 左右寬度 140mm）❶。執行『**文字/建立外框**』命令 ❷，再執行『**物件/解散群組**』命令 ❸。

❶ 此範例選用了文字尾端有著極粗「突起」的粗襯線字型。

Aachen Bold ※　※範例為任意色
字體大小：200Q　填色：任意色

建立外框

解散群組

5 將文字隨機放入心型中

隨機放置英文字母，填滿整個心型 **❶**。

這個範例是利用**選取工具**來拉長或壓扁英文字母。編排文字時，要盡量避免出現空隙 **❷**。

放大或縮小文字，將所有字母完整放在心型內。

6 選取全部文字再建立複合路徑

執行『**物件/鎖定/選取範圍**』命令，鎖定心型後 **❶**，再使用**選取工具**選取所有文字 **❷**。

然後直接執行『**物件/複合路徑/製作**』命令 **❸**。

再依序執行『**物件/全部解除鎖定**』命令 **❹** 及執行『**物件/排列順序/移至最前**』命令 **❺**，完成之後，執行『**編輯/拷貝**』命令，拷貝移到最上層的心型 **❻**。

❶	❷	❸	❹	❺	❻
鎖定	→ 選取全部文字	→ 製作複合路徑	→ 解除鎖定	→ 移至最前	→ 拷貝

7 將下層的文字組合變形成心型

使用**選取工具**選取全部物件 **❶**。

接著執行『**物件/封套扭曲/以上層物件製作**』命令，讓下層的文字組合按照心型來變形 **❷**。

選取這 2 個物件

8　展開封套扭曲

對文字組合執行『物件/展開』命令，將**填色**設定為 K100% ❶。
接著執行『物件/變形/移動』命令，往上移動 **2mm/拷貝**文字組合 ❷，再將移動至上面的文字組合設定為**填色：Y90%** ❸。

填色更改成 K100%

填色：Y90%

展開更改成 K100%

❷　移動
距離：2mm　角度：90°
★按下**拷貝**鈕

展開
- ☑ 物件(B)
- ☑ 填色(F)
- ☐ 筆畫(S)

9　設定下層文字的筆畫，在文字組合加上黑邊

使用**選取工具**選取上層的黃色文字組合，執行『**物件/鎖定/選取範圍**』命令 ❶。
選取下層的文字組合（K100%），使用**筆畫面版**，設定文字的**筆畫：K100%**、**筆畫寬度：22pt**、**尖角：圓角**，在黃色文字加上黑色邊框 ❷。
接著執行『**物件/全部解除鎖定**』命令 ❸。

❶ 鎖定

❷　筆畫
筆畫：K100%　筆畫寬度：22pt
尖角：圓角

❸ 解除鎖定

Finish　將心型貼至下層完成範例

執行『**選取/取消選取**』命令，再執行『**編輯/貼至下層**』命令 ❶。最後往下移動/拷貝剛才貼上的心型物件，完成範例 ❷。

取消選取
↓
貼至下層
↓
往下移動/調整

※P040 在完成物件的下方增加了文字。

03 04 05 06 07 08
02 09
01

05

TEXT EFFECT

**運用塗抹效果創造
素描特效**

這是利用斜線塗滿文字，
製造文字素描的塗抹特
效。在帶有手寫風格的特
效中，加上俐落文字，製
作出簡潔標誌。

範例資料夾 ■ 05

Design

Sketch Effect

▶ 這裡利用**外觀**面板，在塗抹效果上，重疊文字的外框，並且以常用的無襯線字型「Helvetica」，表現標誌的俐落風格。

1 在基本文字的左側建立遮色片物件

使用**文字工具**輸入基本文字 ❶，執行『**編輯/拷貝**』命令 ❷。接著使用**鋼筆工具**，以包圍文字左側的方式，建立當作遮色片的物件 ❸。

※文字寬度的標準：Design 180mm

❶ 這個範例使用的是無襯線類的常用字型 Helvetica。若您使用的是風格類似的 Arial 字型，字寬建議設定成和 Helvetica 一樣。

❸

Design

❶ **Helvetica LT Std Bold**※

字體大小：235Q
比例間距：30%
填色：K100%
※範例為參考值

字元

Helvetica LT Std
Bold

T 235 Q   (282 H
IT 100%   T 100%
VA 0   VA 0
30%

❷ Design 拷貝

❸ 鋼筆工具

2 使用「鋼筆工具」建立路徑，遮蓋文字的左側

先執行『**選取/全部**』命令 ❶，再執行『**物件/剪裁遮色片/製作**』命令 ❷。接著執行『**物件/鎖定/選取範圍**』命令，鎖定遮蓋後的文字左側 ❸。

❶ 選取全部　▶　❷ 剪裁遮色片　▶　❸ **Desi** 鎖定

3 使用「外觀」面板套用塗抹效果

執行『**編輯/貼至上層**』命令 ❶，將貼上的文字填色設定為「無」❷。在**外觀**面板右上方的選項選單★，執行『**新增填色**』命令，並且將**填色**設定為 K100% ❸。
執行『**效果/風格化/塗抹**』命令，將塗抹效果套用在「填色」上❹。

❹ **塗抹**
角度：50°
路徑重疊：0mm
變量：1.5mm

線條選項
筆畫寬度：0.2mm
弧度：5%
變量：20%
間距：1mm
變量：0.3mm

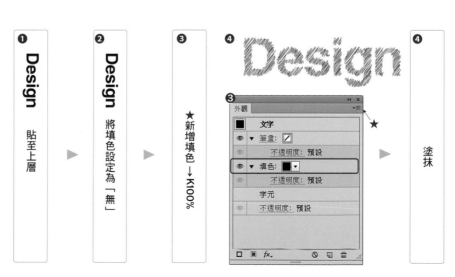

❶ Design 貼至上層　▶　❷ Design 將填色設定為「無」　▶　❸ ★ 新增填色→K100%　▶　❹　❹ 塗抹

4 在特效文字的右側建立遮色片物件

在**外觀**面板右上方的選項選單中★，執行『**新增筆畫**』命令，設定**筆畫：K100%**、**筆畫寬度：1.5pt** ❶。

接著使用**鋼筆工具**建立包圍特效文字右側的物件 ❷。

筆畫：K100
筆畫寬度：1.5pt

❷ 鋼筆工具

Finish 遮蓋特效文字後，加上參考線即完成範例

執行『**選取/全部**』命令 ❶。再執行『**物件/剪裁遮色片/製作**』命令 ❷，接著執行『**物件/全部解除鎖定**』命令 ❸。

最後在套用塗抹效果的特效文字上，增加參考線。

按住 [Shift] 鍵不放，使用**線段區段工具**往水平、垂直方向拖曳，在文字周圍增加線條 ❹。此範例設定**筆畫：K100%**、**筆畫寬度：0.3pt**。

線段區段工具

| ❶ 選取全部 | ➤ | ❷ 剪裁遮色片 | ➤ | ❸ Desir 解除鎖定 |

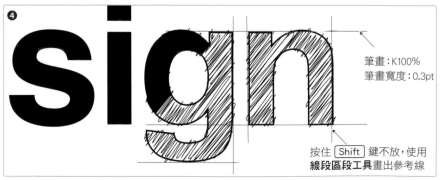

筆畫：K100%
筆畫寬度：0.3pt

按住 [Shift] 鍵不放，使用**線段區段工具**畫出參考線

※P044 是在完成物件下方增加文字。

The First Section

文字特效

Section 02

運用各種素材創造文字特效

TEXT EFFECT

**展現木紋質感的
木製切割文字**

這是展現木製藝品手作感的文字「倒角」(在木頭邊緣做圓角或斜角處理)特效。加上動態木紋圖案,清楚傳達天然木頭的質感。

範例資料夾 ■ 06 ○○○○○

▶ 利用 3D 效果中的突出與斜角,製造出切割文字的「倒角」。這個範例的關鍵就在於,必須盡量避免讓物件內側的斜角出現破壞影像的「交疊」問題。訣竅就在於斜角的高度設定。

---

1 建立長方形路徑,當作木頭的基本形狀

使用**矩形工具**建立**寬度:13mm、高度:160mm** 的長方形路徑 ❶。

將長方形的填色設定為 **0°** 線性漸層 ❷。

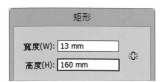

矩形

寬度(W): 13 mm
高度(H): 160 mm

❶ 長方形

寬度:13mm
高度:160mm

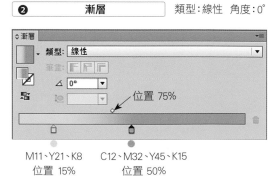

❷ 漸層　　　類型:線性 角度:0°

◇漸層
類型:線性
筆畫:
∠ 0°
位置 75%

M11、Y21、K8　　C12、M32、Y45、K15
位置 15%　　　　位置 50%

2 使用路徑的變形效果，往水平方向排列長方形

執行『**效果/扭曲與變形/變形**』命令，在**移動**區設定**水平：-8mm、複本：25**，往左拷貝長方形❶。

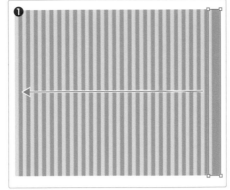

❶ 變形效果

移動
水平：-8mm
垂直：0mm
選項
複本：25

---

3 使用「粗糙效果」隨機變形「邊緣」

依序執行『**物件/擴充外觀**』命令❶及執行『**物件/解散群組**』命令❷，接著執行『**效果/扭曲與變形/粗糙效果**』命令，將水平排列的長方形邊緣隨機變成曲線❸。

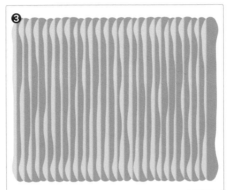

❶ 　　　　　擴充外觀

❷ 　　　　　解散群組

❸ 粗糙效果

選項
尺寸：1%
(相對)
細部：1/英寸
點
平滑

---

4 以置中對齊方式輸入文字

使用**文字工具**輸入要套用特效的文字，接著使用**段落面**板，讓文字置中對齊 (大小標準：左右寬度 **195**mm) ❶。

❶ 為了避免斜角交疊 (P050-7)，請選擇文字尾端沒有「突起」的超粗無襯線字型。

★ 這個範例是設定底端至底端行距。請在**段落**面板的選項選單執行『**底端至底端行距**』命令。

Aachen Std Bold ※ 　　　　　　　　　　　填色：任意色

字體大小：250Q (上面)　216Q (下面)　　　※範例為參考值
★ 設定行距：205H 特殊字距／字距微調：0 段落：置中對齊

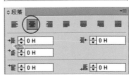

5 將文字移到遮色片上

執行『**文字/建立外框**』命令 ❶，
再將文字移動到下層物件的中央
(略微偏左) ❷。

確定文字的位置後，執行『**編輯
/拷貝**』命令★，再執行『**物件/
複合路徑/製作**』命令 ❸。

★ 製作複合路徑之前，請先拷貝物件。

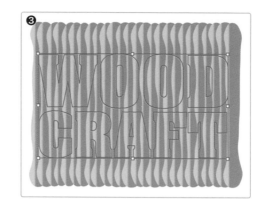

❶ 建立外框 ▶ ❷ 放置在上層、調整位置 ▶ ❸ ★拷貝→製作複合路徑

6 用文字形狀遮蓋木紋圖案

執行『**選取/全部**』命令，再執
行『**物件/剪裁遮色片/製作**』命
令，把文字當作遮色片，遮蓋下
層物件 ❶。接著執行『**編輯/貼
至上層**』命令 ❷。

❶ 選取全部→製作剪裁遮色片 ▶ ❷ 貼至上層

7 將斜角設定為圓角，讓文
字變立體

在貼上的文字設定**填色：
M32%、Y33%、K7%** ❶，接著執
行『**效果/3D/突出與斜角**』命
令，讓文字變立體 ❷。

❶ 更改文字的填色
M32%、
Y33%、K7%

❷ 3D 突出與斜角選項

位置	突出與斜角	表面：
位置：前方	突出深度：30pt	塑膠效果
透視：0°	端點：開啟　斜角：圓角	
	高度：8pt　★斜角內縮	

TIPS ⚠注意斜角交疊
將文字變立體的過程中，可
能因為文字的形狀或斜角高
度等組合，出現破壞文字形
狀的問題。請一邊確認預視
狀態，一邊執行操作步驟。

3D 突出與斜角選項

位置(N)：前方
↔ 0°
↕ 0°
↻ 0°
透視(R)：0°

突出與斜角
突出深度(D)：30 pt　端點：
斜角：圓角　高度(H)：8 pt

表面(S)：塑膠效果

☑預視(P)　對應線條圖(M)...　更多選項(O)　確定

8 在立體物件合成木紋圖案

使用**透明度**面板，設定立體物件的**漸變模式：色彩增值、不透明度：100%** ❶。

❶ 透明度

漸變模式：色彩增值
不透明度：100%

9 將分割後的物件填色設定為線性漸層

請執行『**編輯/貼至上層**』命令 ❶，將貼上的物件設定為**填色：135°、線性漸層**❷。

❶ WOOD CRAFT　貼至上層

❷

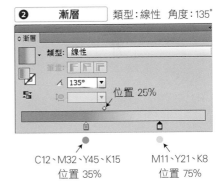

❷ 漸層　類型：線性　角度：135°

位置 25%

C12、M32、Y45、K15
位置 35%

M11、Y21、K8
位置 75%

 Finish 在漸層效果上合成木紋圖案

利用**透明度**面板，將貼至上層的物件設為**漸變模式：色彩增值、不透明度：100%**，就完成範例了❶。

❶ 透明度

漸變模式：色彩增值／100%

07

TEXT EFFECT

可以改變字型的 金屬板特效

這是利用「外觀」面板，將效果整合在一起的立體金屬板。重疊 3 層套用漸層效果的文字，完成絕佳質感的厚重金屬特效。

⏬ 範例資料夾 ▪ 07

▶ 這是後續可以改變文字、視覺效果搶眼的金屬文字特效。其關鍵在於**外觀**面板的操作，請一邊確認顯示在**外觀**面板中的「效果前後關係」，一邊跟著操作步驟。

---

1 調整文字間距並組合文字

使用**文字工具**輸入文字❶。(大小標準：整體文字的左右寬度 **133mm**) 此範例利用**特殊字距**縮短 E 與 T 之間的距離，讓上下文字的左右寬度能對齊。

❶ 此範例後續可以調整文字的格式，**特殊字距**的設定會隨著文字種類而異，請視狀況彈性調整。

★ 這個範例是設定**底端至底端行距**。在**段落**面板的選項選單→**底端至底端行距**。

❶

METAL PLATE EFFECT

Futura Condensed Medium ※　　　　　※範例為參考值

填色：任意色
(上面) 字體大小：280Q　比例間距：17% E/T　特殊字距：-20
(下面) 字體大小：118Q　字距微調：40　★設定行距：112H

◇字元

Futura CondensedMedium
Medium Condensed

⇡T 280 Q ｜ ⇣A 112 H
IT 100% ｜ T 100%
VA -20 ｜ VA 0
17%
自動 ｜ 自動
Aa 0 H ｜ 0°
TT Tr T¹ T₁ T Ŧ
英語：美國 ｜ aa 銳利化

2 在「外觀」面板執行「新增填色」……1

在**外觀**面板的選項選單★，執行『**新增填色**』命令，設定 **90°** 線性漸層❶。

❶　漸層　　類型：線性　角度：90°

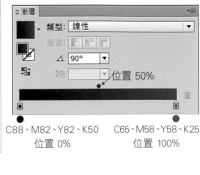

C88、M82、Y82、K50　　C65、M58、Y58、K25
位置 0%　　　　　　　　位置 100%

3 使用「位移複製」增加文字寬度……1

執行『**效果/路徑/位移複製**』命令，讓文字的外側位移 **2**mm ❶。

❶　　　位移複製 (效果)

位移：2mm
轉角：圓角　　尖角限度：4

4 利用「製作陰影」讓文字下方產生陰影……1

選取**外觀**面板的填色★，執行『**效果/風格化/製作陰影**』命令，讓文字下方產生陰影❶。

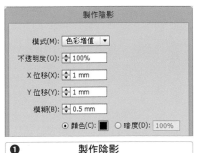

❶　　　　製作陰影

模式：色彩增值　　　不透明度：100%
X 位移：1mm　　　　Y 位移：1mm
模糊：0.5mm　　　　顏色：黑色

5 在「外觀」面板執行「新增填色」……2

在**外觀**面板的選項選單 ★，執行『**新增填色**』命令 ❶，設定 100° 線性漸層❶。

❶ 請依您選用的字型彈性調整滑桿的「位置」。

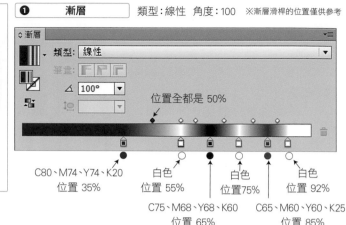

❶　　　漸層　　　類型：線性　角度：100　※漸層滑桿的位置僅供參考

位置全都是 50%

C80、M74、Y74、K20
位置 35%

白色
位置 55%

白色
位置75%

白色
位置 92%

C75、M68、Y68、K60
位置 65%

C65、M60、Y60、K25
位置 85%

6 使用「位移複製」增加文字寬度……2

執行『**效果/路徑/位移複製**』命令，讓上個步驟新增的**填色**★往外側位移 1mm ❶。

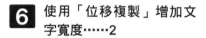

位移複製

位移(O)：1 mm
轉角(J)：圓角
尖角限度(M)：4

☑預視(P)　確定　取消

❶　　　位移複製 (效果)

位移：1mm　轉角：圓角　尖角限度：4

7 利用「製作陰影」讓文字下方產生陰影……2

選取**外觀**面板新增的填色★，執行『**效果/風格化/製作陰影**』命令，讓文字下方產生第 2 層陰影❶。

製作陰影

模式(M)：色彩增值
不透明度(O)：100%
X 位移(X)：0.5 mm
Y 位移(Y)：0.5 mm
模糊(B)：0.5 mm
⦿顏色(C)：■　○暗度(D)：100%

❶　　　製作陰影

模式：色彩增值　　不透明度：100%
X 位移：0.5mm　　Y 位移：0.5mm
模糊：0.5mm　　　顏色：黑色

8 在「外觀」面板執行「新增填色」……3

在**外觀**面板的選項選單★，執行『**新增填色**』命令❶，設定 90° 的線性漸層❶。

❶ 請根據您選用的字型來彈性調整滑桿的「位置」。

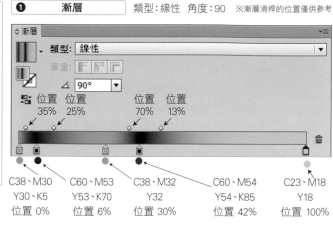

| ❶ | 漸層 | | 類型：線性　角度：90　※漸層滑桿的位置僅供參考 |

C38、M30
Y30、K5
位置 0%

C60、M53
Y53、K70
位置 6%

C38、M32
Y32
位置 30%

C60、M54
Y54、K85
位置 42%

C23、M18
Y18
位置 100%

9 使用「內光暈」讓文字輪廓變明亮

執行『**效果/風格化/內光暈**』命令，在新增至最上層的**填色**★輪廓套用白色／**65%** 的明亮效果，強調邊緣❶。

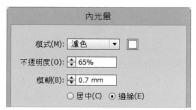

| ❶ | 內光暈 |

模式：濾色　　　　光暈顏色：白色
不透明度：65%　　模糊：0.7mm　邊緣

Finish 利用「製作陰影」讓文字下方產生陰影……3

選取**外觀**面板新增的填色★，執行『**效果/風格化/製作陰影**』命令，在最上面新增的「填色」下方產生第 3 層陰影 ❶。

| ❶ | 製作陰影 |

模式：色彩增值　　　不透明度：100%
X 位移：2mm　　　　Y 位移：2mm
模糊：3mm　　　　　顏色：黑色

範例資料夾 ▪ 07

▶ 這是利用**外觀**面板的**新增填色**與製作陰影完成的應用範例。運用雙重文字以及具有高度的 4 層厚度，呈現帶有漸層效果的不鏽鋼金屬質感。

1 以斜體組合文字

使用**文字工具**輸入文字（大小標準：**METAL**、寬度：**133**mm）❶。

★ 這個範例是利用**傾斜工具**讓文字變傾斜，若您選用的是斜體類的字型，可以省略這個步驟。

傾斜角度：18°
座標軸：水平　※參考值

2 在「外觀」面板執行「新增填色」(K35%)

執行『**編輯/拷貝**』命令❶。接著在**外觀**面板的選項選單★，執行『**新增填色**』命令，將文字的填色設定為 **K35%** ❷。

❶

METAL SOLID

Trajan Pro Bold *　　填色：任意色　※範例為參考值

字體大小：150Q　設定行距：150H　水平縮放：105%

★
METAL SOLID
利用「傾斜工具」變形

▶

❶
METAL SOLID
拷貝

▶

● 填色：K35%

3 利用「位移複製」增加文字寬度

執行『效果/路徑/位移複製』命令，讓文字的外側位移 1mm ❶。

❶ 位移複製

位移：1mm
轉角：圓角
尖角限度：4

4 在 K35% 的填色套用「陰影」

選取**外觀**面板中的填色★，執行『**效果/風格化/製作陰影**』命令，讓文字下方產生陰影❶。

❶ 製作陰影

模式：一般
不透明度：100%
X 位移：2mm
Y 位移：2mm
模糊：1mm
顏色：黑色

5 在「外觀」面板執行「新增填色」(白色)

在**外觀**面板的選項選單★，執行『**新增填色**』命令，將文字的填色設定為白色❶。

新增填色(F)
新增筆畫(S)
複製項目(D)
移除項目(R)
清除外觀(C)
簡化為基本外觀(B)
新線條圖使用基本外觀(N)

6 在填色 (白色) 套用「陰影」

執行『效果/風格化/製作陰影』命令，讓上個步驟新增的填色 (白色)★下方產生第 2 層陰影❶。

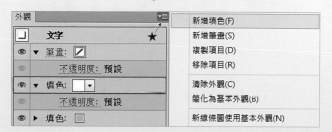

❶ 製作陰影

模式：色彩增值
不透明度：100%
X 位移：0.7mm
Y 位移：0.7mm
模糊：0.7mm
顏色：黑色

7 往左上移動貼上的文字

執行『**編輯/貼至上層**』命令 ❶，接著執行『**物件/變形/移動**』命令，往左上移動文字 ❷。

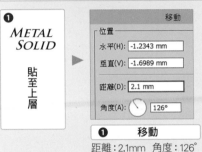

❶ 移動
距離：2.1mm 角度：126°

8 在「外觀」面板執行「新增填色」(漸層)

選取貼至上層的文字，在**外觀**面板的選項選單★，執行『**新增填色**』命令，將文字的填色設定為 90° 線性漸層 ❶。

❶ 漸層　　類型：線性　角度：90　※漸層滑桿的位置僅供參考

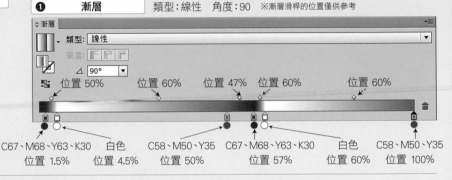

C67、M68、Y63、K30 　白色　　C58、M50、Y35　C67、M68、Y63、K30　白色　　C58、M50、Y35
位置 1.5%　　位置 4.5%　　位置 50%　　位置 57%　　位置 60%　　位置 100%

9 利用「陰影」製作剪影

執行『**效果/風格化/製作陰影**』命令，在上個步驟新增的填色 (漸層) ★ 下方加上模糊的剪影 ❶。

❶ 製作陰影
模式：一般
不透明度：100%
X 位移：0.4mm
Y 位移：0.7mm
模糊：0mm
顏色：白色

Finish 利用「陰影」製造剪影的陰影

選取**外觀**面板的填色★，執行『**效果/風格化/製作陰影**』命令，讓剪影下方產生陰影 ❶。

按下**套用新效果鈕**

❶ 製作陰影
模式：色彩增值
不透明度：80%
X 位移：1mm
Y 位移：1mm
模糊：1mm
顏色：黑色

TEXT EFFECT

利用 3D 效果製作 塑膠文字

這是利用「突出與斜角」表現塑膠感的光澤特效。此範例為了讓塑膠文字產生立體感，特別在背景加入裝飾性文字。

⊤ 範例資料夾 ■ 08

▶ 這個特效的成功關鍵取決於突出與斜角的選項設定。文字的外觀比例會影響呈現出來的風格，建議您選擇設計簡約的無襯線字型。

1 利用長方形路徑建立裝飾文字的基本形狀

使用**矩形工具**建立**寬度：280mm、高度：280mm** 的長方形 (**填色：C40%、M30%、Y30%、K100%**) ❶，接著執行『**物件/鎖定/選取範圍**』命令★。

另外，再建立**寬度：200mm、高度：6.8mm** 的長方形 (**填色：0°** 的線性漸層) ❷，然後使用**選取工具**移動到右圖的位置 ❸。

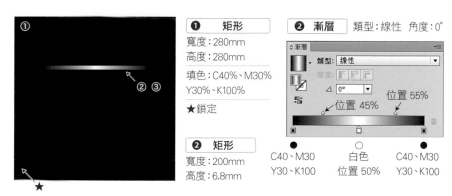

❶ 矩形
寬度：280mm
高度：280mm
填色：C40%、M30%、Y30%、K100%
★鎖定

❷ 矩形
寬度：200mm
高度：6.8mm

❷ 漸層 類型：線性 角度：0°

位置 55%
位置 45%

●	○	●
C40、M30 Y30、K100	白色 位置 50%	C40、M30 Y30、K100

2　加上文字完成裝飾

使用**文字工具**輸入裝飾用文字，放在剛才準備的長方形上 ❶。接著在**透明度**面板，設定文字的**漸變模式：色彩增值、不透明度 100%** ❷，再選取文字與長方形，執行『**效果/彎曲/凸形**』命令，變形選取物件 ❸。

PLASTIC RED COATED EFFECT

Univers 65 Bold *　　　　※範例為參考值

字體大小：23Q，字距微調：40
PLASTIC　C40、M30、Y30、K100
RED　C15、M100、Y100

❷　透明度

漸變模式：色彩增值
不透明度：100%

❸　凸形

樣式：
凸形水平
彎曲：1%

3　上下放置裝飾文字，完成背景的製作

選取以彎曲變形後的物件，執行『**物件/變形/移動**』命令，往下移動 **105mm** /拷貝物件 ❶。

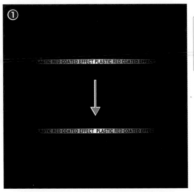

選取

❶　移動

距離：105mm
角度：-90°
★按下**拷貝鈕**

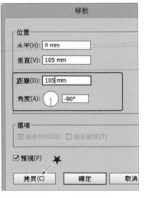

4　調整文字間距，將文字放在背景的中央

使用**文字工具**輸入基本文字，參考右圖的位置移動文字 ❶。這個範例是利用特殊字距調整 R 與 e、e 與 d 之間的距離 (**Red**：文字寬度的標準是寬度 **190mm**)。

❶ 建議選擇文字尾端沒有「突起」的「細體」無襯線字型。

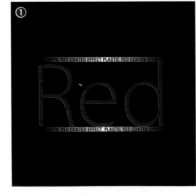

❶

Red

Myriad Pro Light *

※ 範例為參考值
字體大小：550Q
填色：M100%、95%
★R/e 特殊字距：-5
e/d 特殊字距：5

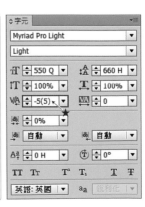

5 利用「突出與斜角」讓文字變立體

執行『**效果/3D/突出與斜角**』命令，讓放置於背景中央的文字變立體 ❶。這裡的重點是斜角的設定，此範例是在比較不易發生斜角重疊的物件外側設定斜角。

另外，選擇設計簡約的無襯線字型，也是順利執行 3D 效果的主要原因。

❶ 在此以後續能改變字型的狀態來說明操作步驟。請您嘗試調整設定，以多種字型測試效果。

TIPS　注意斜角重疊

上圖是在物件內側設定斜角的狀態。根據用途，例如：文字較小的情況，有時即使斜角重疊，仍可以使用 (請參考 P050-7)

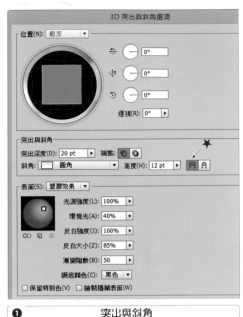

❶　　　　　突出與斜角

位置
位置：前方
透視：0°

突出與斜角
突出深度：20pt　　　端點：開啟
斜角：圓角　　　　　高度：12 pt
★斜角外擴
表面：塑膠效果
100%／40%／100%／85%／50／黑色

Finish 在立體文字下方製造陰影完成範例

執行『**效果/風格化/製作陰影**』命令，讓立體文字的下方產生陰影，完成範例 ❶。您可以試著改變放在背景上的裝飾文字，調整背景樣式，創造出不同的影像變化。

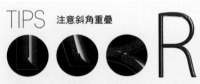

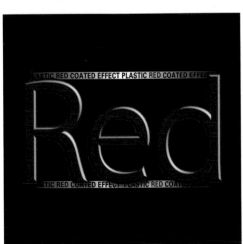

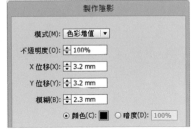

❶　　　　　製作陰影

模式：色彩增值　　　不透明度：100%
X 位移：3.2mm　　　Y 位移：3.2mm
模糊：2.3mm　　　　顏色：黑色

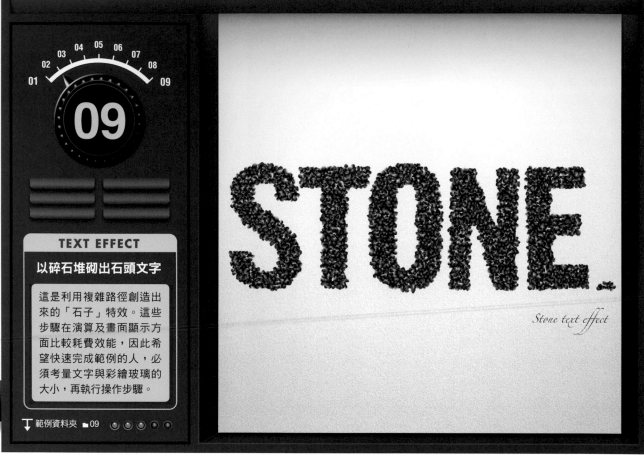

TEXT EFFECT

以碎石堆砌出石頭文字

這是利用複雜路徑創造出來的「石子」特效。這些步驟在演算及畫面顯示方面比較耗費效能，因此希望快速完成範例的人，必須考量文字與彩繪玻璃的大小，再執行操作步驟。

▼ 範例資料夾　■ 09

▶ 這是利用**彩繪玻璃**(Photoshop 效果) 的儲存格以及影像描圖，畫出碎石特效。CS5、CS4 是使用「即時描圖」。※描圖的精密度會隨著各版本出現差異。

1　調整文字間距，製作基本文字

使用**文字工具**輸入基本文字。利用**特殊字距**縮小所有文字的字距，但是要避免讓文字重疊 ❶。
(STONE：文字寬度的標準寬度 **170mm**)。

❶ 建議選擇文字尾端沒有「突起」的極粗無襯線字型。

-50　　-40　　-50　　-60

Gothic 13 Std ※　　　　字體大小：320Q　　填色：K30%

※ 範例為參考值　　　★特殊字距，左起 -50/-40/-50/-60

※注意避免文字重疊

字元
Gothic 13 Std
Regular
⫮T 320 Q　　⫢A (384 H)
⫶T 100%　　I 100%
V/A -50 ★　　VA 0
0%
自動　　自動
A⁺ 0 H　　T 0°
TT Tr　　T¹ T₁　　T F

2 替文字套用彩繪玻璃效果

執行『**文字/建立外框**』命令 ❶，
接著執行『**效果/紋理/彩繪玻璃**』命令，套用效果 (範例設定
儲存格大小：8) ❷。

建立外框

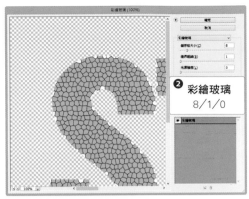

❷ 彩繪玻璃
8/1/0

3 點陣化之後，影像描圖→展開

執行『**物件/點陣化**』命令 ❶，再
執行『**物件/影像描圖/製作並展開**』命令 (預設集：預設，CS5／
CS4 是使用即時描圖) ❷。展開之
後，再執行『**物件/解散群組**』
命令 ❸。

TIPS 對大型影像使用描圖，執行速度
可能會變慢，是否要繼續進行？
當出現上述警告視窗時，請個別調整字
母文字，或縮小整個文字的尺寸來因應。

❶ 點陣化

色彩模式：CMYK　解析度：高 (300ppi)　背景：透明
消除鋸齒：最佳化線條圖 (超取樣)

點陣化

色彩模式(C)：CMYK
解析度(R)：高 (300 ppi)
背景
○ 白色(W)
● 透明(T)
選項
消除鋸齒(A)：最佳化線條圖 (超取樣) ▼
□ 製作剪裁遮色片(M)
在物件周圍增加(D)： 0 mm 　版面
☑ 保留特別色(P)

❷ 影像描圖 → 製作並展開

❸ 解散群組

4 在物件套用漸層效果

選取影像描圖後產生的所有物
件，將物件填色設定為 **0°**、線
性漸層 ❶。

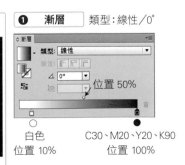

❶ 漸層　類型：線性／0°

漸層
類型：線性
∠ 0°
位置 50%

○　　　　　　　　●
白色　　　　C30、M20、Y20、K90
位置 10%　　位置 100%

5 選取→刪除「碎石」以外的路徑

選取全部物件，執行『**物件/變形/個別變形**』命令，隨機變形物件 ❶。接著使用**選取工具**選取「碎石」以外的路徑★，按下 Delete 鍵刪除。

※ 只保留排列成文字形狀的物件，其餘路徑全部刪除。

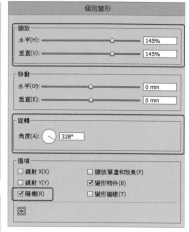

❶ **個別變形**

縮放　　　　　旋轉
水平：145%　　角度：328°
垂直：145%
在**選項**區勾選 ☑ 隨機

★
▶ 刪除文字以外的所有路徑

Finish 以色彩增值合成隨機旋轉的物件

執行『**選取/全部**』命令，再執行『**物件/變形/個別變形**』命令，隨機旋轉／拷貝物件 ❶。將**透明度**面板的**漸變模式**設定為**色彩增值**，完成範例 ❷。

❶ **個別變形**

縮放　　　旋轉
水平：100%　角度：328°
垂直：100%
在**選項**區勾選 ☑ 隨機
★按下**拷貝**鈕

❷ **透明度** 色彩增值／100%

GRASS
EFFECT

VARIATION

追求立體感的草皮文字特效

這是利用影像描圖製作而成的草皮文字特效。路徑的數量與處理時間成正比，若以處理速度為優先考量，請選擇較粗糙的模式來描圖。

範例資料夾 ■ 09

▶ 這是由上頁操作步驟延伸出來的草皮文字特效，由於此物件比較複雜，耗費效能，因此只使用單一英文字母「G」來說明操作步驟。

1　輸入英文字母→P063

使用**文字工具**輸入「G」❶，接著執行『**文字/建立外框**』命令 ❷，再執行『**編輯/拷貝**』命令 (繼續執行 P063-2) ❸。

★ 大小標準是左右寬度 **34.5mm**。這個範例使用了 P062 的無襯線字型。

2　執行 P063～Finish 步驟完成「G」

利用 P063-2 到 Finish ★的步驟 (設定值相同)，在英文字母「G」加上特效 ❶。

★ 使用**漸變模式**尚未設定成**色彩增值**之前的物件。

❶

❷
建立外框

Gothic 13 Std ※
※範例為參考值
字體大小：320Q
填色：K30%

❸
拷貝
↓
執行
P063
❷
的操作

※參考P063
FINISH

◇透明度

一般　　不透明度：100%

製作遮色片

□ 剪裁
□ 反轉遮色片

□ 獨立混合 □ 去底色群組

★ 套用**色彩增值**前的狀態

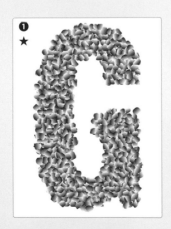

❶
★

★ 套用**色彩增值**前的狀態

3 更改物件的顏色

執行『**選取/全部**』命令，使用**漸層**面板調整物件的填色 ❶。

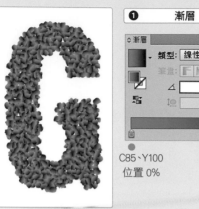

| ❶ | 漸層 | 類型：線性 |

◇漸層

類型：線性

筆畫

位置 70%

C85、Y100
位置 0%

C95、M58、Y100、K75
位置 100%

4 利用「縮攏與膨脹」變形物件

在選取全部物件的狀態，執行『**效果/扭曲與變形/縮攏與膨脹**』命令，設定**縮攏：-115%**，讓物件變形成棘狀 ❶。

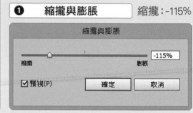

| ❶ | 縮攏與膨脹 | 縮攏：-115% |

縮攏與膨脹

-115%

縮攏　　　　　　膨脹

☑ 預視(P)　　　　確定　　取消

5 利用「隨意筆畫」變形物件

執行『**效果/扭曲與變形/隨意筆畫**』命令，設定水平與垂直的數量：**10%**，讓物件從荊棘變成葉子形狀 ❶。

隨意筆畫

數量
水平(H)：　　　　10%
垂直(V)：　　　　10%
　　◉ 相對的(R)　○ 絕對的(A)

修改
☑ 錨點(N)
☑ 向內控制點(I)
☑ 向外控制點(O)

| ❶ | 隨意筆畫 |

數量　水平：10%　垂直：10%
點選**相對的**

6 利用「粗糙效果」變形物件

執行『**效果/扭曲與變形/粗糙效果**』命令，設定**尺寸：5%、相對、細部：45／英寸、點：尖角** ❶。

粗糙效果

選項
尺寸(S)：　　　　　5%
　　◉ 相對(R)　○ 絕對(A)
細部(D)：　　　　45 ／英寸

點
　　○ 平滑(M)　◉ 尖角(N)

| ❶ | 粗糙效果 |

選項　　尺寸：5%（相對）
　　　　　細部：45／英寸
點　　　點選**尖角**

7 在整個物件套用「陰影」

執行『效果/風格化/製作陰影』命令，讓變形後的物件下方產生綠色陰影（C100%、M45%、Y100%、K15%）❶。

製作陰影
模式(M)： 色彩增值 ▼
不透明度(O)： 50%
X 位移(X)： 0.5 mm
Y 位移(Y)： 0.5 mm
模糊(B)： 0.3 mm
● 顏色(C)： ☐　○ 暗度(D)： 100%

❶　　製作陰影

模式：色彩增值　　模糊：0.3mm
不透明度：50%　　顏色：C100%、
X 位移：0.5mm　　M45%、Y100%、
Y 位移：0.5mm　　K15%

8 貼上先前拷貝的英文字母「G」

執行『編輯/貼至上層』命令❶。將貼上的物件「G」設定為填色：C100%、Y100%、K67% ❷。

❶ G
貼
至
上
層

▶

❷ G
更
改
填
色

●

C100
Y100
K67

❷

9 利用「位移複製」讓文字變細

執行『效果/路徑/位移複製』命令，設定位移：-3mm，讓英文字母「G」的剪影往內位移 ❶。

位移複製
位移(O)： -3 mm
轉角(J)： 尖角 ▼
尖角限度(M)： 4

❶　　　位移複製

位移：-3mm
轉角：尖角　　尖角限度：4

Finish 將英文字母「G」移至最後

執行『物件/排列順序/移至最後』命令，完成範例❶。

❶

G
移
至
最
後

▶

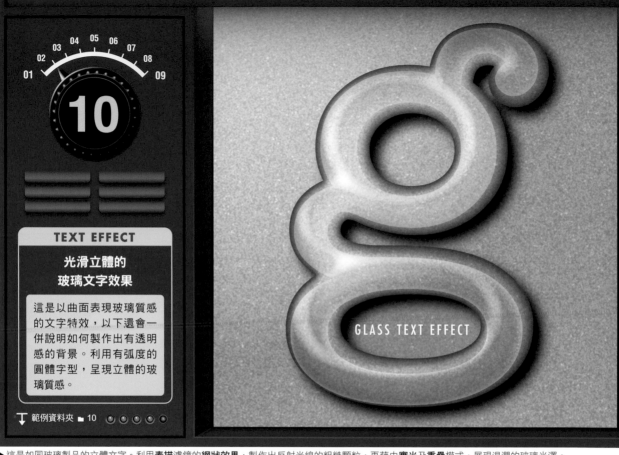

範例資料夾 ■ 10

TEXT EFFECT

光滑立體的
玻璃文字效果

這是以曲面表現玻璃質感的文字特效，以下還會一併說明如何製作出有透明感的背景。利用有弧度的圓體字型，呈現立體的玻璃質感。

GLASS TEXT EFFECT

▶ 這是如同玻璃製品的立體文字。利用**素描濾鏡**的**網狀**效果，製作出反射光線的粗糙顆粒，再藉由**實光**及**重疊**模式，展現溫潤的玻璃光澤。

1　在背景長方形套用放射狀漸層

使用**矩形工具**建立**寬度：160mm、高度：170mm** 的長方形 ❶。接著將填色設定為**放射狀漸層** ❷，按住 [Shift] 鍵不放，使用**漸層工具**從左上往右拖曳，請參考右圖，決定起點與終點 ❸。

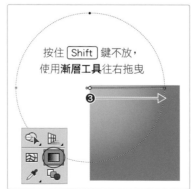

按住 [Shift] 鍵不放，使用**漸層工具**往右拖曳

❸

❶　　　　**矩形**

寬度：160mm　高度：170mm

矩形

寬度(W)：160 mm

高度(H)：170 mm

❷　　　　**漸層**

類型：放射狀　外觀比例：100%

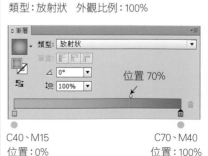

類型：放射狀

0°

100%

位置 70%

C40、M15
位置：0%

C70、M40
位置：100%

2 以網狀效果表現粗糙顆粒

依序執行『**編輯/拷貝**』命令 ❶ 及『**編輯/貼至上層**』命令 ❷。再執行『**效果/素描/網狀效果**』命令，將效果套用在上層的長方形 ❸，在**透明度**面板中，設定**漸變模式：重疊、不透明度：100%** ❹。

❹ 透明度

漸變模式：重疊
不透明度：100%

拷貝 ▶ 貼至上層 ▶

❸ 網狀效果
5/8/10

網狀效果
濃度(D) 5
前景色階(F) 8
背景色階(B) 10

3 完成背景，在上面擺放英文字母「g」

將上層的長方形路徑填色更改為 **K100%** ❶，執行『**效果/模糊/高斯模糊**』命令，設定**半徑：2 像素** ❷。使用**文字工具**輸入要套用特效的英文字母「g」，並且移到背景的中央位置 ❸。執行『**文字/建立外框**』命令，再執行『**編輯/拷貝**』命令 ❹。(g 文字寬度的標準：**寬度 82mm**)

❶ ★ 更改為 K100% 上層長方形的填色 ▶ ❷ ★ 模糊上層長方形 ▶ ❸ ▶ ❹ 建立外框→拷貝

| 高斯模糊 | 半徑：2 像素 |

高斯模糊
半徑(R): 2 像素

American Typewriter Regular *

※範例為參考值

字體大小：620Q
● 填色：C40%、M30%、Y30%

4 位移文字寬度，套用光暈效果

執行『**效果/路徑/位移複製**』命令，讓「g」字母的寬度往外位移 **3mm** ❶。接著執行『**效果/風格化/內光暈**』命令，設定**模式：色彩增值、光暈顏色：C80%、M70%、Y70%、K50%**，在位移後的「g」內側套用效果 ❷。

❶ 設定值會隨著您使用的字型形狀產生變化(下頁步驟的設定值也一樣)。

位移複製
位移(O): 3 mm
轉角(J): 圓角
尖角限度(M): 4
☑ 預視(P) 確定 取消

內光暈
模式(M): 色彩增值
不透明度(O): 100%
模糊(B): 7 mm
○ 居中(C) ● 邊緣(E)
☑ 預視(P) 確定 取消

❶ 位移複製

位移：3mm
轉角：圓角　尖角限度：4

❷ 內光暈

模式：色彩增值
光暈顏色：
C80%、M70%、Y70%、K50%
不透明度：100%，模糊：7mm
點選**邊緣**

5 利用「實光」合成背景與文字

在**透明度**面板設定**漸變模式：實光、不透明度：100%**，讓「g」合成在背景上 ❶。接著執行『**效果/風格化/製作陰影**』命令，設定**模式：色彩增值、不透明度：100%、顏色：黑色**，在「g」下方製作出陰影 ❷。

❶ 透明度

模式：實光
不透明度：100%

❷	**製作陰影**
模式：色彩增值	Y 位移：3mm
不透明度：100%	模糊：2mm
X 位移：3mm	顏色：黑色

6 在英文字母套用線性漸層

執行『**編輯/貼至上層**』命令 ❶，將貼上的文字填色設定為**100°、線性漸層** ❷。

貼至上層

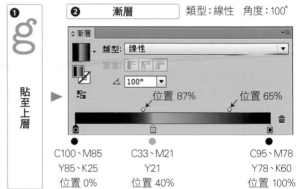

❷ 漸層 類型：線性 角度：100°

位置 87%　位置 65%

C100、M85	C33、M21	C95、M78
Y85、K25	Y21	Y78、K60
位置 0%	位置 40%	位置 100%

7 利用實光合成貼上的字母

在**透明度**面板設定**漸變模式：實光、不透明度：30%**，將貼上的「g」合成在背景上 ❶。

接著執行『**效果/風格化/內光量**』命令，設定**模式：濾色、不透明度：100%、顏色：白色**，在上層字母加上白色邊緣 ❷。

❶ 透明度

模式：實光
不透明度：30%

❷	**內光量**
模式：濾色	模糊：3mm
光量顏色：白色	選取**邊緣**
不透明度：100%	

8 變形上層文字與調整位置

執行『**物件/變形/個別變形**』命令，變形上層文字，往左上方調整位置 (調整程度會根據您選用的字型而異) **①**。接著執行『**編輯/貼至上層**』命令 **②**。

個別變形

※設定的數值為參考值

縮放
水平：101%
垂直：103%

移動
水平：-1mm
垂直：0.5mm
※CS4 是 -0.5mm

★基準點：中央

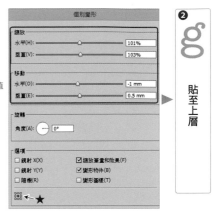

貼至上層

9 文字寬度往內位移，製作光澤部分

將貼上的文字填為白色 **①**，執行『**效果/路徑/位移複製**』命令，讓貼上的文字寬度往內位移 3mm **②**。

接著執行『**效果/風格化/羽化**』命令，設定**半徑：2.8mm**，模糊縮小寬度的白色文字 **③**。

填色設定為白色

位移複製
位移(O)：-3 mm
轉角(J)：圓角
尖角限度(M)：4

羽化
半徑(R)：2.8 mm

位移複製
位移：-3mm
轉角：圓角
尖角限度：4

③ 羽化
半徑：2.8mm

Finish 將光澤文字往左上移動即完成圖示

執行『**物件/變形/移動**』命令，將上層文字移到往左上方 (調整程度隨字型而異) **①**。

在**透明度**面板中，設定**模式：重疊、不透明度：100%**，合成上層文字，完成範例 **②**。

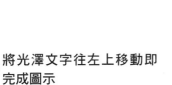

移動
位置
水平(H)：-4.0956 mm
垂直(V)：-3.8192 mm
距離(D)：5.6 mm
角度(A)：137°
選項
☑變形物件(O) □變形圖樣(T)
☑預視(P)
拷貝(C)　確定　取消

① 移動
※設定的數值為參考值
距離：5.6mm　角度：137°

② 透明度
模式：重疊
不透明度：100%

TEXT EFFECT

邊緣炙熱的 鐵製文字特效

這是彷彿耳邊傳來打鐵聲音般，剛淬火之後的鐵製文字特效。重疊 2 層文字，表現出浮現於黑色背景上，燒得火熱的「紅鐵」效果。

⊤ 範例資料夾 ■ 11

RED HOT IRON TEXT.

▶ 利用不透明度的漸層與光暈效果，創造「紅鐵」文字特效。要讓套用「色彩加亮」模式的「火熱效果」顯得更加逼真，最重要的關鍵就是，背景要選用黑色。混合 4 種顏色形成的黑色可以突顯合成效果。

---

1 輸入文字，並建立外框

使用**文字工具**輸入要套用特效的文字（大小標準：**F** 的左右寬度 **47mm**）❶。接著執行『**文字/建立外框**』命令 ❷，再執行『**編輯/拷貝**』命令 ❸。

★ 這個範例使用文字尾端有「突起」的襯線字型。

❶ 這裡選擇「**F**」來說明效果。右側的文字先套用和「**F**」相同尺寸的特效，最後再縮小效果與尺寸，即可完成 (P.109-4)。

❷

◇ 字元		
Trajan Pro Bold		
Bold		
🇹 380 Q	🇦 456 H	
🇹 100%	🇹 100%	
VA 0	VA 0	
0%		
自動	自動	

Trajan Pro Bold ＊ ※範例為參考值

填色：任意色　字體大小：380Q

建立外框

▶

❸

拷貝

2 在 4 色混合的黑色背景放置加上不透明度的文字

使用**矩形工具**建立任意尺寸的長方形，設定填色：**C88%**、**M88%**、**Y86%**、**K76%** ❶。執行『**物件/排列順序/置後**』命令，把長方形移動到「F」的下層，再將「F」的填色設定成使用不透明效果的 **90°**、線性漸層 ❷。

★ 背景的填色：C88%、M88%、Y86%、K76% 請用較大尺寸製作背景。

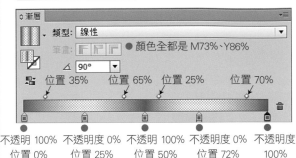

❷ 漸層 　　類型：線性 角度：90°

●顏色全都是 M73%、Y86%

位置 35%　位置 65%　位置 25%　位置 70%

不透明 100%　不透明度 0%　不透明 100%　不透明度 0%　不透明度
位置 0%　　位置 25%　　位置 50%　　位置 72%　　100%
　　　　　　　　　　　　　　　　　　　　　　　　　位置 100%

3 在文字套用內光暈及陰影效果

執行『**效果/風格化/內光暈**』命令，設定**模式：色彩增值**，讓文字內側從中心開始變暗 ❶。

接著執行『**效果/風格化/製作陰影**』命令，設定**模式：柔光**，及指定不透明度的顏色 ❷。

❷ 這裡使用了在不透明效果的漸層上，套用陰影效果的特殊方法。

❶ 內光暈

模式：色彩增值
光暈顏色：C53%、M95%、Y94%、K37%
不透明度：100%
模糊：3.5mm 居中

❷ 製作陰影

模式：柔光
不透明度：100%
X 位移：0mm　Y 位移：0mm
模糊：0.5mm
顏色：M97%、Y89%

4 套用外光暈讓文字外側變得明亮模糊

執行『**效果/風格化/外光暈**』命令，設定模式：濾色，讓文字外側變得明亮模糊 ❶。接著執行『**編輯/貼上層**』命令 ❷。

❶ 外光暈

模式：濾色　　光暈顏色：M98%、Y89%
不透明度：100%　模糊：12mm

貼至上層

5 上層文字套用含有不透明
度的漸層效果

將貼上的文字填色設定為使用不
透明效果的 **90°** 線性漸層 ❶。

上層  下層

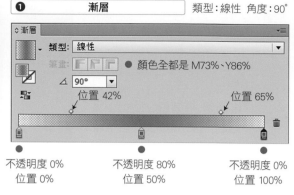

❶ 漸層　　　　　類型：線性　角度：90°

不透明度 0%　　　不透明度 80%　　　不透明度 0%
位置 0%　　　　　位置 50%　　　　　位置 100%

顏色全都是 M73%、Y86%

位置 42%　　　　　　　　　　位置 65%

---

6 使用「粗糙效果」變形文
字的外框

執行『**效果/扭曲與變形/粗糙效
果**』命令，隨機變形貼上文字的
外框 ❶。接著執行『**效果/風格
化/內光暈**』命令，設定**模式：
加亮色彩**，以指定顏色讓文字的
邊緣變得明亮模糊 ❷。

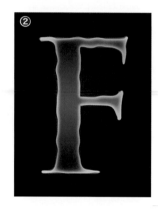

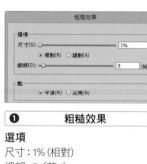

❶ 粗糙效果

選項
尺寸：1%（相對）
細部：5／英寸
點
平滑

❷ 內光暈

模式：色彩加亮
顏色：C3%、M30%、Y86%
不透明度：100%
模糊：2mm
點選**邊緣**

Finish 以「色彩加亮」合成上層
文字

執行『**效果/風格化/羽化**』命
令，以**半徑 0.5mm** 模糊上層文
字後 ❶，設定**模式：色彩加亮**、
不透明度：100%，完成範例 ❷。

上層  下層

❶ 羽化

半徑：0.5mm

❷ 透明度

模式：色彩加亮
不透明度：100%

12 P.076

13 P.080

13B **VARIATION** P.083

14 P.086

The First Section

文字特效

Section 03

以立體手法呈現
文字的 3D 特效

15 P.090

15B **VARIATION** P.093

16 P.095

16B **VARIATION** P.100

17 P.102

TEXT EFFECT

破碎文字的立體特效

這是讓密集剪裁過的文字呈現立體動態感的文字特效。利用「路徑管理員」製作銳利切割面，完成搶眼的酷炫文字效果。

範例資料夾 ■ 12 ○ ○ ○ ○ ○

▶ 讓文字呈現立體感的陰影，會隨著用法不同而產生令人印象深刻的效果。這個特效的重點是雙層陰影，第 1 層陰影是利用位移文字製造出來的。

1　將基本文字放在長方形的中央

使用**矩形工具**建立**寬度：210mm**、**高度：150mm**的長方形（填色：C5%、M100%、Y90%）❶。

利用**文字工具**輸入要套用特效的文字，並且將文字放在長方形的中央位置 ❷。（文字尺寸的標準：左右寬度 156mm）

❶ 矩形

寬度：210mm
高度：150mm

矩形	
寬度(W)：	210 mm
高度(H)：	150 mm

填色：C5%、M100%、Y90%

BREAK Compacta Roman ※

填色：白色　　字體大小：380Q
　　　　　　　特殊字距：視覺
　　　　　　　字距微調：-20

❷ 字元

Compacta
Roman

🇹 380 Q ▾	🇦 456 H ▾
🇹 100% ▾	🇹 100% ▾
🇻🇦 視覺 ▾	🇻🇦 -20 ▾

※ 範例為參考值

2 位移作為陰影用的文字

執行『**文字/建立外框**』命令 ❶，
接著執行『**編輯/拷貝**』命令 ❷。
再執行『**效果/路徑/位移複製**』
命令，設定**位移：-2mm**，往內
側位移建立外框後的文字 ❸。

❶ ┤ 建立外框 ├

❷ BREAK ┤ 拷貝 ├

位移複製

位移(O): -2 mm
轉角(J): 尖角 ▼
尖角限度(M): 4

❸ 位移複製 ┤ 位移：-2mm
轉角：尖角
尖角限度：4

3 替位移後的文字套用陰影

將位移後的文字**填色**設定為
C5%、M100%、Y90%，接著執行
『**效果/風格化/製作陰影**』命令，
設定**模式：色彩增值、不透明
度：50%、顏色：K100%**，讓文
字下方產生陰影 ❶。
接著使用**選取工具**選取下面的長
方形，執行『**物件/鎖定/選取範
圍**』命令 ❷，再執行『**編輯/貼至
上層**』命令 ❸。

更改文字的填色　填色：C5%、M100%、Y90%

❶
┤ 製作陰影 ├
模式：色彩增值
不透明度：50%
X 位移：1mm
Y 位移：8mm
模糊：3mm
顏色：K100%

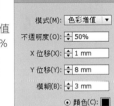

製作陰影

模式(M): 色彩增值 ▼
不透明度(O): 50%
X 位移(X): 1 mm
Y 位移(Y): 8 mm
模糊(B): 3 mm
⦿ 顏色(C): ■

❷ ┤ 鎖定 ├

❸ BREAK ┤ 貼至上層 ├

4 在文字上層放置橫格線

使用**矩形格線工具**建立以橫線構
成的格線 ❶，再利用**選取工具**將
格線移動到文字上層（**格
線顏色：無**）❷。

❶ 矩形格線工具

預設大小
寬度：180mm　高度：100mm
水平分隔線　數量：6　　偏斜效果：0
垂直分隔線　數量：0　　偏斜效果：0
☐ 使用外部矩形做為方格
☐ 填滿格點

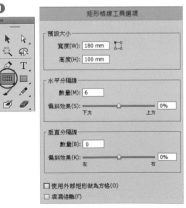

矩形格線工具選項

預設大小
寬度(W): 180 mm
高度(H): 100 mm

水平分隔線
數量(M): 6
偏斜效果(S): ─────●───── 0%
下方　　　　上方

垂直分隔線
數量(B): 0
偏斜效果(K): ─────●───── 0%
左　　　　　右

☐ 使用外部矩形做為方格(O)
☐ 填滿格點(F)

筆畫：無

5 利用「個別變形」隨機編排格點

執行『**物件/解散群組**』命令，解除放在上層的格點群組 ❶，然後執行『**物件/變形/個別變形**』命令，套用在全部的格點上，隨機安排直線路徑 ❷。

(★按下**預視**，可以隨機變化配置類型)。

❶ 這是裁剪文字用的線條，請視狀況調整路徑。

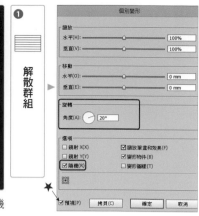

❷ 個別變形　旋轉　角度：20°　☑ 隨機

---

6 以解體後的直線路徑分割物件

請執行『**選取/全部**』命令 ❶，按下**路徑管理員**面板的**分割**鈕 ❷，再執行『**物件/解散群組**』命令 ❸。

❶ 選取全部

❷ 路徑管理員　分割

❸ 解散群組

---

7 刪除填色與筆畫皆設定為無的多餘路徑

除鎖定的物件外，其餘都呈現選取狀態，接著執行『**物件/路徑/清除**』命令 ❶。

刪除用來分割的直線路徑

❶ 清除路徑

❶ 刪除所有分割用的直線路徑

8 隨機擺放分割後的物件

執行『**選取/全部**』命令 ❶，接著執行『**物件/變形/個別變形**』命令，隨機擺放分割後的物件 ❷。
（★ 按下**預視**，可隨機變化配置類型）。

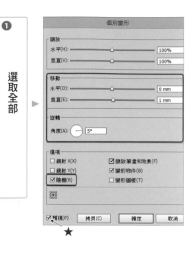

❶ 選取全部

❷ 個別變形　**移動**　水平：0mm　垂直：1mm
　　　　　　　旋轉　角度：5°
　　　　　　　選項　☑ 隨機

9 將分割後的物件填色設定為線性漸層

維持選取所有分割後物件的狀態，將物件的**填色**設定為**90°**線性漸層 ❶。

將填色更改成漸層

❶ 漸層　類型：線性　角度：90°

位置 50%　位置 50%　位置 50%

K30　　　白色　　　白色　　　K30
位置 0%　位置 25%　位置 75%　位置 100%

Finish 在分割後的物件套用陰影

維持選取全部分割後物件的狀態，執行『**效果/風格化/製作陰影**』命令，設定**模式：色彩增值**、**不透明度：75%**、**顏色：K100%**，在分割後的物件套用陰影效果 ❶。
最後執行『**物件/全部解除鎖定**』命令，完成範例 ❷。

❶ 製作陰影

模式：色彩增值
不透明度：75%
X 位移：0mm
Y 位移：1mm
模糊：1mm
顏色：K100%

❷ 全部解除鎖定

13

TEXT EFFECT

文字中帶有陰影效果的雕刻文字

這是在外框文字中，套用陰影效果的技巧性特效。利用「突出與斜角」做出文字的「倒角」，再加上陰影效果，完成有立體感的文字特效。

⊥ 範例資料夾 ■ 13 ○ ○ ○ ○ ○

LETTER CARVING EFFECT

▶ 在文字內側套用陰影的關鍵技巧在於，必須善用**路徑管理員**的「**差集**」與複合路徑的「**遮色片物件**」。請一邊瞭解如何變化路徑形狀以及套用陰影效果，一邊執行操作步驟。

1 輸入文字，並建立外框

使用**文字工具**輸入文字（大小標準：左右寬度 **190mm**）❶，接著執行『**文字/建立外框**』命令 ❷，再執行『**編輯/拷貝**』命令 ❸。

❶

Minion Bold ※　　※範例為參考值

填色：K10%
字體大小：240Q
特殊字距：視覺
字距微調：20

◇ 字元	
Minion	▼
Bold	▼

T	240 Q ▼	A͟A	288 H ▼
IT	100% ▼	T	100% ▼
VA	視覺 ▼	VA	20 ▼

❷

建立外框

▶

❸

CARVE

拷貝

2 利用「突出與斜角」製作「導角」

執行『**效果/3D/突出與斜角**』命令,設定**表面:塑膠效果**,按下**更多選項**鈕,展開交談窗。

操控照明選項的光源,讓物件變立體 ❶,接著執行『**物件/鎖定/選取範圍**』命令 ❷。

❶	突出與斜角

位置:前方

突出與斜角
突出深度:20pt　　端點:開啟
斜角:古典　　　　高度:2pt (斜角外擴)

按下更多選項鈕
表面:塑膠效果
照明選項:光源 × 3

★ 照明選項　新增光源與指定位置
1 往下拖曳前面光源 Ⓐ
2 新增光源 Ⓑ
3 往下拖曳新增光源 Ⓑ
4 新增光源 Ⓒ
5 往下拖曳新增光源 Ⓒ
新增光源

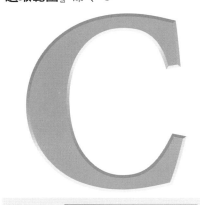

TIPS
展開交談窗

▶ 選擇**塑膠效果**,按下**更多選項**

❷ CARVE　　鎖定

3 調整位置,製作出「外框」形狀

執行『**編輯/貼至上層**』命令 ❶,接著執行『**物件/變形/移動**』命令,將貼上的外框路徑往右移動 **2pt★** ❷,再執行『**編輯/拷貝**』命令 ❸。

❶ CARVE　　貼至上層

❷ CARVE　　★往右移動 2pt

❸ CARVE　　拷貝

❷	移動

位置
★水平:2pt (0.7056mm)
　垂直:0 mm

4 利用「路徑管理員」的「差集」製作出陰影的凹槽

使用**矩形工具**以包圍文字的方式建立長方形路徑（**填色：任意色**）❶。執行『**選取/全部**』命令 ❷，在**路徑管理員**面板中，按下**差集**鈕，按照文字形狀裁剪長方形 ❸，再將物件的**填色**設定為白色★。

❶ 以長方形路徑覆蓋文字

❷ 選取全部

❸ 路徑管理員　差集

★ 填色設定為白色

5 在文字形狀的凹槽套用陰影效果

執行『**效果/風格化/製作陰影**』命令，設定**模式：色彩增值**、**不透明度：75%**、**顏色：黑色**，在文字凹槽製造陰影效果 ❶。
執行『**編輯/貼至上層**』命令 ❷，再執行『**物件/複合路徑/製作**』命令，建立遮蓋文字形狀的遮色片物件 ❸。

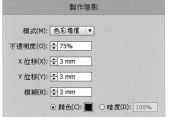

製作陰影
模式(M)：色彩增值 ▼
不透明度(O)：75%
X 位移(X)：3 mm
Y 位移(Y)：3 mm
模糊(B)：2 mm
⦿ 顏色(C)：■　○ 暗度(D)：100%

❶ 製作陰影

模式：色彩增值　　不透明度：75%
X 位移：3mm　　　Y 位移：3mm
模糊：2mm　　　　顏色：黑色

❷ 貼至上層

❸ 製作複合路徑

Finish 使用複合路徑遮蓋加上陰影的文字

執行『**選取/全部**』命令 ❶，接著執行『**物件/剪裁遮色片/製作**』命令，遮蓋套用陰影效果的文字 ❷。
再執行『**物件/全部解除鎖定**』命令，讓文字外側的「導角」解除鎖定，完成範例 ❸。

❸ 完成的物件構造包括，建立剪裁遮色片的陰影效果文字以及導角等 2 個部分。

❶ 選取全部

❷ 遮色片製作剪裁

❸ 解除鎖定

LETTER CARVING

CUTOUT

VARIATION

往下掉落的
立體文字特效

這是剪裁文字,讓文字「形狀」往下掉落的英文文字立體特效。調整下墜的文字尺寸,可營造出份量感。

範例資料夾 ■ 13

▶ 使用從 P081-2 開始到 Finish 為止的步驟 (設定值相同),製作出不同變化的文字特效。在隨機變形的文字套用**陰影**效果,表現份量感。

1　改變字型,輸入文字

使用**文字工具**輸入文字 ❶。

(大小標準:CUTOUT 的左右寬度 200mm)

※ 這個範例使用的是文字尾端無「突起」的無襯線字型。

2　拷貝建立外框的文字再執行 P081-2

執行『**文字/建立外框**』命令 ❶,再執行『**編輯/拷貝**』命令 ❷。

★ 在此狀態下,開始執行 P081-2。

Franklin Gothic Condensed ※
　　　　　　　　※ 範例為參考值

填色:K10%
字體大小:240Q
特殊字距:視覺
字距微調:40

建立外框 ▶ **CUTOUT** 拷貝 ▶ ★執行 P081-2

3 使用 P081-2～Finish 完成特效後，在最下面放置套用漸層的背景

利用 **P081-2** 到 **Finish** 的步驟 (設定值相同) 完成特效 ❶，接著依序執行『**選取/全部**』命令及執行『**物件/組成群組**』命令 ❷。使用**矩形工具**建立**寬度：280mm**、**高度：185mm**的長方形路徑 ❸，將路徑**填色**設定為 **90°** 線性漸層 ❹，放在完成特效的文字下層 ❺。

❸ 矩形

寬度：280mm
高度：185mm

矩形

寬度(W)：280 mm
高度(H)：185 mm

類型：線性　角度：90°

完成 P081-2 到 Finish 的步驟 ❶

組成群組 ❷

❹ 漸層

類型：線性
90°
位置 30%

C35、M100、Y100、K20 位置 0%　　M100、Y100 位置 60%

❺

CUTOUT

製作放在下層的長方形路徑

---

4 利用「色彩增值」融入背景

使用**透明度**面板，將上面的物件設定為**模式：色彩增值、不透明度：100%**、❶，執行『**編輯/貼至上層**』命令 ❷，再執行『**物件/解散群組**』命令，將貼上文字的**填色**設定為 **K20%** ❸。

❶

❷ 貼至上層

❸ 解散群組 → 填色更改為 K20%

透明度
色彩增值　不透明度：100%
製作遮色片

❶ 透明度
色彩增值／100%

5 隨機變形英文字母

執行『**物件/變形/個別變形**』命令，隨機變形貼上的文字 ❶。

★ 按下**預視**，變化出您喜愛的類型。

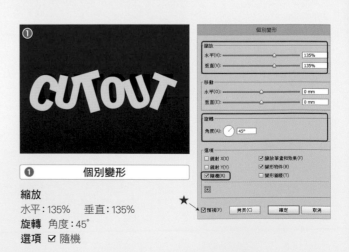

❶

個別變形

個別變形

縮放
水平(H)：135%
垂直(V)：135%

移動
水平(O)：0 mm
垂直(E)：0 mm

旋轉
角度(A)：45°

選項
□ 鏡射 X(X)
□ 鏡射 Y(Y)
☑ 隨機(R)
☑ 縮放筆畫和效果(F)
☑ 變形物件(B)
□ 變形圖樣(T)

☑ 預視(P)　拷貝(C)　確定　取消

❶ 個別變形

縮放
水平：135%　垂直：135%
旋轉 角度：45°
選項 ☑ 隨機

6 調整英文字母的位置關係

使用**選取工具**及**旋轉工具**調整變形字母的位置 ❶。按住 Shift 鍵不放，利用**選取工具**選取全部的灰色文字，再執行『**編輯/拷貝**』命令 ❷。

調整英文字母的尺寸/角度

拷貝

7 在英文字母套用陰影效果……1

維持選取灰色文字的狀態，執行『**效果/風格化/製作陰影**』命令，設定**模式：色彩增值、不透明度：30%～50%、顏色：黑色**，讓英文字母下方產生柔和的陰影 ❶。

❶ 製作陰影
模式：色彩增值
不透明度：30～50%
X 位移：0mm
Y 位移：8mm
模糊：8mm　顏色：黑色

8 往左上方移動貼上的文字

執行『**編輯/貼至上層**』命令，將貼上的文字**填色**設定為白色 ❶。接著執行『**物件/變形/移動**』命令，往左上方略微移動貼上的文字 ❷。

貼至上層
↓
填色設定為白色

移動
距離：0.7mm
角度：135°

Finish 在英文字母套用陰影效果……2

在選取白色文字的狀態，執行『**效果/風格化/製作陰影**』命令，設定**模式：色彩增值、不透明度：75%、顏色：黑色**，讓英文字母下方產生較深色的陰影 ❶。

❶ 製作陰影
模式：色彩增值　不透明度：75%
X 位移：-2mm　Y 位移：3mm
模糊：3mm　顏色：黑色

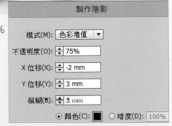

TEXT EFFECT

**利用漸變表現
立體文字的長陰影效果**

以漸變效果製作出聚光燈
下的「長陰影」效果。藉
由突出牆壁的立體文字形
成的長陰影，控制整個物
件的陰影狀態。

範例資料夾 ■ 14

▶ Channel Letters：招牌看板等使用的術語，指的是立體文字。執行**差集**時，如果文字內有複合文字 (例如字母「B」等)，請先跳過，個別 (按文字) 執行漸變。

---

1 **以置中對齊方式輸入文字**

使用**文具工具**輸入要套用特效的
文字，再利用**段落**面板讓文字置
中對齊 ❶。

(大小標準：**SHADOW** 的左右寬度
206mm)

❶ 建議使用文字尾端沒有「突起」的細體
無襯線字型。

---

❶

BLEND
SHADOW

Century Gothic Regular ※　填色：K100%

※ 範例為參考值

字體大小：200Q　設定行距：200H
特殊字距：視覺　比例間距：30%　段落：置中對齊

2 使用變形效果拷貝漸變用的文字

首先執行『**文字/建立外框**』命令 ❶，再執行『**編輯/拷貝**』❷ 及『**效果/扭曲與變形/變形**』命令，如同往下放大文字般，移動/變形/拷貝文字 ❸。

❶	變形效果

縮放 水平：103%　垂直：103%
移動 水平：0mm　垂直：7.5mm　※ CS4 是 -7.5mm
選項 複本：2　★ 效果的基準點：中央

建立外框　▶　拷貝　▶　變形效果

3 將最下層的文字填色設定為白色

請執行『**物件/擴充外觀**』命令 ❶，再執行『**物件/解散群組**』命令 ❷。

接著執行『**選取/取消選取**』命令，使用**選取工具**選取最下層的文字，將文字的填色設定為白色 ❸。

❶ 擴充外觀　▶　❷ 解散群組　▶　❸ ★ 將最下層的文字填色設定為白色

4 使用漸變表現文字的厚度與陰影

執行『**物件/漸變/漸變選項**』命令，設定**指定階數：30** ❶。接著執行『**選取/全部**』命令 ❷，再執行『**物件/漸變/製作**』命令 ❸。

❶	漸變選項

間距：指定階數 30

TIPS 漸變失敗時

在整個文字套用漸變時，可能會出現失敗的情況。請針對有問題的文字，「個別」執行漸變，就能避免這個問題。

❶ 設定漸變選項　▶　❷ 選取全部　▶　❸ 製作漸變

5 使用放射狀漸層製作物件的背景

使用 **矩形工具** 建立 **寬度：280mm、高度：200mm** 的長方形路徑 **❶**。將路徑的填色設定為 **放射狀漸層 ❷**，再把長方形放在物件的下層中央 **❸**。

❶ 矩形

寬度：280mm
高度：200mm

矩形	
寬度(W):	280 mm
高度(H):	200 mm

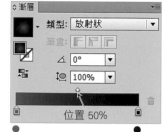

❸

漸層

❷ 類型：放射狀　外觀比例：100%

●C50、M50、Y95、K15
位置 0%

●C85、M85、Y100、K65
位置 100%

6 移動放射狀漸層的原點位置並且擴大範圍

選取最下層的長方形路徑，使用 **漸層工具**，往上移動放射狀漸層的原點位置 **❶**。

直接把漸層註解者的前端往右拖曳，擴大漸層範圍 **❷**。

(請參考 **P146**)

漸層工具

7 使用色彩增值讓漸變效果融入背景

選取上層的漸變物件，在 **透明度** 面板中，設定 **模式：色彩增值、不透明度：100% ❶**。再執行『**編輯/貼至上層**』命令 **❷**。

❶ 透明度　模式：色彩增值／100%

▼

❷
BLEND
SHADOW　貼至上層

8 將文字的填色設定為「放射狀漸層」

貼至上層的字**填色**設定為 **0°**、放射狀漸層 ❶。

類型：放射狀
外觀比例：100%

❶

白色
位置 0%

C71、M62、Y90、K42
位置 100%

---

9 統一文字的「放射狀漸層」效果

利用**漸層工具**統一個別套用在文字上的放射狀漸層效果。選取上層文字物件，按住 [Shift] 鍵不放，使用**漸層工具**往下拖曳。拖曳的起點與終點請參考右圖 ❶。

按住 [Shift] 鍵不放，使用**漸層工具**往下拖曳

Finish 利用陰影讓文字邊緣閃耀光澤感

執行『**效果/風格化/製作陰影**』命令，套用在上層文字。設定**模式：一般、不透明度：100%、顏色：白色**，讓文字上面產生白色亮光，完成範例 ❶。

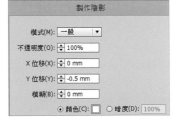

製作陰影

模式(M)：一般
不透明度(O)：100%
X 位移(X)：0 mm
Y 位移(Y)：-0.5 mm
模糊(B)：0 mm
◉ 顏色(C)：☐ ○ 暗度(D)：100%

❶ 製作陰影

模式：一般　　不透明度：100%
X 位移：0mm　 Y 位移：-0.5mm
模糊：0mm　　顏色：白色

TEXT EFFECT

以外框文字與陰影 表現文字的立體感

這是利用外框文字以及基本文字等雙重效果，表現文字立體感的特效。重疊套用漸層的基本文字與黑白色的外框文字，讓文字輪廓呈現出立體感。

範例資料夾 ■ 15

▶ 範例 (上) 是完成的文字特效，範例 (下) 是以黑白色的外框文字 (以**色彩增值**融入背景)。製作的重點是，陰影的模糊量以及位移複製 (效果)。

---

1 輸入基本文字並且建立外框

使用**文字工具**輸入放在下層的文字 (大小標準：左右寬度 **180mm**) ❶。執行『**文字/建立外框**』命令 ❷，再執行『**編輯/拷貝**』命令 ❸。

❶ 這是強調文字外框的特效，建議使用比較粗的字型。

❶

border

Helvetica LT Std Black ※

※ 範例為參考值

填色：K100%　字體大小：215Q
特殊字距：0　字距微調：0
★ 比例間距：40%

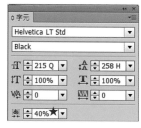

❷
建立外框

▶

❸

border

拷貝

2 在文字物件套用線性漸層

將建立外框的文字物件設定為**填色：120°**，線性漸層 ❶。

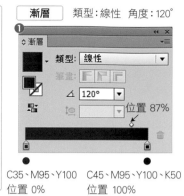

漸層　類型：線性　角度：120°

● C35、M95、Y100
位置 0%

● C45、M95、Y100、K50
位置 100%

3 替文字套用內光暈及陰影

執行『**效果/風格化/內光暈**』命令，設定**模式：色彩增值、不透明度：80%、顏色：黑色**，在文字邊緣套用效果 ❶。

接著執行『**效果/風格化/製作陰影**』命令，設定**模式：色彩增值、不透明度：20%**，在文字下方產生淺色陰影 ❷。

❶ 內光暈

模式：色彩增值
光暈顏色：黑色
不透明度：80%
模糊：2mm　邊緣

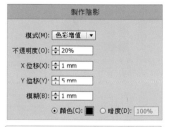

製作陰影

❷ 製作陰影

模式：色彩增值　　不透明度：20%
X 位移：1mm　　　Y 位移：5mm
模糊：1mm
顏色：C45%、M95%、Y100%、K50%

4 拷貝文字並放在上層／再往左上移動

執行『**編輯/貼至上層**』命令 ❶，再執行『**物件/變形/移動**』命令，往左上移動貼至上層的文字 ❷。

❶ border
貼至上層

❶ 移動

► 距離：1.4mm
角度：145°

5 在外框文字套用模糊 0mm 的陰影

將上層文字物件設定為**填色：無、筆畫：白色、筆畫寬度：4pt ❶**，接著執行『**效果/風格化/製作陰影**』命令，設定**模式：色彩增值、不透明度：100%、顏色：黑色、模糊：0mm**，在外框文字加上明顯的陰影 ❷。

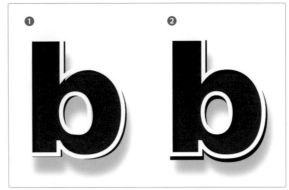

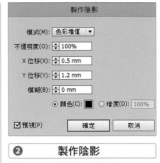

❷	**製作陰影**
模式：色彩增值	不透明度：100%
X 位移：0.5mm	Y 位移：1.2mm
模糊：0mm	顏色：黑色

6 使用「外觀」框面板增加筆畫

在**外觀**面板右上方的選項選單 ★，執行『**新增筆畫**』命令，設定**筆畫：K100%、筆畫寬度：1.5pt ❶**。

❶ 右圖 (下) 是放在上層的外框文字。

Finish 在白線增加筆畫 (黑色) 並且往外位移

選取剛才以**外觀**面板新增的筆畫 ★，執行『**效果/路徑/位移複製**』命令，設定**位移：0.5mm**，完成範例 ❶。

往外位移的筆畫 (黑色)

白線

陰影

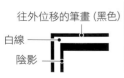

❶	**位移複製**

位移：0.5mm
轉角：尖角
尖角限度：4

VARIATION

**以石膏效果表現
金屬外框質感**

這是以金屬圍繞邊緣的立體外框文字特效。在文字的外框路徑套用「石膏效果」,讓外框文字的輪廓增加金屬質感。

⊤ 範例資料夾 ◼ 15B

▶ 利用**素描**濾鏡中的**石膏效果**增加金屬質感的輪廓,但是此效果不支援放大/縮小功能,若要讓物件變大,必須執行「點陣化」(※背景選擇透明)。

---

1 建立基本文字

使用**文字工具**輸入要套用特效的文字 ❶。大小標準是左右寬度 **175mm**,建議選擇有弧度的手寫字型。

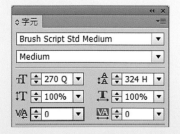

Brush Script Std Medium ※

———————
　　　　　※ 範例是參考值

填色:C5%、M25%、Y90%
字體大小:270Q
特殊字距:0
字距微調:0

◇ 字元	
Brush Script Std Medium	▼
Medium	▼

iT ⬍ 270 Q ▼　　iA ⬍ 324 H ▼
iT ⬍ 100% ▼　　T ⬍ 100% ▼
V/A ⬍ 0 ▼　　VA ⬍ 0 ▼

---

2 建立外框後合併路徑

執行『**文字/建立外框**』命令 ❶,按下**路徑管理員**面板中的**聯集**鈕 ❷,執行『**編輯/拷貝**』命令 ❸。

❶ 建立外框

❷ **路徑管理員**　　形狀模式:聯集

路徑管理員

形狀模式:

❸ 拷貝

3 在文字外側套用陰影……1

執行『**效果/風格化/製作陰影**』命令，讓文字物件下層產生陰影 **❶**，接著執行『**編輯/貼至上層**』命令 **❷**。

※從這個步驟開始，是在背景置於最下層的狀態來說明操作步驟。

❶ 製作陰影

模式：色彩增值
不透明度：100%
X 位移：1mm
Y 位移：8mm
模糊：2mm
顏色：黑色

❷ 貼至上層

4 將筆畫對齊外側的外框文字並貼至上層

把貼上的文字物件設定為**填色：無、筆畫：K100%、筆畫寬度：5pt、尖角：圓角、對齊筆畫：筆畫外側對齊 ❶**。

❷ 筆畫

填色：無
筆畫：K100%
筆畫寬度：5pt
尖角：圓角
對齊筆畫：筆畫外側對齊

5 使用「石膏效果」讓筆畫呈現金屬質感

執行『**效果/素描/石膏效果**』命令，將貼至上層的物件筆畫更改成金屬性質。縮放物件時，必須點陣化並且調整平滑度 **❶**。

❶ 石膏效果

影像平衡：1
平滑度：11
光源：頂端

Finish 在文字外側套用陰影……2

執行『**效果/風格化/製作陰影**』命令，設定**模式：色彩增值、不透明度：50%、顏色：黑色**，讓文字內側產生陰影 **❶**。

❶ 製作陰影

模式：色彩增值　不透明度：50%
X 位移：0.5mm　Y 位移：2mm
模糊：1mm
顏色：黑色

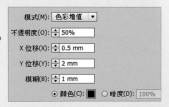

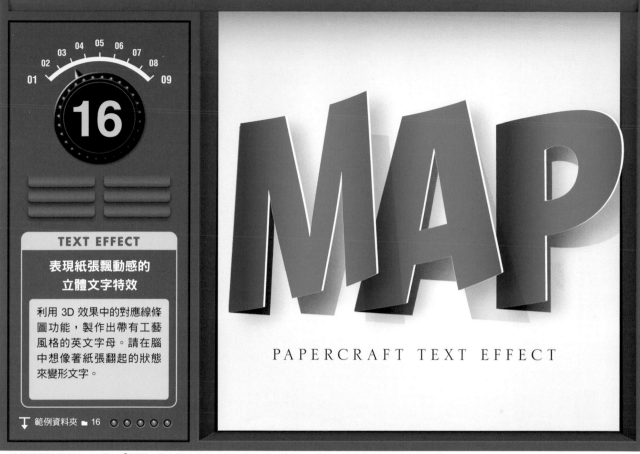

▶ 這個範例使用了在 3D 幾何「平面」貼上符號的對應線條圖效果。隱藏 3D 幾何，讓變成符號的文字變立體。

※ 使用對應線條圖效果的物件，如果不轉成符號，就無法使用。

1 在「符號」面板中儲存前面使用的英文字母「M」

使用**文字工具**輸入英文字母「M」（大小標準：**寬度：44mm、高度：50mm**）❶。
執行『**文字/建立外框**』命令 ❷，再執行『**編輯/拷貝**』命令 ❸。在**符號**面板中，新增命名後的「**M**」。在選取「**M**」的狀態，按下**符號**面板的選項選單★，執行『**新增符號**』命令。在**符號選項**交談窗中，輸入名稱 (**M**)，按下**確定**鈕 ❹。

**Myriad Pro
Black Condensed** ※
填色：K100%
字體大小：300Q

※ 範例為參考值

建立外框

拷貝

在選取狀態下，新增符號

符號選項

名稱(N)：M

類型(T)：影片片段 ▼ 拼版色

☐ 啟用 9 切片縮放的參考線

☐ 對齊像素格點

● 請注意：這個單元只利用英文字母「M」來說明文字特效。「A」與「P」也同樣先新增至「符號」面板中。

2 在「符號」面板新增下層
陰影「M2」

執行『**編輯/貼上**』命令 **❶**，
將貼上的「M」設定為**填色：
K50%** **❷**。接下來，在**符號**面板
新增陰影用的英文字母「M」。
和 **P095** 一樣，按下**符號**面板的
選項選單★，執行『**新增符號**』
命令。在**符號選項**面板中，輸入
名稱（**M2**），按下**確定**鈕 **❸**。

● 「A」與「P」也同樣先新增下層用的
「A2」及「P2」符號。

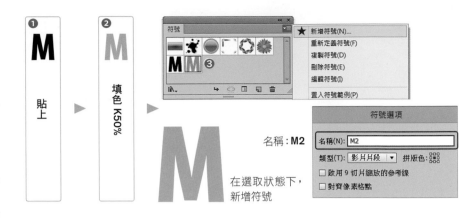

3 製作套用 3D 效果的路徑
原型……1

使用**矩形工具**建立**寬度：
62mm、高度：30mm** 的長
方形路徑（**填色：無、筆畫：
K100%、筆畫寬度：0.1pt**） **❶**。
執行『**物件/變形/傾斜**』命令，
讓長方形變形成由上往下壓扁的
形狀 **❷**。

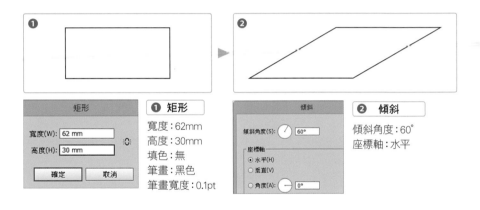

4 製作套用 3D 效果的路徑
原型……2

使用**直接選取工具**選取右上方的
錨點，按下 Delete 鍵，刪除物件
的右半部分 **❶**。執行『**效果/彎
曲/上弧形**』命令，變形剩下的
左半部分物件 **❷**。

● 使用拷貝／貼上，先拷貝 2 個彎
曲（上弧形）變形後的路徑（「A」與
「P」用）。

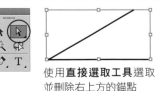

使用**直接選取工具**選取
並刪除右上方的錨點

5 使用「突出與斜角」讓路徑變立體 (預視)

執行『**效果/3D/突出與斜角**』命令,讓套用彎曲變形後的路徑,如同翻起的筆記本,呈現出立體感 (請勾選**預視**方塊) ❶。按下**突出與斜角選項** (交談窗) 的**對應線條圖**,開啟**對應線條圖** (執行下個步驟) ❷。

※這裡請先別按下**3D 突出與斜角選項**交談窗的**確定**鈕。完成步驟 **6** 之後再按。

★ 預視狀態

3D 突出與斜角

位置
X 軸:-60°
Y 軸:0°
Z 軸:0°
透視:0°

突出與斜角
突出深度:215pt
端點:開啟
斜角:無

更多選項
表面:塑膠效果

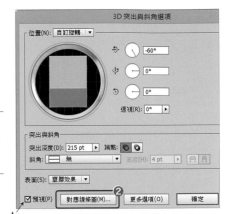

★ 按下**對應線條圖**鈕,開啟交談窗

6 讓「M」及「M2」等 2 個符號對應到 3D 幾何圖形

勾選**對應線條圖**交談窗的 ❶,接著把 ❷ 設定為 6/6,在 ❸ 選擇「M」,按下 ❹ 讓「M」符合表面。然後把 ❺ 設定為 4/6,❻ 選擇「M2」,按下 ❼ 讓「M2」符合表面,最後按下 ❽ 使文字變立體。※ 請參考 P133。

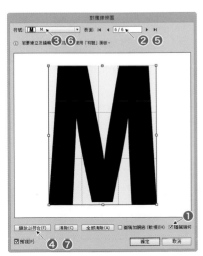

表面 6/6

對應線條圖

❶ 隱藏幾何
❷ 表面:6/6
❸ 符號:M
❹ 縮放以符合
❺ 表面:4/6
❻ 符號:M2
❼ 縮放以符合

表面 4/6

讓 M 符合表面 6/6

▼

讓 M2 符合表面 4/6

TIPS.1 **當文字被破壞時**

彎曲:-30% → 彎曲:-16%

當文字的外觀受到破壞時,請降低**彎曲:上弧形**的彎度。
(P096-4- ❷) ※ 範例是 -16%

TIPS.2 **縮小文字的寬度**

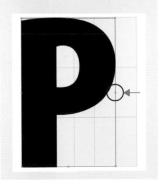

符合表面　往左移動錨點

• 對步驟 **4** 拷貝的 2 個路徑「A」與「P」執行**對應線條圖**功能 (請參考步驟 **5** ～ **6**)。

7 擴充 3D 物件的外觀

執行『**物件/擴充外觀**』命令，擴充執行對應線條圖的「**M**」物件 ❶。

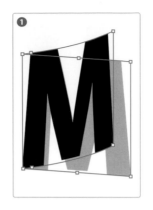

❷「**A**」與「**P**」物件也按照相同方法擴充外觀。

8 釋放遮色片並且刪除多餘路徑

執行『**物件/剪裁遮色片/釋放**』命令 ❶。接著執行『**物件/路徑/清除**』命令，刪除所有**填色**及**筆畫**設定為**無**的多餘路徑 ❷，再執行『**物件/解散群組**』命令 3 次，恢復成沒有限制的一般路徑狀態 ❸。

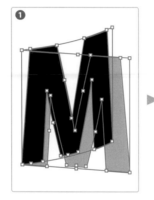

清除路徑

勾選全部的項目

執行 3 次解散群組

9 在上層的「**M**」字母套用線性漸層

使用**選取工具**選取上層的「**M**」物件，將物件的**填色**設定為 **0°** 線性漸層 ❶。

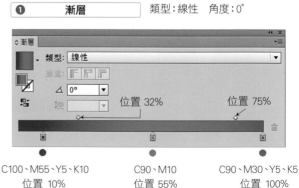

漸層　　　類型：線性　角度：0°

C100、M55、Y5、K10　　　C90、M10　　　C90、M30、Y5、K5
位置 10%　　　　　　　位置 55%　　　位置 100%

10 在下層當作陰影的「M2」套用線性漸層

使用**選取工具**選取下層的「**M2**」物件,將**填色**設定為0°線性漸層 。在**透明度**面板中,設定**模式:色彩增值、不透明度:100%** 。

② 透明度

模式:色彩增值
不透明度:100%

❶ 漸層　　類型:線性　角度:0°

位置 45%

位置 15%　　　　　位置 78%
K100　　　　　　K10

---

11 往右上方移動/拷貝上層的「M」

使用**選取工具**選取上層的「**M**」物件,執行『**物件/變形/移動**』命令,往右上方移動/拷貝「**M**」。直接將拷貝後的物件填色設定為白色 。

❶ 移動

距離:0.75mm
角度:17°
★ 按下**拷貝**鈕

填色更改為白色

Finish 在「M」的下方製造陰影即完成範例

對最上層的「**M(白色)**」執行『**物件/排列順序/置後**』命令 ,接著執行『**效果/風格化/製作陰影**』命令,完成「**M**」。

● 使用 **P098** 步驟 **7** 的**擴充外觀**物件,完成「**A**」與「**P**」,排列英文字母,並且注意重疊順序,完成「**MAP**」。

置後

❷ 製作陰影

模式:色彩增值
不透明度:25%
X 位移:4.8mm
Y 位移:3.5mm
模糊:2.5mm
顏色:黑色

16B

VARIATION

變形的應用範例
創造卡通風文字

這是使用 P095 的範例 (16.ai)，製作出誇張變形的應用範例。利用「重新上色圖稿」更改主色，再以彎曲變形效果創造出卡通風格。

⊤ 範例資料夾 ■ 16

PAPERCRAFT TEXT EFFECT 2

▶ 利用彎曲效果大幅變形物件，製造出顯著的動態感。綠色套用「弧形」，洋紅色套用「上弧形」。使用「重新上色圖稿」更改顏色時，別忘了設定「連結色彩調和顏色」。

1 選取有色物件

開啟 **P095** 的完成範例 (**16.ai**)，按住 Shift 鍵不放，以**選取工具**，統一選取最上層的 **3** 個漸層物件 (藍色) ❶。

❶

● 開啟範例檔案 (16.ai) 時，請刪除 MAP 下方的文字 ★。

❶ Shift + ▶

統一選取最上層的路徑

2 重新上色圖稿的設定步驟

執行『**編輯/編輯色彩/重新上色圖稿**』命令，按下交談窗中的**編輯**鈕 ❶，設定**連結色彩調和顏色** ❷，接著調整 **HSB** 色彩模式的**高** (色相)、**S** (飽和度)、**B** (明度)，改變物件的顏色 ❸。

重新上色圖稿

❶ 按下編輯	❷ 按下連結	❸ 移動 高、S、B 滑桿

編輯註：這裡的**高**、**S**、**B**，應為 H、S、B，軟體將 H 誤譯為高。

Green **#1** 將表面顏色更改成綠色

參考下圖，調整 **HSB** 色彩模式後 ❶，依序執行『**選取/全部**』命令及執行『**物件/組成群組**』命令 ❷。

Green **Finish** 套用彎曲 (弧形) 變形物件

執行『**效果/彎曲/弧形**』命令，設定**水平**的彎曲值，再移動**扭曲：水平／垂直**的滑桿，變形群組 ❶。

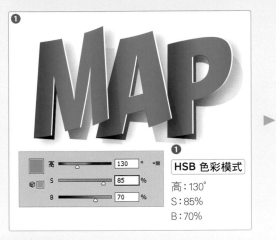

HSB 色彩模式
高：130°
S：85%
B：70%

選取全部
↓
組成群組

❶ 彎曲 (弧形)

樣式：弧形　**水平**　彎曲 32%　**扭曲**　水平 32%／垂直 -7%

Mogenta **#1** 將表面顏色更改成洋紅色

參考下圖，調整 **HSB** 色彩模式後 ❶，依序執行『**選取/全部**』命令及執行『**物件/組成群組**』命令 ❷。

Mogenta **Finish** 套用彎曲 (弧形) 變形物件

執行『**效果/彎曲/弧形**』命令，設定**水平**的彎曲值，接著移動**扭曲：水平／垂直**的滑桿，變形群組 ❶。

HSB 色彩模式
高：312°
S：85%
B：85%

選取全部
組成群組

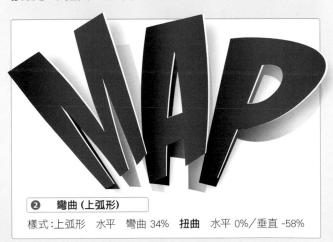

❷ 彎曲 (上弧形)

樣式：上弧形　**水平**　彎曲 34%　**扭曲**　水平 0%／垂直 -58%

17

TEXT EFFECT

套用突出與斜角的方塊文字特效

這是利用 3D 效果中的「突出與斜角」，讓文字變立體的常見特效。在黑色文字加上立體邊框，並且在地面上投射出陰影，製作出完成度較高的物件。

T 範例資料夾 ■ 17 ○ ○ ○ ○ ○

THREE-DIMENSIONAL TEXT EFFECT

▶ 利用 3D 效果製作立體文字，將文字變形成扇型。提高立體效果的關鍵在於，以位移複製做出「邊框厚度」，再用 3D 效果變形「陰影」。

1 調整文字間距，製作文字

使用**文字工具**輸入文字 ❶。（大小標準是 **THREED** 的寬度 **135mm**、高度 **37mm**）。此範例是設定整體文字的**比例間距：10%**，並且縮小 T 與 H 之間的**特殊字距 (-100)**。

❶ 假如無法使用**字元**面板，可以執行『**格式/建立外框**』命令，再編排文字。請選擇比較容易編輯的方法，再開始執行步驟。

❶

THREED

ITC Avant Garde Gothic Std Demi ※

填色：白色　　比例間距：10%
※ 範例為參考值

TD　字體大小：200Q　特殊字距：0

HREE　字體大小：137Q　特殊字距：-100 (T 與 H)

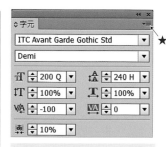

字元

ITC Avant Garde Gothic Std

Demi

T 200 Q　　tA 240 H
IT 100%　　T 100%
VA -100　　VA 0
三 10%

文字基線沒有對齊

請按下**字元**面板的選項選單 ★，設定**字元對齊方式**為**羅馬基線**。

2 使用彎曲 (弧形) 變形文字

執行『**效果/彎曲/弧形**』命令，設定**水平**、**彎曲：14%**，讓文字變形成圓弧狀 ❶，再執行『**物件/擴充外觀**』命令 ❷。

❶ THREED　　彎曲 (弧形)

▼

❷　　　　　擴充外觀

❶　　　　　弧形

樣式：弧形　水平　彎曲 14%

3 文字位移後再套用「突出與斜角」效果

執行『**編輯/拷貝**』命令 ❶，再執行『**效果/路徑/位移複製**』命令，往文字外側位移 **0.5mm** ❷。將文字的**填色**設定為白色 ❸，執行『**效果/3D/突出與斜角**』命令，設定**表面：塑膠效果**，按下「**更多選項**」鈕，開啟交談窗。將照明選項★的光源往右下方移動，**環境光**降低為 **35%**，使文字變立體 ❹。

❶ THREED　　拷貝

▼

❷

❷　位移複製

位移：0.5mm
轉角：圓角
尖角限度：4

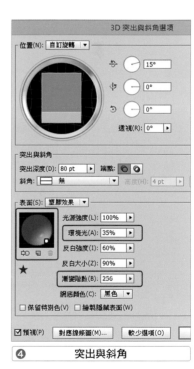

TIPS.1

展開交談窗

選擇表面 (塑膠效果) → 更多選項

TIPS.2

★

照明選項

請一邊確認預視狀態，一邊拖曳照明選項內的 ○ (前面的光源)，調整光源位置。

▼

❸　　　文字填色設定為白色

▼

❹

❹　　　突出與斜角

位置　X 軸：15°　　**突出與斜角**
　　　Y 軸：0°　　　突出深度：80pt
　　　Z 軸：0°　　　端點：開啟
　　　透視：0°　　　斜角：無

更多選項
表面：塑膠效果　　環境光：35%
漸變階數：256

4 使用「突出與斜角」變形貼上的文字

請執行『**編輯/貼至上層**』命令 ❶，接著執行『**效果/突出與斜角**』命令，在交談窗內，設定**突出深度：0pt**、**表面：無網底**，配合立體化的物件形狀，變形貼上的文字 ❷。

❷ 由於 **P103** 步驟 **3** 已經改了設定，因此執行效果選單最上面的**突出與斜角**，叫出交談窗。

❶ T<small>HREE</small>D　貼至上層

❷

❷　突出與斜角

突出深度：0pt　表面：無網底

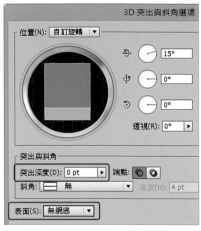

5 移動上層文字，吻合字面

執行『**物件/變形/移動**』命令，將上層文字往上移動 **3.65mm**，以符合立體物件的字面位置 ❶。接著執行『**物件/擴充外觀**』命令 ❷。

❶

往上移動

❷　擴充外觀

❶　移動

距離：3.65mm
角度：90°

6 在上層文字套用線形漸層

執行『**編輯/拷貝**』命令 ❶，將上層文字的**填色**設定為 **120°** 線性漸層 ❷。

❶ T<small>HREE</small>D　拷貝

❷

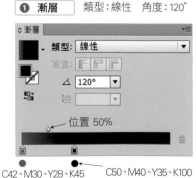

❶　漸層　　類型：線性　角度：120°

C42、M30、Y28、K45
位置 0%

C50、M40、Y35、K100
位置 35%

7 在文字邊緣加上立體效果

執行『**效果/風格化/製作陰影**』命令，設定**模式：一般、不透明度：75%、顏色：白色**，在上層文字的周圍加上明亮特效 **①**。
接著執行『**效果/風格化/外光暈**』命令，設定**模式：一般、不透明度：100%、光暈顏色：白色**，在文字邊緣加上白色特效 **②**。

② 請按照製作陰影外光暈的順序設定效果。

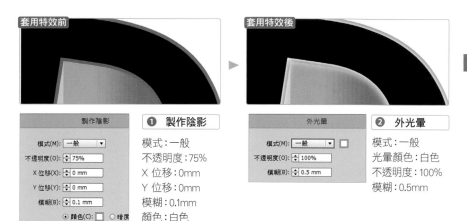

❶ 製作陰影
模式：一般
不透明度：75%
X 位移：0mm
Y 位移：0mm
模糊：0.1mm
顏色：白色

❷ 外光暈
模式：一般
光暈顏色：白色
不透明度：100%
模糊：0.5mm

8 利用突出與斜角製作投射在地面上的陰影

執行『**選取/全部**』命令，再執行『**物件/隱藏/選取範圍**』命令 **①**，接著執行『**編輯/貼至上層**』命令 **②**，然後執行『**效果/3D/突出與斜角**』命令，在交談窗內設定 **X 軸：75°、Y 軸與 Z 軸：0°、突出深度：0pt、表面：無網底**，變形貼上的文字 **③**。

❶ THREED 隱藏
❷ THREED 貼至上層
THREED
❸ 突出與斜角

X 軸：75° / Y、Z 軸：0°　突出深度：0pt　表面：無網底

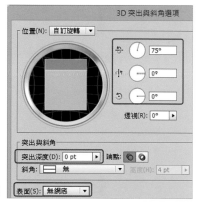

9 在陰影物件套用線性漸層

執行『**物件/擴充外觀**』命令，擴充變形成扁平狀的陰影物件 **①**，再將物件的**填色**設定為 **90°** 線性漸層 **②**。

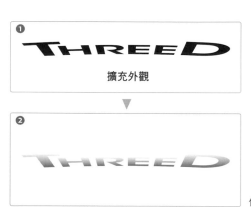

❶ THREED
擴充外觀
❷ THREED

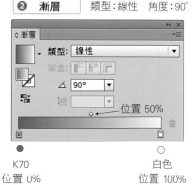

❷ 漸層　類型：線性　角度：90°

● K70 位置 0%
○ 白色 位置 100%

10 在陰影物件設定 2 種不透明度

使用 **群組選取工具** 選取「HREE」之後,在**透明度**面板設定**漸變模式:色彩增值、不透明度:60%** ❶。

同樣將「**T** 與 **D**」的**漸變模式**設為**色彩增值、不透明度 100%** ❷。

群組選取工具

HREE

❶ 透明度

漸變模式:色彩增值
不透明度:60%

T D

❷ 透明度

漸變模式:色彩增值
不透明度:100%

11 將陰影物件移動到適當位置

執行『**物件/顯示全部物件**』命令 ❶,使用**選取工具**選取陰影物件,執行『**物件/排列順序/移至最後**』命令 ❷,再執行『**物件/變形/移動**』命令,往下移動 (此範例往下移動 **22mm**) ❸。

❶ 顯示全部物件

❷ 移至最後

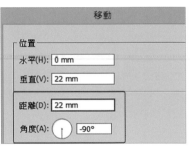

移動

位置
水平(H): 0 mm
垂直(V): 22 mm
距離(D): 22 mm
角度(A): -90°

❸ 移動

距離:22mm
角度:-90°

Finish 在陰影物件套用高斯模糊

最後,執行『**效果/模糊/高斯模糊**』命令,模糊陰影物件,完成範例 ❶。

❶ 高斯模糊

高斯模糊

半徑(R): 8.5 像素

☑ 預視(P) 確定 取消

半徑:8.5 像素

※ 陰影的上下位置會隨著字型而異,請配合您使用的字型來調整。

PLASTIC BUTTON

18 P.108

GLASS BUTTON

18B VARIATION P.112

TORN EDGES

Torn YellowPaper Strip Effect.

19 P.114

LATHE TURNING

20 P.118

The First Section

文字特效

Section 04

襯托文字背景用的圖示

BLUE FLAG ICON Effect

BLUE FLAG ICON Effect

21 P.123

THE RED CUP

RED CUP PACKAGE

3D MAP **RED CUP** EFFECT

22 P.128

THE RED CUP

RED RIBBON 3D EFFECT

22B VARIATION P.134

Balloon

Balloon

Balloon

23 P.138

TEXT EFFECT

塑膠按鈕圖示

這是有著顯著光澤的塑膠按鈕圖示。樹脂表面反射的光澤感以及邊緣的反射光是強調按鈕細節的重要元素。

範例資料夾 ■ 18 ○○○○○

▶ 利用不透明度的漸層效果來表現圖示的光澤感。RGB 模式要使用白色透明漸層，CMYK 模式則是在漸層效果加上顏色，這就是製造自然光澤感的主要關鍵。

---

1 利用「圓角」效果建立圓角正方形

這裡使用比較有彈性的圓角效果來製作圓角正方形。一開始先使用**矩形工具**建立**寬度：120mm**、**高度：120mm** 的正方形 ❶。

接著執行『**效果/風格化/圓角**』命令，設定**半徑：20mm** ❷，將路徑的**填色**設定成**90°**、線性漸層 ❸。

❶ 正方形

寬度：120mm
高度：120mm

矩形	
寬度(W)：	120 mm
高度(H)：	120 mm

❷ 圓角

半徑：20mm

圓角	
半徑(R)：	20 mm
☑ 預視(P)	確定

❸ 漸層 類型：線性／90°

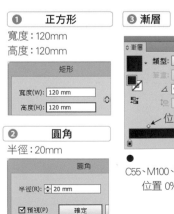

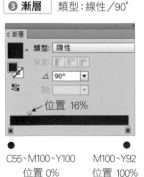

位置 16%

● C55、M100、Y100
位置 0%

● M100、Y92
位置 100%

2 加上平滑的邊緣與製造立體感的陰影

執行『**編輯/拷貝**』命令 ❶。再執行『**效果/風格化/內光暈**』命令，設定**光暈顏色：黑色、模式：色彩增值**，讓按鈕的邊緣變平滑 ❷。

接著執行『**效果/風格化/製作陰影**』命令，設定**陰影顏色：黑色、模式：色彩增值**，在按鈕套用陰影效果 ❸。

拷貝

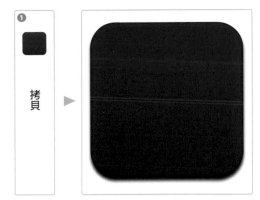

❷	內光暈

色彩增值／黑色
不透明度：35%
模糊：3mm
邊緣

❸	製作陰影

色彩增值
不透明度：100%
X 0mm／Y 3mm
模糊：1mm
顏色：黑色

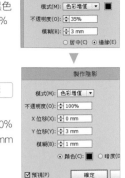

3 套用帶有不透明效果的放射狀漸層

執行『**編輯/貼至上層**』命令 ❶，將貼上的路徑**填色**設定為使用不透明效果的放射狀漸層 ❷。

❶
貼至上層

❷	漸層	類型：放射狀
		外觀比例：100%

位置 38%

○ 白色　　　　○ 白色
不透明度：100%　不透明度：0%
位置 38%　　　位置 100%

4 用重疊模式合成放射狀漸層

執行『**物件/變形/縮放**』命令，將貼上的路徑縮小為 **96.5%** ❶，在**透明度**面板設定**漸變模式：重疊、不透明度：100%** ❷。

❶	縮放

一致：96.5%
選項
☑ 縮放筆畫和效果

❷	透明度

漸變模式：重疊
不透明度：100%

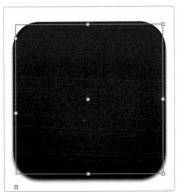

TIPS　★ 縮放筆畫和效果

要在勾選**縮放筆畫和效果**的狀態下執行操作。

5 在圖示邊緣加上反光

使用**矩形工具**建立**寬度：1.2mm**、**高度：86mm** 的長方形 ❶，將**填色**設定成使用不透明效果的 **90° 線性漸層** ❷。

請參考右圖，將長方形放在物件的左側，調整位置後 ❸，再利用變形命令，在物件右側及下方擺放／拷貝長方形。

❸ 拷貝 Ⓐ

執行『**物件/變形/移動**』命令，往右移動／拷貝 ❸，再調整位置。

Ⓐ 移動

水平：-115mm
※ 按下**拷貝**鈕

❸ 拷貝 Ⓑ

執行『**物件/變形/旋轉**』命令，旋轉 90°／拷貝 ❸，再調整位置。

Ⓑ 旋轉

角度：90°
※按下**拷貝**鈕

移動
位置
水平(H): -115 mm
垂直(V): 0 mm
距離(D): 115 mm
角度(A): 180°
選項
☑ 變形物件(O) □ 變形圖
☑ 預視(P)
拷貝(C) 確定

旋轉
旋轉
角度(A): 90°
選項 ☑ 變形物件(O) □ 變形
☑ 預視(P)
拷貝(C) 確定

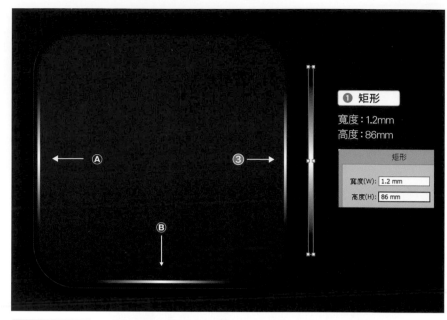

❶ 矩形
寬度：1.2mm
高度：86mm

矩形
寬度(W): 1.2 mm
高度(H): 86 mm

❷ 漸層

類型：線性
角度：90°

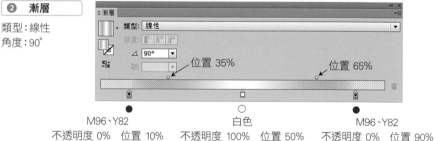

漸層
類型：線性
90° 位置 35% 位置 65%

M96、Y82
不透明度 0% 位置 10%

白色
不透明度 100% 位置 50%

M96、Y82
不透明度 0% 位置 90%

6 將貼至上層的路徑縮小 94% 擴充外觀

執行『**編輯/貼至上層**』命令 ❶。接著執行『**物件/變形/縮放**』命令，將貼至上層的物件縮小 **94%** ❷，再執行『**物件/擴充外觀**』命令 ❸。

❷ 請先勾選「**縮放筆畫和效果**」再縮小 94%。

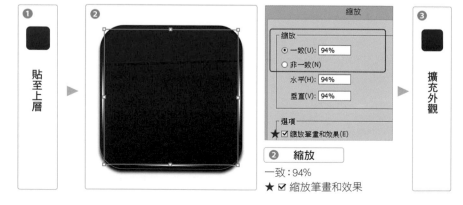

❶ 貼至上層

❷

縮放
縮放
⦿ 一致(U): 94%
○ 非一致(N)
水平(H): 94%
垂直(V): 94%
選項
★ ☑ 縮放筆畫和效果(E)

❷ 縮放

一致：94%
★ ☑ 縮放筆畫和效果

❸ 擴充外觀

7 使用橢圓形減去圓角正方形

使用**橢圓形工具**建立**寬度：175mm、高度：72mm** 的橢圓形 ❶，移至圖示下方★。

按住 Shift 鍵不放，再使用**選取工具**按一下，選取放置在上層的 2 個路徑 ❷，然後按下**路徑管理員**面板中的「**減去上層**」鈕 ❸。

❶ 橢圓形

寬度：175mm
高度：72mm

橢圓形

寬度(W)：175 mm
高度(H)：72 mm

★ 填色：任意色

❸ 路徑管理員

減去上層

路徑管理員
形狀模式：

路徑管理員：

8 製作帶有不透明效果的漸層表現光澤感

上層物件減去橢圓形之後，再將**填色**設定為使用不透明效果的 **90° 線性漸層 ❶**。

TIPS **在 CMYK 模式表現 RGB 的光澤感**

在圖示設定帶有光澤感的不透明度漸層。若想在 CMYK 模式中，表現基色為「白色」，如同 RGB 模式的光澤感，請使用「沿用主色的淺色」當作基色。

❶ 漸層　類型：線性　角度：90°

位置 87%

● M65、Y25
不透明度 30%
位置 30%

● M20
不透明度 50%
位置 100%

Finish 加上文字完成圖示

使用**文字工具**輸入文字。文字顏色設定為白色，再放於圖示上方，完成範例（此範例是使用**段落**面板，將文字設定為「**置中對齊**」）。

段落

段落：置中對齊

PLASTIC BUTTON

Josefin Sans Std Light ※

※範例為參考值

字型大小：100Q
設定行距：122H
特殊字距：視覺
比例間距：20%

▶ 在塑膠圖示的製作步驟 P109-2〜P109-3 之間，加入其他操作。使用**內光暈**效果以及文字上的陰影，表現貼在「容器」上的玻璃質感。

1　貼上橢圓形並且更改顏色

從★**P109-2-❸**（製作陰影〜）開始執行操作步驟。執行『**編輯/貼至上層**』命令 ❶。將貼上的路徑設定為**填色：C50%、M100%、Y100%、K65%** ❷。

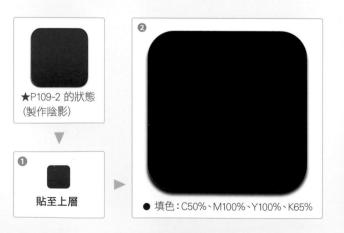

★P109-2 的狀態
（製作陰影）

❶
貼至上層

● 填色：C50%、M100%、Y100%、K65%

2　將圓角長方形縮小至 96.5%

執行『**物件/變形/縮放**』命令，將貼上的圓角正方形縮小至 **96.5%**、（必須勾選**縮放筆畫和效果**）❶。

❶　縮放

一致：96.5%
☑ 縮放筆畫和效果

縮放
縮放
⊙ 一致(U)：96.5%
○ 非一致(N)
水平(H)：96.5%
垂直(V)：96.5%

選項
☑ 縮放筆畫和效果(E)

❶

04 The First Section 文字特效

3 利用「內光暈」效果讓圖示往內凹陷

執行『**效果/風格化/內光暈**』命令，在上層的圓角正方形套用效果 (光暈顏色：**M95%、Y88%**) **❶**。接著執行★**P109-3-❶**。

❶ 內光暈

濾色 ■ 光暈顏色：M95%、Y88%
不透明度：100%
模糊：10mm　　邊緣

★ 接著執行 P109-23

4 執行 P109-3〜P111-8 的操作步驟

回到 **P109-3-❶** (貼至上層)，並且執行到 **P111-8-❶** (設定不透明度的漸層) 為止的操作步驟。

★下圖是各個步驟的物件狀態。

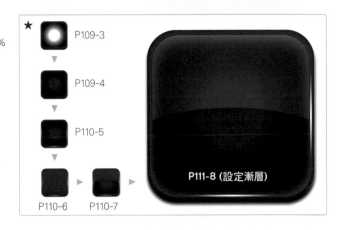

★　P109-3
　　P109-4
　　P110-5
P110-6　P110-7　P111-8 (設定漸層)

5 在圖示內輸入文字

使用**文字工具**輸入文字，文字顏色設定為白色，放在圖示上 **❶**。

★此範例使用**段落**面板讓文字置中對齊。

GLASS
BUTTON

Josefin Sans Std Light ※
　　　　　　　　※ 範例為參考值

字型大小：100Q
設定行距：122H
特殊字距：視覺
比例間距：20%
★ 段落：置中對齊

Finish 錯開文字製造陰影

執行『**效果/風格化/製作陰影**』命令，將效果套用在文字上。設定**模式：色彩增值** (陰影顏色：黑色／**40%**)，在文字的右下方製作陰影，完成圖示 **❶**。

❶ 製作陰影

模式：色彩增值
不透明度：40%
X 位移：4mm
Y 位移：4mm
模糊：1mm
顏色：黑色 ■

TEXT EFFECT

撕紙特效
TORN EDGES EFFECT

這是撕開紙張的特效。製作重點是，撕紙邊緣的處理方法。在撕開的紙張中，加上文字，完成搶眼的立體物件。

範例資料夾 ■ 19 ○ ○ ○ ○ ○

TORN **YellowPaper** Strip Effect.

▶ TORN EDGES 的意思是鋸齒狀的邊緣。在撕開的紙張邊緣套用「粗糙效果」，能製作出鋸齒模樣。此範例關鍵在於，要重複套用效果，讓邊緣產生變化，避免剖面變成直線。

1　在矩形路徑設定 90° 線性漸層

★先使用**矩形工具**建立覆蓋工作區域的長方形路徑（**M30%**、**Y100%**），再執行『**物件/鎖定/選取範圍**』命令。接著使用**矩形工具**建立**寬度**：**135mm**、**高度**：**60mm** 的長方形 ❶，將**填色**設定為 **90°** 線性漸層 ❷。使用**直接選取工具**，選取右側的 **2** 個錨點（在此狀態執行下個步驟）❸。

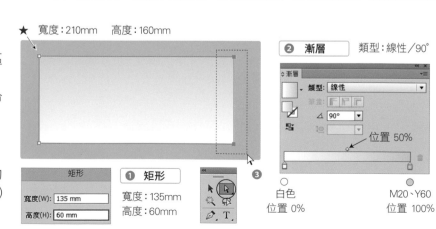

★ 寬度：210mm　高度：160mm

❷ **漸層**　類型：線性／90°

位置 50%

○ 白色　位置 0%

● M20、Y60　位置 100%

矩形

寬度(W)：135 mm
高度(H)：60 mm

❶ **矩形**

寬度：135mm
高度：60mm

2 移動錨點，變形矩形路徑

執行『**物件/變形/縮放**』命令，
設定**一致：45%**，縮小 **2** 個錨點
的距離 ❶。

使用**選取工具**選取變形後的長方
形，執行『**編輯/拷貝**』命令 ❷。

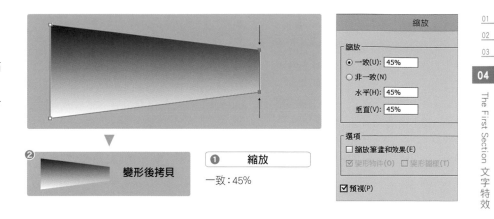

❷ 變形後拷貝

❶ 縮放
一致：45%

3 使用「粗糙效果」製作鋸
齒邊緣

執行『**效果/扭曲與變形/粗糙效
果**』命令，讓變形後的長方形產
生鋸齒效果 ❶。

執行『**效果/粗糙效果**』命令，
出現提醒視窗，按下「**套用新效
果**」鈕 ❷。在新開啟的視窗中，讓
變形後的矩形增加鋸齒效果 ❸。

❷ 提醒效果重
複的視窗

❶ 粗糙
效果
尺寸：0.5%
◉ 相對
細部：6/英寸
點：尖角

❸ 粗糙
效果
尺寸：0.25%
◉ 相對
細部：100/英寸
點：尖角

4 利用內光暈讓灰色部分往
內凹陷

執行『**物件/變形/個別變形**』命
令，反轉／變形／拷貝物件 ❶。
將拷貝後的物件**填色**設定為
K60% ❷，執行『**效果/風格化/
內光暈**』命令，設定**光暈顏色：
黑色、模式：色彩增值**，讓灰色
「平面」往內凹陷 ❸。

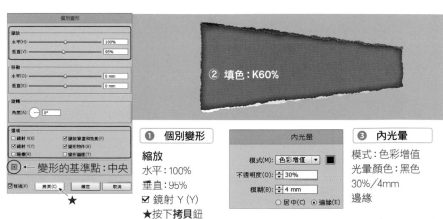

② 填色：K60%

❶ 個別變形
縮放
水平：100%
垂直：95%
☑ 鏡射 Y (Y)
★按下**拷貝**鈕

❸ 內光暈
模式：色彩增值
光暈顏色：黑色
30%／4mm
邊緣

5 製作紙張左側的掀開處

執行『**編輯/貼上**』命令,再移到 **P115-4** 的物件旁邊 ❶。接著執行『**物件/變形/個別變形**』命令,變形貼上的物件,將**填色**設為白色(★取消**鏡射 Y (Y)** 項目)❷。

再使用**直接選取工具**選取左側 **2** 個錨點 ❸。

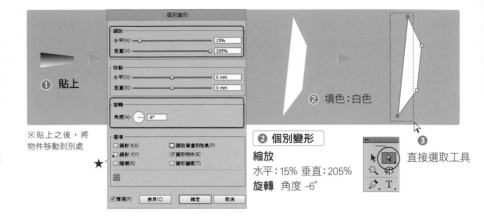

❶ 貼上

※貼上之後,將物件移動到別處

❷ 填色:白色

❷ 個別變形

縮放
水平:15% 垂直:205%
旋轉 角度 -6°

❸ 直接選取工具

6 操控錨點變形成掀開處

執行『**物件/變形/縮放**』命令,設定垂直:**54%**,縮小 **2** 個錨點的距離 ❶。使用**直接選取工具**往左移動右上方的錨點,使右邊的路徑垂直對齊 ❷。

再利用**增加錨點工具**,按一下下邊緣的中央部分(略微偏左)❸,以**直接選取工具**往下移動新增的錨點 ❹。

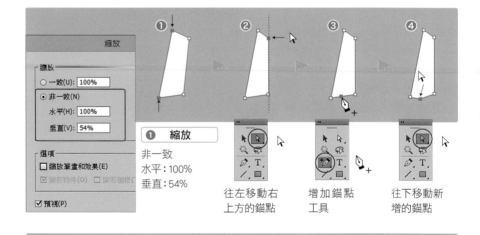

❶ 縮放

非一致
水平:100%
垂直:54%

往左移動右上方的錨點

增加錨點工具

往下移動新增的錨點

7 利用「粗糙效果」製造鋸齒邊緣

執行『**效果/扭曲與變形/粗糙效果**』命令,在物件製造鋸齒效果 ❶。接著執行『**效果/粗糙效果**』命令,出現提醒視窗之後,按下「**套用新效果**」鈕 ❷。使用新開啟的視窗,在變形後的長方形增加鋸齒 ❸。

❷ 出現效果重複的提醒

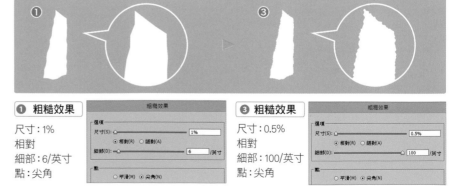

❶ 粗糙效果
尺寸:1%
相對
細部:6/英寸
點:尖角

❸ 粗糙效果
尺寸:0.5%
相對
細部:100/英寸
點:尖角

8 拷貝掀開處並套用 0° 漸層

執行『**物件/變形/個別變形**』命令，變形／拷貝物件 ❶。

將拷貝後的物件**填色**設定為 **0°** 線性漸層 ❷。

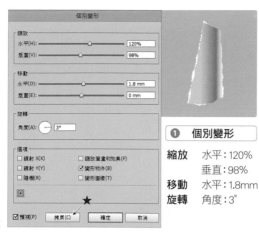

★按下**拷貝**鈕

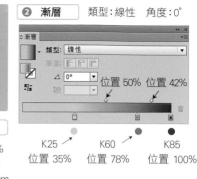

❷ 漸層	類型：線性　角度：0°

位置 50%　位置 42%

K25　　　　K60　　　　K85
位置 35%　位置 78%　位置 100%

❶ 個別變形

縮放	水平：120% 垂直：98%
移動	水平：1.8mm
旋轉	角度：3°

9 增加陰影，讓掀開處產生立體感

注意右邊的線條，利用**矩形工具**建立當作遮色片使用的長方形路徑 ❶。使用**選取工具**選取上下重疊的 **3** 個物件，執行『**物件/剪裁遮色片/製作**』命令 ❷。

接著執行『**效果/風格化/製作陰影**』命令，在物件左側製造陰影效果 ❸。

❶ 請參考上圖的位置，製作長方形路徑　❷ 製作剪裁遮色片　❸ 製作陰影

模式：色彩增值　不透明度：35%　顏色：黑色
X 位移：-1mm　Y 位移：4mm　模糊：1.5mm

Finish 垂直翻轉／拷貝，在右側放置掀開處

將掀開處移動／調整至 **P115-4** 製作物件的左側。

執行『**物件/變形/縮放**』命令，縮小／拷貝掀開處 ❶，再使用**鏡射工具**垂直翻轉物件 ❷。最後，在物件右側放置翻轉後的掀開處，完成範例 ❸。

TORN EDGES

Futura Std Light ※　字型大小：17Q

※範例為參考值

★按下拷貝鈕

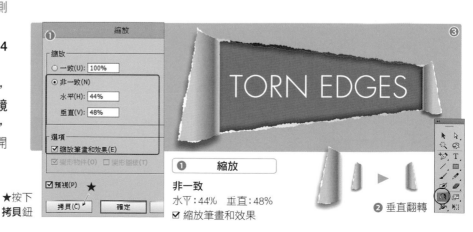

❶ 縮放

非一致
水平：44%　垂直：48%
☑ 縮放筆畫和效果

❷ 垂直翻轉

The First Section 文字特效

TEXT EFFECT

以車床加工製成的金屬圖示

這是表現車床加工後、帶有切削質感的金屬圖示。此範例的重點在於，必須在表面加上細膩紋路。製作時，要重視的金屬光澤感，完成邊緣俐落的圖示。

 範例資料夾 ■ 20 ⚪⚪⚪⚪⚪

Machining Effect

▶ 決定圖示風格的「同心圓細膩紋路」是利用 Photoshop 效果製作而成。以素描 (畫筆效果)＋模糊 (放射狀模糊) 的雙重效果，表現「經過切削加工的剖面」。

---

1 以 90° 線性漸層製作正方形

使用**矩形工具**建立**寬度：120mm、高度：120mm** 的正方形 ❶，再將**填色**設定為 90° 線性漸層 ❷。

❶ **矩形**

寬度：120mm
高度：120mm

❷ **漸層**　　類型：線性　角度：90°

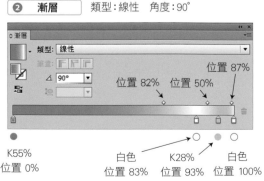

K55%
位置 0%

白色
位置 83%

K28%
位置 93%

白色
位置 100%

2 利用「圓角」效果變形成圓角正方形

執行『**效果/風格化/圓角**』命令，將正方形製作成**半徑：22mm** 的圓角正方形 ❶。接著執行『**編輯/拷貝**』命令 ❷。

❶ 在正方形路徑套用**圓角效果**，可以製作出因應變形效果的圓角正方形。

❶ **圓角**

半徑：22 mm

➤ 拷貝

---

3 利用「製作陰影」在基本形狀下方製造陰影效果

執行『**效果/風格化/製作陰影**』命令，設定**色彩增值／75%、黑色**，在正方形路徑下方製造陰影 ❶。

接著執行『**編輯/貼至上層**』命令 ❷。

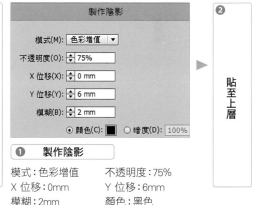

❶ **製作陰影**

模式：色彩增值　　不透明度：75%
X 位移：0mm　　　 Y 位移：6mm
模糊：2mm　　　　 顏色：黑色

➤ 貼至上層

---

4 利用「縮放」一併縮小圓角半徑

執行『**物件/變形/縮放**』命令，將貼上的路徑縮小至 **96%** ❶，物件的**填色**從漸層更改為 **C5%** ❷。

TIPS

★縮放筆畫和效果

要在勾選「**縮放筆畫和效果**」的狀態下執行操作。

選項
☑ 縮放筆畫和效果(E)

填色：C5%

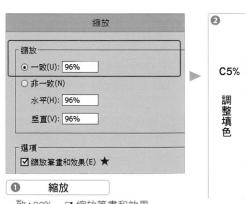

❶ **縮放**

一致：96%　☑ 縮放筆畫和效果

➤ C5%

調整填色

5 利用「陰影」讓基本形狀產生高低差

對上層物件（**C5%**）執行『**物件/擴充外觀**』命令 ❶，接著執行『**效果/製作陰影**』命令，設定**模式：色彩增值、不透明度：50%、黑色**，在上層物件套用陰影效果，製造高低差 ❷。

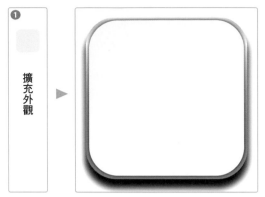

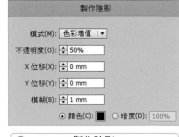

❷ **製作陰影**

模式：色彩增值　　不透明度：50%
X 位移：0mm　　　Y 位移：0mm
模糊：1mm
顏色：黑色

6 使用「多邊形工具」製作三角形路徑

使用**多邊形工具**建立**半徑：24mm** 的三角形路徑，路徑填色設定為 **K15%** ❶。

執行『**物件/變形/縮放**』命令，設定**非一致：垂直 230%**，變形成比較高的等腰三角形 ❷。

多邊形工具

填色：K15%

多邊形
半徑(R)：24 mm
邊數(S)：3
確定　　取消

❶ **多邊形**

半徑：24mm
邊數：3

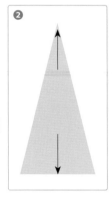

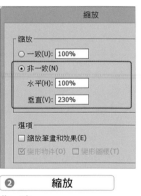

縮放

縮放
○ 一致(U)：100%
⦿ 非一致(N)
　水平(H)：100%
　垂直(V)：230%

選項
□ 縮放筆畫和效果(E)
☑ 變形物件(O)　□ 變形圖樣(T)

❷ **縮放**

非一致
水平：100%　　垂直：230%

7 利用「變形效果」，以放射狀拷貝三角形

執行『**效果/扭曲與變形/變形**』命令，變形的基準點設定在中央上方，並且設定**旋轉：45°、複本：7**，放射狀拷貝三角形 ❶。

TIPS ★變形的基準點
這裡將基準點設定在物件的中央上方來旋轉／拷貝三角形路徑。

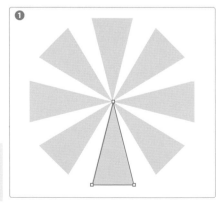

變形效果

縮放
水平(H)：100%
垂直(V)：100%

移動
水平(O)：0 mm
垂直(E)：0 mm

旋轉
角度(A)：45°

選項
□ 鏡射 X(X)　　□ 縮放筆畫和效果(F)
□ 鏡射 Y(Y)　　☑ 變形物件(B)
□ 隨機(R)　　　□ 變形圖樣(T)
複本(S) 7

★

❶ **變形效果**

旋轉　　角度：45%
複本：7

8 個別設定 8 個三角形路徑
的填色

請執行『**物件/擴充外觀**』命
令 ❶。使用**群組選取工具**個別
選取三角形後，參考右圖設定**填
色** ❷。

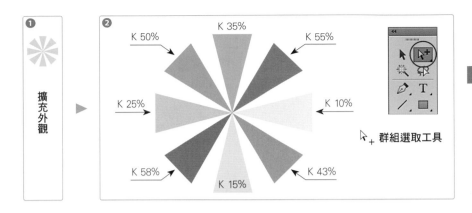

❶ 擴充外觀

❷ K 35%　K 50%　K 55%　K 25%　K 10%　K 58%　K 15%　K 43%

⌖₊ 群組選取工具

9 居中對齊物件

執行『**選取/全部**』命令 ❶，利
用**對齊**面板讓所有物件居中對
齊 ❷。接著使用**選取工具**，選
取下層物件★，執行『**編輯/拷
貝**』命令 ❸。

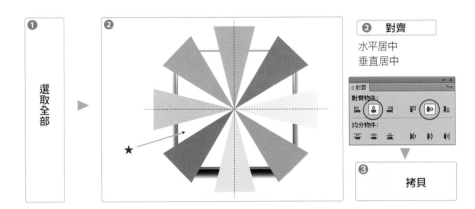

❶ 選取全部

❷ 對齊
水平居中
垂直居中

對齊物件：

均分物件：

❸ 拷貝

10 用畫筆效果為三角形加上
密集紋路

使用**選取工具**選取上層物件，接
著執行『**效果/素描/畫筆效果**』
命令，設定**筆觸方向：垂直**，在
8 個三角形加上密集紋路 ❶。

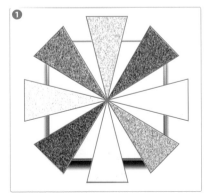

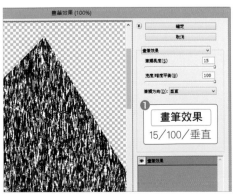

畫筆效果 (100%)

確定
取消

畫筆效果

筆觸長度(S)　15
亮度/陰度平衡(B)　100
筆觸方向(D)：垂直

❶ 畫筆效果
15/100/垂直

畫筆效果

11 用「放射狀模糊」，讓物件產生旋轉狀模糊效果

執行『效果/模糊/放射狀模糊』命令，在上層物件套用模糊效果，旋轉模糊三角形構成的物件 ❶。

TIPS ★放射狀模糊的品質

將放射狀模糊的品質設定為**最佳**時，從執行到套用完畢，需要花一點時間；若選擇**佳**，會製作出缺乏銳利感的粗糙畫質。

❶ 放射狀模糊

總量：45
模糊方式：迴轉
品質：最佳

放射狀模糊

總量(A) 45
模糊方式：
● 迴轉(S)
○ 縮放(Z)
品質：
○ 草圖(D)
○ 佳(G)
● 最佳(B)
模糊中心點
確定
取消

12 遮蓋套用旋轉狀模糊的物件

接著執行『編輯/貼至上層』命令 ❶，按住 Shift 鍵不放，使用**選取工具**選取上層的 **2** 個物件 ❷，再執行『物件/剪裁遮色片/製作』命令 ❸。

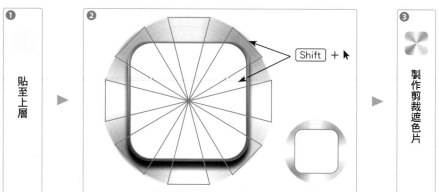

❶ 貼至上層

❷ Shift + ▸

❸ 製作剪裁遮色片

Finish 利用陰影讓文字往內凹陷

使用**文字工具**輸入文字，放在剛才製作的物件中央 ❶。執行『效果/風格化/製作陰影』命令，設定**模式：一般、白色**，在文字加上白色模糊，完成圖示 ❷。

◊ 段落

段落

段落：置中對齊

段落：置中對齊

→≡ ◊ 0 H
→≡ ◊ 0 H

❶ **LATHE TURNING**

Helvetica Neue LT Com
77 Bold Condensed ※

※範例為參考值

❷ 製作陰影

模式(M)：一般
不透明度(O)：▲ 75%
X 位移(X)：▲ 0 mm
Y 位移(Y)：▲ 0.8 mm
模糊(B)：▲ 0.3 mm
● 顏色(C)：□ ○ 暗度(D)：100%

字型大小
125Q／95Q
設定行距：94H★
段落：置中對齊

底端至底端行距
★（請參考 P049-4）

製作陰影

模式：一般
不透明度：75%
X 0mm／Y 0.8mm
模糊：0.3mm
顏色：白色

TEXT EFFECT

立體浮凸的圓弧狀 旗幟圖示

利用「路徑管理員」完成以曲線構成的藍色旗幟圖示。以彎曲線條製作出帶有弧度的浮凸旗幟形狀，表現立體感。

範例資料夾 ■ 21

▶ 套用**彎曲**效果製作曲線，完成緞帶型旗幟圖示。最主要的重點是，必須利用**路徑管理員**剪裁路徑。請掌握重疊物件的前後關係來變形形狀。

1 利用「彎曲」效果變形橢圓形路徑

使用**橢圓形工具**建立**寬度：94mm**、**高度：63mm** 的橢圓形路徑 ❶，執行『**效果/彎曲/弧形**』命令，將橢圓形變形成「飯糰型」❷。

接著執行『**物件/擴充外觀**』命令，再執行『**編輯/拷貝**』命令 ❸。

❶ 橢圓形

寬度：94mm
高度：63mm

橢圓形

寬度(W)：94 mm
高度(H)：63 mm

❶

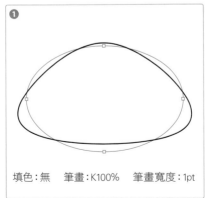

填色：無　筆畫：K100%　筆畫寬度：1pt

❷ 彎曲

樣式：　弧形
⦿ 水平　彎曲：9%
　扭曲　水平：0%，垂直：41%

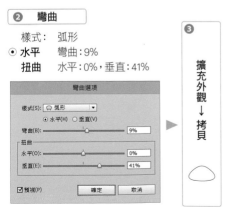

彎曲選項

樣式(S)：　弧形
⦿ 水平(H)　○ 垂直(V)

彎曲(B)：　9%

扭曲
水平(O)：　0%
垂直(E)：　41%

☑ 預視(P)　　確定　　取消

❸

擴充外觀
↓
拷貝

2 變形貼上的路徑，製作剪裁形狀⋯1

維持選取飯糰型路徑的狀態，執行『**物件/鎖定/選取範圍**』命令，接著執行『**編輯/貼至上層**』命令 ❶。

再執行『**物件/變形/個別變形**』命令，將路徑移動到指定位置／變形 ❷。

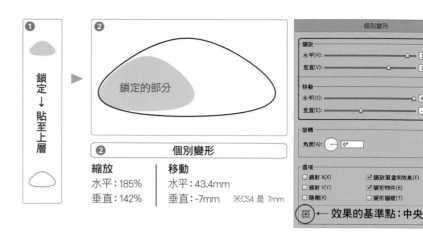

❶ 鎖定→貼至上層

❷ 鎖定的部分

個別變形

❷ 個別變形

縮放
水平：185%
垂直：142%

移動
水平：43.4mm
垂直：-7mm　※CS4 是 7mm

← 效果的基準點：中央

3 利用「路徑管理員」剪裁變形後的 2 個路徑

請執行『**編輯/貼至上層**』命令 ❶。接著執行『**物件/變形/個別變形**』命令，將路徑移動到指定位置／變形 ❷。

使用**選取工具**選取上下重疊的 **2** 個路徑，按下**路徑管理員**面板的「**依後置物件剪裁**」鈕 ❸。

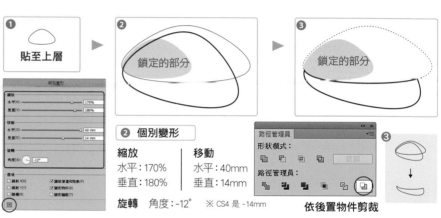

❶ 貼至上層

❷ 鎖定的部分

❸ 鎖定的部分

❷ 個別變形

縮放
水平：170%
垂直：180%

移動
水平：40mm
垂直：14mm

旋轉　角度：-12°　※ CS4 是 -14mm

❸ 依後置物件剪裁

4 變形貼上的路徑製作剪裁形狀⋯2

繼續執行『**編輯/貼至上層**』命令 ❶。接著執行『**物件/變形/個別變形**』命令，將路徑移動到指定位置／變形 ❷。

再執行『**編輯/拷貝**』命令 ❸。

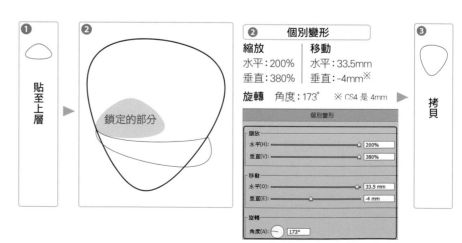

❶ 貼至上層

❷ 鎖定的部分

❷ 個別變形

縮放
水平：200%
垂直：380%

移動
水平：33.5mm
垂直：-4mm※

旋轉　角度：173°　※ CS4 是 4mm

個別變形
水平(H)：200%
垂直(V)：380%
水平(O)：33.5mm
垂直(E)：-4 mm
角度(A)：173°

❸ 拷貝

5 將剪裁後的路徑填色設定為線性漸層

使用**選取工具**選取上下重疊的 **2** 個路徑，按下**路徑管理員**面板的**交集**鈕 **❶**，並且將剪裁後的路徑設定為**筆畫：無、填色：19°、線性漸層 ❷**。

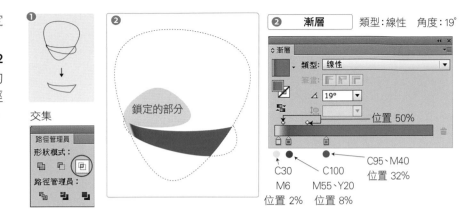

交集

❷ 漸層　　類型：線性　角度：19°

鎖定的部分

類型：線性
筆畫：
⊿ 19°
位置 50%

C30
M6
位置 2%

C100
M55、Y20
位置 8%

C95、M40
位置 32%

6 將貼上的物件往右移動 16mm

繼續執行『**編輯/貼至上層**』命令 **❶**，接著執行『**物件/變形/移動**』命令，將貼上的路徑往右移動 **16mm ❷**。再執行『**物件/全部解除鎖定**』命令 **❸**。

貼至上層

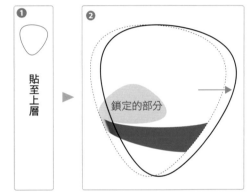

鎖定的部分

❷ 移動

水平：16mm　垂直：0mm

移動

位置
水平(H)：16 mm
垂直(V)：0 mm

距離(D)：16 mm

角度(A)：0°

選項
☑ 變形物件(O)　☐ 變形圖樣(T)

☑ 預視(P)

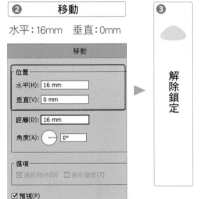

解除鎖定

7 反折部分的填色設定為線性漸層

使用**選取工具**選取往右移動的物件及解除鎖定的物件，按下**路徑管理員**面板的**減去上層**鈕 **❶**。

將剪裁後的路徑設定為**筆畫：無、填色：83°、線性漸層 ❷**。

減去上層

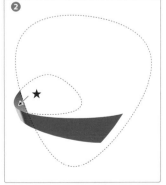

鎖定的部分

★

❷ ★ 漸層　　類型：線性　角度：83°

類型：線性
筆畫：
⊿ 83°
位置 55%

C55、M20
位置 0%

C90、M50
位置 100%

8 往右移動/拷貝剪裁後的路徑

選取 **P125-7** 剪裁後的路徑，執行『**物件/變形/移動**』命令，往右上移動 1mm/拷貝路徑 **❶**。

將移動/拷貝後的路徑**填色**設定為 **20°**、線性漸層 **❷**。

❶ 移動

距離：1mm
角度：7°
※ 按下**拷貝鈕**

位置
水平(H)：0.9925 mm
垂直(V)：-0.1219 mm
距離(D)：1 mm
角度(A)：7°

選項
☑ 變形物件(O)　□ 變形圖樣(T)

☑ 預視(P)

拷貝(C)　　確定

❷ 漸層　類型：線性　角度：20°

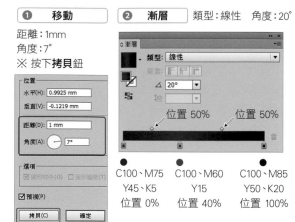

漸層
類型：線性
∠ 20°

位置 50%　　位置 50%

● C100、M75　　● C100、M60　　● C100、M85
Y45、K5　　　　　Y15　　　　　　Y50、K20
位置 0%　　　　位置 40%　　　　位置 100%

9 往上移動/拷貝剪裁後的路徑

選取 **P125-5** 剪裁後的路徑，執行『**物件/變形/移動**』命令，往上移動 **1.5mm**/拷貝路徑 **❶**。

將移動/拷貝後的路徑**填色**設定為 **18°**、線性漸層 **❷**。

❶ 移動

距離：1.5mm
角度：90°
※ 按下**拷貝鈕**

位置
水平(H)：0 mm
垂直(V)：-1.5 mm
距離(D)：1.5 mm
角度(A)：90°

選項
☑ 變形物件(O)　□ 變形圖樣(T)

☑ 預視(P)

拷貝(C)　　確定

❷ 漸層　類型：線性　角度：18°

漸層
類型：線性
∠ 18°

位置 50%　位置 20%

● C65、M25　　● C100、M90　　● C45、M10
位置 0%　　　　Y55、K25　　　　位置 80%
　　　　　　　　位置 10%

10 調整 4 個路徑的排列順序

執行『**物件/排列順序**』命令，調整路徑的重疊狀態 (前後關係) (請參考右圖) **❶**。

選擇路徑 **Ⓑ**，執行『**效果/風格化/製作陰影**』命令，設定**一般/黑色/30%**，在路徑 **Ⓑ** 套用陰影效果 **❷**。

※注意 Ⓒ 與 Ⓓ 的前後關係

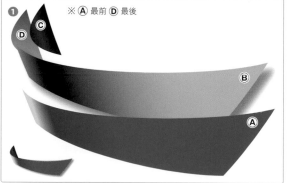
※ Ⓐ 最前 Ⓓ 最後

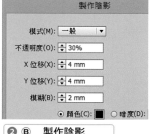

製作陰影

模式(M)：一般
不透明度(O)：30%
X 位移(X)：4 mm
Y 位移(Y)：4 mm
模糊(B)：2 mm
◉ 顏色(C)：■　○ 暗度(D)：

❷ Ⓑ 製作陰影

模式：一般　　　　不透明度：30%
X 4mm/Y 4mm　　模糊：2mm
顏色：黑色

11 沿著物件的弧度擺放文字

使用**文字工具**輸入文字 ❶。(字寬標準:**101mm**)

執行『**物件/變形/旋轉**』命令,將文字旋轉 **-4°** 之後 ❷,再執行『**效果/彎曲/弧形**』命令,變形文字 ❸。把文字 (**填色**:白色) 放在物件上層,完成圖示。

❶
BLUE FLAG ICON Effect
Century Gothic Regular ※ 字型大小:37Q
※ 範例為參考值

▼

❷
BLUE FLAG ICON Effect
旋轉 角度:-4°

▼

❸
BLUE FLAG ICON *Effect*
彎曲 (弧形)

❸ **彎曲**
樣式: 弧形   彎曲:-13%
扭曲 水平:4% 垂直:-6%

彎曲選項	
樣式(S): 弧形 ▼	
⊙ 水平(H) ○ 垂直(V)	
彎曲(B):	-13%
扭曲	
水平(O):	4%
垂直(E):	-6%
☑ 預視(P)	確定 取消

Finish 調整物件的顏色

拷貝 **P127-11** 完成的物件,對拷貝後的物件執行『**編輯/編輯色彩/重新上色圖稿**』命令 ❶,按下交談窗上方的**編輯**鈕,進入編輯模式★。

設定**連結色彩調和顏色**後 ❷,調整 **高**、**S**、**B** 值,更改物件的顏色 (此範例將 **高** 值設定為 **192°**) ❸。

❶ 利用選項列的圖示也可以執行。

❶ **重新上色圖稿**

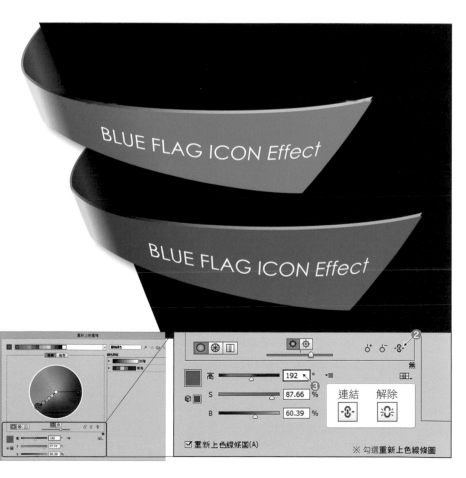

BLUE FLAG ICON *Effect*

BLUE FLAG ICON *Effect*

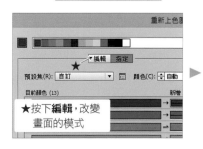

★按下**編輯**,改變畫面的模式

重新上色圖稿
▼ 編輯 指定
預設集(R): 自訂 ▼ 顏色(C): 自動
目前顏色 (13) 新增

連結   解除

高 192
S 87.66 %
B 60.39 %

☑ 重新上色線條圖(A)
※ 勾選重新上色線條圖

TEXT EFFECT

以 3D 迴轉製作
包裝圖示

這是利用 3D 迴轉製作外包裝的「寬」杯型圖示。上層加上強烈的包裝設計，再放大文字，完成淺底型的寬長杯子。

⊤ 範例資料夾 ■ 22 ○ ○ ○ ○ ○

▶ 利用 3D 效果製作杯型圖示。製作的重點是，套用 3D 效果時，要避免效能負擔過大。杯子的外包裝要先點陣化（影像化），再使用對應線條圖效果。執行點陣化之前，一定要先將外包裝拷貝下來。

1 排列 3 個長方形，製作杯子的剖面

使用**矩形工具**建立**寬度：108mm、高度：62mm** 的長方形 ❶，執行『**物件/變形/個別變形**』命令，排列在長方形上 ❷。再次執行『**物件/變形/個別變形**』命令，排列第 3 層長方形 ❸。

※ 路徑的**填色**設定為任意色，**筆畫**為無。

❶	長方形	矩形

寬度 108mm 高度 62mm

寬度(W): 108 mm
高度(H): 62 mm

❷ 個別變形

縮放
水平：105%
垂直：5%
移動
水平：0mm
垂直：-31mm
※ CS4 是 31mm

※ 按下**拷貝鈕**

❸ 個別變形

縮放
水平：97.5%
垂直：500%
移動
水平：0mm
垂直：-8mm
※ CS4 是 8mm

※ 按下**拷貝鈕**

2 為圖形加上角度，調整杯子的剖面

按住 Shift 鍵，同時使用**直接選取工具**在 **2** 個部分拖曳，一次選取 **4** 個錨點 ❶。

執行『**物件/變形/縮放**』命令，設定**水平：94%**，變形整個剖面的形狀 ❷。使用**選取工具**選取杯蓋的路徑 (2 個)，按下**路徑管理員**面板的**聯集**鈕 ❸。

3 使用「圓角」效果完成杯子的外觀

執行『**效果/風格化/圓角**』命令，分別將杯子上下的邊角變成圓角 ❶。

使用**選取工具**選取杯子上下部分，依序執行『**物件/擴充外觀**』命令及執行『**物件/組成群組**』命令 ❷。

再使用**矩形工具**建立**寬度：56.7mm**、**高度：100mm** 的長方形，移動到★的位置 ❸。

選取全部的物件，利用**對齊**面板讓物件**水平齊左** ❹。

4 套用迴旋效果前的準備工作…1 完成杯蓋

選取全部的物件，執行『**物件/解散群組**』命令 ❶。接著選取 **P129-3** 製作的長方形路徑，執行『**編輯/拷貝**』命令 ❷。

按住 Shift 鍵不放，使用**選取工具**選取杯蓋與長方形路徑等 **2** 個物件 ❸，再按下**路徑管理員**面板的**減去上層**鈕 ❹。

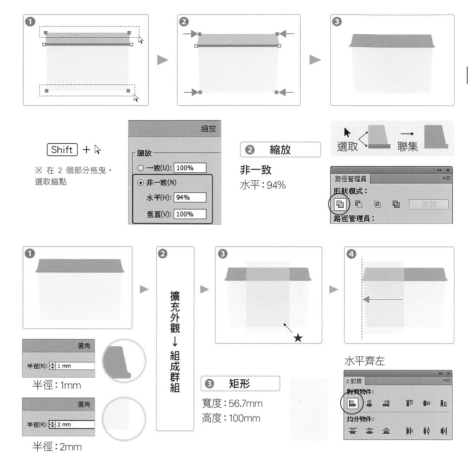

Shift + ↖

※ 在 2 個部分拖曳，選取錨點

縮放

縮放
○ 一致(U)：100%
◉ 非一致(N)
水平(H)：94%
垂直(V)：100%

❷ **縮放**

非一致
水平：94%

選取 → 聯集

圓角
半徑(R)：1 mm

半徑：1mm

圓角
半徑(R)：2 mm

半徑：2mm

擴充外觀 → 組成群組

❸ **矩形**

寬度：56.7mm
高度：100mm

水平齊左

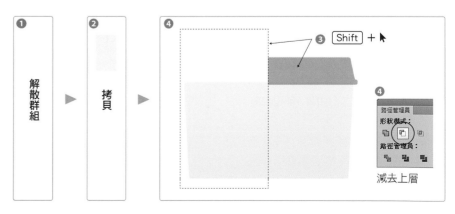

解散群組

拷貝

Shift + ↖

減去上層

5 套用迴旋效果前的準備工作…2 完成杯子

執行『**編輯/貼至上層**』命令 ❶，再使用**選取工具**選取杯子的下面部分，接著執行『**編輯/拷貝**』命令 ❷。

按住 Shift 鍵不放，以**選取工具**選取杯子的下面部分與長方形路徑等 2 個物件 ❸，再按下**路徑管理員**面板的**減去上層**鈕 ❹。

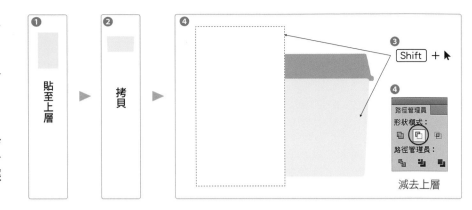

減去上層

6 利用 3D 迴轉讓杯子的剖面變立體

選取杯子的上下部分，**填色**設定為**白色** ❶，執行『**效果/3D/迴轉**』命令，讓杯子的剖面變立體 ❷。

TIPS
★照明選項
拖曳前面的 ◻ 光源，調整位置。

❶ 填色：白色

❷ 3D 迴轉

※按下**更多選項**鈕，展開視窗

位置：前方

按下**更多選項**鈕
表面：漫射效果
光源強度：100%
環境光：75%
漸變階數：100

7 加上杯子的陰影並把杯蓋移到上層

執行『**編輯/貼至上層**』命令 ❶。

將貼上的物件**填色**設定為 **90°** 線性漸層後 ❷，在**透明度**面板設定**漸變模式★：色彩加深（不透明度：100%）** ❸。

以**選取工具**選取杯蓋部分，執行『**物件/排列順序/移至最前**』命令 ❹。

貼至上層

❷ 漸層　類型：線性／90°

類型：線性
90°　位置 60%
位置 50%

● ○　　　　　　　○ ●
K60　白　　　　　白　K50
位置　位置　　　位置　位置
3.5%　11%　　　85%　100%

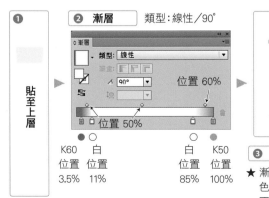

❹ 移至上層

❸ 透明度

★ 漸變模式：
色彩加深
不透明度：100%

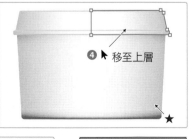

8 製作包裝用的長方形路徑

使用**矩形工具**建立**寬度：170mm、
高度：56mm** 的長方形路徑（**填
色：K35%、筆畫：無**）❶。
執行『**物件/變形/移動**』命令，
往上移動 **0.65mm**／拷貝長方
形 ❷。

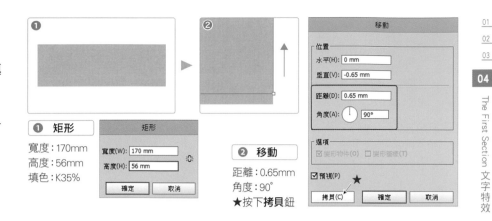

❶ 矩形

寬度：170mm
高度：56mm
填色：K35%

❷ 移動

距離：0.65mm
角度：90°
★按下**拷貝**鈕

9 將上層長方形路徑的填色
設定為線性漸層

將移至上層／拷貝後的長方形設
定為**填色：0°、線性漸層** ❶，執
行『**編輯/拷貝**』命令 ❷。

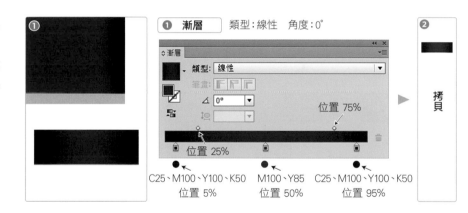

❶ 漸層　類型：線性　角度：0°

拷貝

位置 75%

位置 25%

C25、M100、Y100、K50
位置 5%

M100、Y85
位置 50%

C25、M100、Y100、K50
位置 95%

10 利用「疊印」為包裝增加
裝飾效果

請參考下圖的位置關係，在包裝
上增加裝飾。此範例在執行下個
步驟之前（點陣化），先使用**屬性**
面板設定疊印筆畫。

※ 範例為參考值

Compacta Roman ※ (164Q)
Futura Std Light ※ (20Q)

筆畫：0.5pt
C40%、M30%
Y30%、K100%

☐疊印填色　☑疊印筆畫

※ 建立外框後再設定
RED：M100%、Y85%
筆畫：0.5pt/M100%、Y85%

☐疊印填色　☑疊印筆畫

漸層　類型：線性　角度：0°

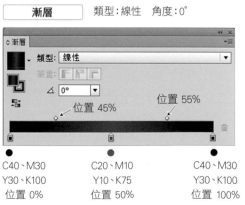

位置 45%　　位置 55%

C40、M30
Y30、K100
位置 0%

C20、M10
Y10、K75
位置 50%

C40、M30
Y30、K100
位置 100%

11 將包裝儲存在「符號」面板中

請執行『**編輯/貼至上層**』命令 ❶，將貼上的長方形路徑設定為**填色：90°、線性漸層 ❷**。在**透明度**面板中，把**漸變模式**設定為**色彩增值(不透明度：100%) ❸**。使用**選取工具**選取全部的包裝後，執行『**物件/點陣化**』命令，將包裝影像化★❹。

將點陣化的物件拖曳到**符號**面板，會同時開啟**符號選項**交談窗，輸入名稱，儲存成符號 ❺。

TIPS ★**點陣化與對應線條圖**

使用 3D 效果中的對應線條圖時，若該物件套用了漸層效果，必須先執行點陣化 (影像化)，再儲存成符號。

對應線條圖用的包裝物件也可以用於後面的應用範例。因此，請先儲存點陣化 (影像化) 之前的物件。

❶  貼至上層

❸

❹ 點陣化

色彩模式：CMYK
解析度：高 (300ppi)
背景：透明

選項
最佳化線條圖 (超取樣)
製作剪裁遮色片：不勾選
在物件周圍增加(D)：0mm
保留特別色：勾選

❺

DRAG

❷ 漸層 | 類型：線性/90°

白色　　　　K70
位置 50%　位置 100%

❸ 透明度 | 漸變模式：色彩增值
　　　　　　不透明度：100%

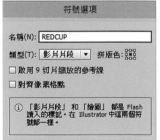

符號選項

名稱(N)：REDCUP
類型(T)：影片片段　拼版色：
☐ 啟用 9 切片縮放的參考線
☐ 對齊像素格點

ⓘ 「影片片段」和「繪圖」都是 Flash 讀入的標記。在 Illustrator 中這兩個符號都一樣。

12 編輯 3D 迴轉效果

回到 **P130-4** 製作的物件 (**3D 迴轉**)，使用 [Ctrl] ([Commad]) 鍵＋**選取工具**選取杯子本體 (最下層) ❶，按下**外觀**面板的 **3D 迴轉★**，開啟交談窗 ❷。

TIPS **選取下層物件 (CC、CS6、CS5)**

按住 [Ctrl] ([Commad]) 鍵不放，使用**選取工具**在物件右側按 2 下。
※ CS4 是利用「鎖定」或「隱藏」命令來選取下層物件。

❶

選取下層物件

❷ 編輯效果

13 將包裝貼在 3D 迴轉上

按下 **3D 迴轉選項** (交談窗) 的**對應線條圖**鈕，開啟**對應線條圖**交談窗 ❶。

選取要貼上包裝的表面 (此範例是 **4/5**) ❷，利用左上角的下拉式選單，選取 **P132-8** 儲存的符號 ❸。

一邊檢視**預視**狀態，一邊往右拖曳控制方框，把包裝符號移動至「明亮的灰色區域」內 ❹。

交談窗內的「灰色區域」是內側隱藏的部分，「明亮灰色」的區域是貼上包裝的顯示部分。

TIPS ★ 隱藏幾何

這是不顯示 3D 物件本體，只顯示對應部分的選項。可以當作能任意變形的「3D 彎曲工具」來運用 (請參考 P135-5)。

Finish 利用羽化 (風格化) 在杯底加上陰影

製作 **2** 個**漸變模式**設定為**色彩增值**的橢圓形路徑 (**K100%** ❶ 與 **K45%** ❷)，分別執行『**效果/風格化/羽化**』命令，套用效果。最後將橢圓形放於杯底，完成範例。

TIPS 羽化 (風格化) 與高斯模糊

效果功能表中，包含了**羽化**以及**高斯模糊**等「2 種模糊效果」。Photoshop 效果的**高斯模糊**能讓整個物件變得平滑模糊，但是不支援縮放功能，這點一定要特別注意。

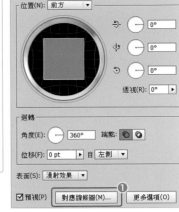

❸ 選擇對應的表面　　❷ 選擇影像 (符號)　　按下**對應線條圖**鈕，開啟交談窗

▼

寬度 113mm × 高度 4mm　填色 K100%　色彩增值／100%

❶ 羽化	羽化
半徑：1mm	半徑(R)：1 mm

寬度 145mm × 高度 6.5mm　填色 K45%　色彩增值／100%

❷ 羽化	羽化
半徑：2.5mm	半徑(R)：2.5 mm

VARIATION

利用 3D 迴轉製作
環形緞帶

這是使用 3D 效果「隱藏幾
何，只顯示對應線條圖」
的應用範例。變形成環狀
的物件加上其他部分，完
成緞帶圖示。

⊤ 範例資料夾 ■ 22

RED RIBBON 3D EFFECT

▶ 這是編輯 P132-8 的「杯子包裝」，製作而成的範例。重點在於，勾選**對應線條圖**交談窗的**隱藏幾何**選項，只顯示**對應物件**。

1 編輯包裝用的物件

★ 從 **P132-8-❸** 點陣化前的狀態開始，選取／刪除文字 **RED CUP PACKAGE** 與最下層的長方形 (灰色) ❶。再選取最下層 (紅色漸層) 與最上層的長方形，往上移動控制方框的下邊緣中央位置，稍微縮短長方形的高度 ❷。

★ P132-8 的狀態 (點陣化前)

最上層的長方形要利用隱藏／鎖定
的方式，選取、刪除最下層的物件。

❷ 略微往上移動　❶ 刪除

2 略微變暗物件的下邊緣

編輯最上層的長方形路徑之**填色** (90° 線性漸層) ❶。

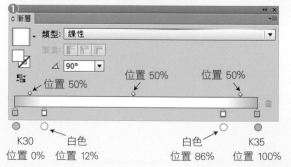

3 在「符號」面板儲存物件

整個選取編輯後的包裝用物件,執行『**物件/點陣化**』命令 ❶。將點陣化的物件拖曳到**符號**面板內,把物件儲存成符號 ❷。

★點陣化的設定值及方法與 **P132-8** 相同。

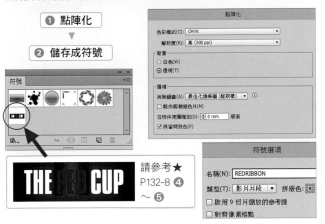

❶ 點陣化
▼
❷ 儲存成符號

請參考★
P132-8 ❹
～ ❺

4 製作 3D 迴轉的剖面

使用**矩形工具**建立**寬度:64mm、高度:70mm** 的矩形路徑(**填色:K100%**)❶。以**直接選取工具**選取右下錨點,執行『**物件/變形/移動**』命令,將錨點往左移動 **4mm** ❷。

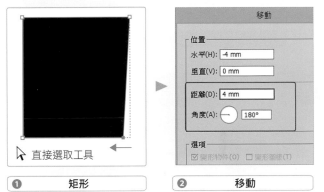

❶ 矩形
寬度:64mm 高度:70mm
填色:K100%

❷ 移動
距離:4mm 角度:180°

5 使用四方型的剖面圖製作 3D 迴轉以「隱藏幾何」的方式對應符號

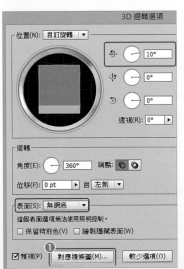

執行『**效果/3D/迴轉**』命令。請參考左圖,在交談窗內,輸入立體化的設定值,接著按下**對應線條圖**鈕,開啟**對應線條圖**交談窗 ❶。依序選取**表面、符號**後,勾選**隱藏幾何** ❷。在「明亮灰色區域」內移動符號,參考下圖,移動控制方框,左右延伸符號 ❸。

Ring #1 在環形物件內側增加其他物件

使用**矩形工具**建立**寬度：121mm、高度：8mm**的長方形路徑 ❶，將路徑的**填色**設定為 **0°、線性漸層** ❷。

矩形	
❶ 矩形	寬度(W)：121 mm
寬度：121mm	高度(H)：8 mm
高度：8mm	

❷

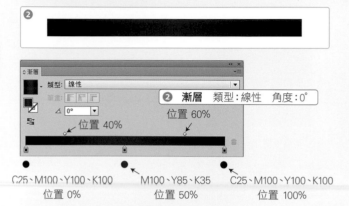

❷ 漸層 類型：線性 角度：0°

◇漸層
類型：線性
❷ 位置 40%　位置 60%

C25、M100、Y100、K100 位置 0%　　M100、Y85、K35 位置 50%　　C25、M100、Y100、K100 位置 100%

Ring #2 套用效果變形長方形

執行『**效果/風格化/圓角**』命令，設定**半徑：20mm**，在長方形套用圓角效果 ❶，接著執行『**效果/彎曲/上弧形**』命令，再次變形長方形 ❷。

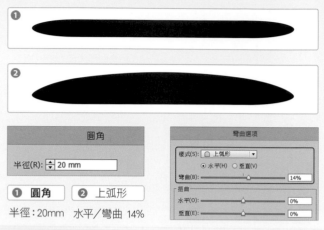

圓角		彎曲選項	
半徑(R)： 20 mm		樣式(S)： 上弧形	
		● 水平(H) ○ 垂直(V)	
❶ 圓角	**❷ 上弧形**	彎曲(B)： 14%	
半徑：20mm	水平／彎曲 14%	扭曲 水平(O)： 0%	
		垂直(E)： 0%	

Ring Finish 在物件套用陰影效果，將物件置於環形內側

執行『**效果/風格化/製作陰影**』命令，在彎曲變形後的物件下層製作黑色陰影（**色彩增值／不透明度：100%**）❶。使用**選取工具**，將物件移動／擺放在環形物件的下層 ❷，再執行『**物件/排列順序/移至最後**』命令★，完成環形物件 ❸。

製作陰影	
模式(M)：色彩增值	
不透明度(O)：100%	**❶ 製作陰影**
X 位移(X)：0 mm	模式：色彩增值
Y 位移(Y)：3 mm	不透明度：100%
模糊(B)：5 mm	X 位移：0mm
● 顏色(C)： ○ 暗度(D)：100	Y 位移：3mm
☑ 預視(P) 確定 取消	模糊：5mm
	顏色：黑色

★ 移至最後

Ribbon #1　在環形物件左右加上緞帶

使用**矩形工具**建立**寬度：60mm、高度：28mm** 的長方形路徑 ❶，將路徑的**填色**設定為 **0°、線性漸層 ❷**。

❶ **矩形**
寬度：60mm
高度：28mm

矩形
寬度(W)：60 mm
高度(H)：28 mm

❷ **漸層**　類型：線性　角度：0°

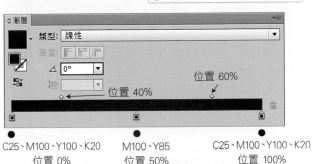

C25、M100、Y100、K20
位置 0%

M100、Y85
位置 50%

C25、M100、Y100、K20
位置 100%

Ribbon #2　增加錨點，製作緞帶物件

使用**增加錨點工具**，在長方形左邊中央新增錨點 ❶。按住 `Shift` 鍵不放，以**直接選取工具**往右移動剛才新增的錨點，調整緞帶的形狀 ❷。

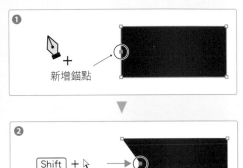

❶
新增錨點

❷
`Shift` + ▷
移動錨點

Ribbon Finish　在緞帶套用陰影效果並在環形物件左右／最下層放置緞帶

執行『**效果/製作陰影**』命令，在緞帶下層製作黑色陰影 ❶。

接著執行『**物件/變形/旋轉**』命令，將緞帶旋轉 **7.5°** 後 ❷，再使用**鏡射工具**往垂直方向翻轉／拷貝緞帶 ❸。最後，把物件移動到環形的左右兩邊，執行『**物件/排列順序/移至最後**』命令 ★，完成範例。

★ 移至最後

製作陰影

模式(M)：色彩增值
不透明度(O)：100%
X 位移(X)：0 mm
Y 位移(Y)：3 mm
模糊(B)：2 mm
● 顏色(C)：■

❶ **製作陰影**

模式：色彩增值
不透明度：100%
X 位移：0mm
Y 位移：3mm
模糊：2mm
顏色：黑色

❶
製作陰影

❷
旋轉 7.5°

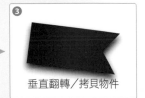

❸
垂直翻轉／拷貝物件

TEXT EFFECT

漂浮在白色背景中的氣球圖示

這是讓人產生泡泡般的「漂浮感」以及自然「立體感」的紅色氣球圖示。在帶透明感的球體套用高斯模糊，製作出漂浮在空中的 5 顆氣球。

範例資料夾 ■ 23 ○○○○○

▶ 這個範例的操作說明著重在，如何將有光澤感的球體圖示變立體。關鍵技巧就是，在球體上加入「窗框」倒影，並且加上套用魚眼鏡頭的「變形文字」。清楚呈現球體的邊緣，也是製造立體感的重要因素。

1 在橢圓形邊緣套用「內光暈」效果

使用**橢圓形工具**建立寬度及高度各為 **100mm** 的橢圓形路徑 ❶，執行『**編輯/拷貝**』命令 ❷。

接著執行『**效果/風格化/內光暈**』命令，設定**模式：濾色、不透明度：35%、顏色：M90%**，在橢圓形套用內光暈效果 ❸。

填色：M100%、Y90%

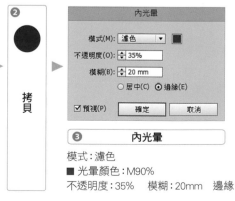

❶ **橢圓形**

寬度：100mm 高度：100mm

橢圓形
寬度(W)：100 mm
高度(H)：100 mm

❸ **內光暈**

模式：濾色
■ 光暈顏色：M90%
不透明度：35% 模糊：20mm 邊緣

2 在橢圓形中心套用內光暈

執行『**效果/內光暈**』命令，出現提醒視窗後，按下**套用新效果**鈕 ❶。開啟交談窗，設定**模式：色彩增值、顏色：C70%、M100%、Y60%、K45%**，讓橢圓形的中心變暗 ❷。

接著執行『**編輯/貼至上層**』命令 ❸。

❶ 顯示效果重複的提醒視窗

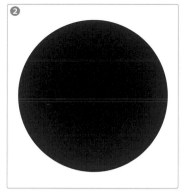

❷

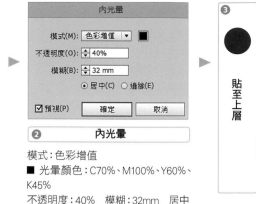

內光暈

模式：色彩增值
■ 光量顏色：C70%、M100%、Y60%、K45%
不透明度：40%　模糊：32mm　居中

❸

貼至上層

---

3 在貼上的橢圓形路徑套用線性漸層

執行『**物件/變形/縮放**』命令，將貼上的橢圓形縮小 **97.5%** ❶，把路徑的**填色**設定為使用不透明效果的 **45°** 線性漸層 ❷。

❷

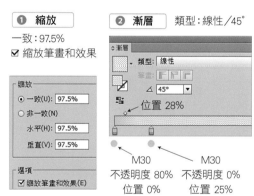

❶ 縮放

一致：97.5%
☑ 縮放筆畫和效果

❷ 漸層　類型：線性／45°

位置 28%

M30　　　　M30
不透明度 80%　不透明度 0%
位置 0%　　　位置 25%

---

4 在貼上的橢圓形物件套用放射狀漸層

繼續執行『**編輯/貼至上層**』命令 ❶，將**填色**設定為使用不透明效果的放射狀漸層後 ❷，選取**漸層工具**，將漸層的**原點位置**往上移 ❸。（請參考 **P146**）

❸

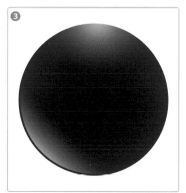

❶

貼至上層

❷ 漸層　類型：放射狀　外觀比例：100%

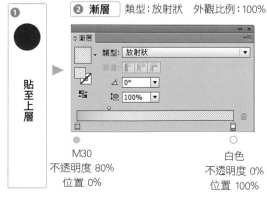

M30
不透明度 80%
位置 0%

白色
不透明度 0%
位置 100%

5 製作含有窗格的窗戶剪影

使用**矩形工具**建立**寬度：14mm**、**高度：12mm** 的長方形路徑 (**填色：K100%**) ❶。

執行『**物件/變形/移動**』命令，往右移動／拷貝長方形 ❷。

使用**選取工具**選取這 **2** 個並排的長方形，按照相同方法，往下移動／拷貝長方形 ❸。最後選取 **4** 個排在一起的長方形，執行『**物件/組成群組**』命令 ❹。

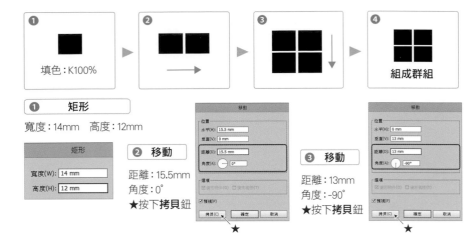

❶ **矩形**

寬度：14mm　高度：12mm

矩形	
寬度(W):	14 mm
高度(H):	12 mm

❷ **移動**

距離：15.5mm
角度：0°
★按下**拷貝**鈕

❸ **移動**

距離：13mm
角度：-90°
★按下**拷貝**鈕

6 將加入的格子窗戶變成拱形

執行『**物件/變形/傾斜**』命令，變形窗戶剪影 ❶。

接著執行『**效果/彎曲/拱形**』命令，將窗戶剪影變形成拱形 ❷，再執行『**物件/擴充外觀**』命令 ❸。

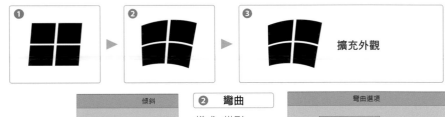

擴充外觀

❶ **傾斜**

傾斜角度：5°
座標軸：水平

❷ **彎曲**

樣式：拱形
水平
彎曲：22%
扭曲
水平 9%／垂直 -9%

7 配合橢圓形內側弧度放置窗戶剪影

執行『**物件/變形/旋轉**』命令，將窗戶剪影旋轉 **-45°** ❶。

接著執行『**物件/複合路徑/製作**』命令 ❷，使用**選取工具**將窗戶剪影移動／放置在橢圓形右上 (內側) ❸。

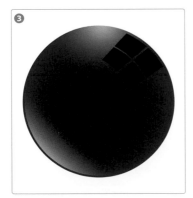

製作複合路徑

❶ **旋轉**

角度：-45°

8 在窗戶剪影設定線性漸層

將放在右上方的窗戶剪影**填色**設定為使用不透明效果的 **-135°** 線性漸層 ❶。

執行『**選取/全部**』命令，再依序執行『**物件/組成群組**』命令及執行『**物件/鎖定/選取範圍**』命令 ❷。

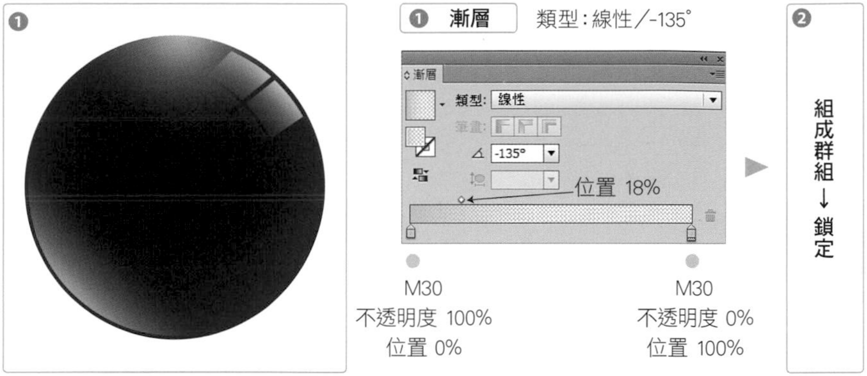

❶ 漸層 ｜ 類型：線性／-135°

位置 18%

❷ 組成群組 → 鎖定

M30
不透明度 100%
位置 0%

M30
不透明度 0%
位置 100%

★

9 在橢圓形路徑的中央放置文字

執行『**編輯/貼至上層**』命令，將貼上的橢圓形設定為**填色：無** ❶。使用**文字工具**輸入文字（範例是輸入 **Balloon**），文字的**填色**設定為 **M25%**、**Y20%** ❷，把文字放在橢圓形路徑的中央位置 ❸。

❷ 請盡量選擇細緻、屬於柔和手寫風格的字型。文字大小及與橢圓形的比例，請參考右圖。

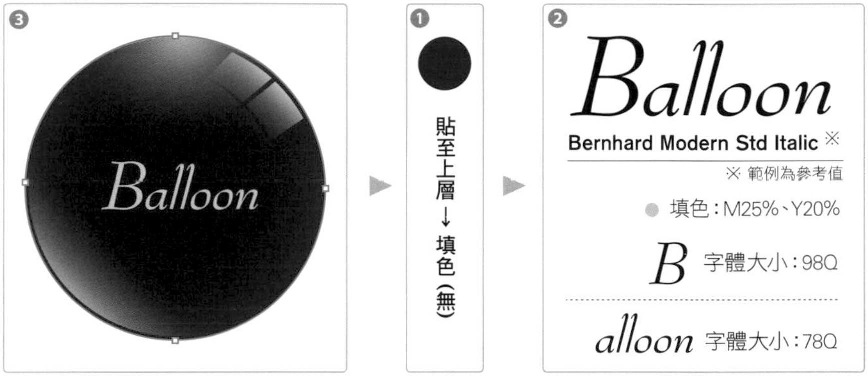

❸

❶ 貼至上層 → 填色（無）

❷
Balloon
Bernhard Modern Std Italic ※
※ 範例為參考值
● 填色：M25%、Y20%
B 字體大小：98Q
alloon 字體大小：78Q

文字對齊方式：羅馬基線（請參考 **P033**）

10 使用魚眼效果變形文字

同時選取放置在中央的文字以及上層的橢圓形路徑（**填色：無**），執行『**物件/組成群組**』命令 ❶，接著執行『**效果/彎曲/魚眼**』命令，變形群組 ❷。

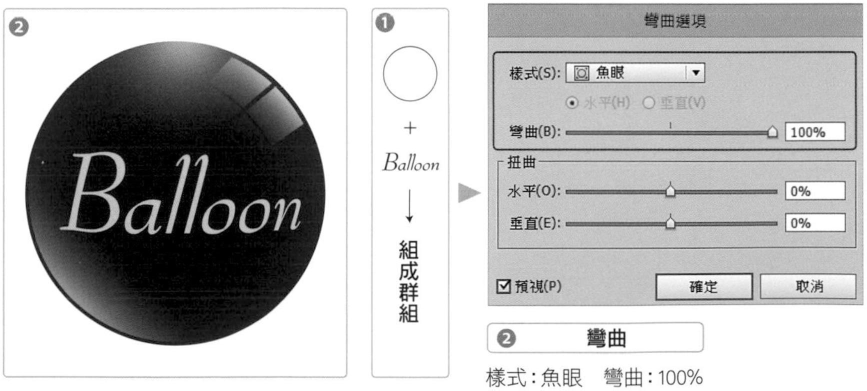

TIPS **使用魚眼執行彎曲變形的訣竅**
範例在目標物件的外側放置橢圓形路徑（**填色：無**），接著組成群組再套用彎曲效果。
←比起直接彎曲目標物件，這種方法比較容易控制變形效果。 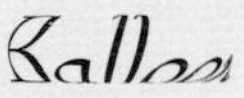

❷
Balloon

❶
○
+
Balloon
↓
組成群組

彎曲選項
樣式(S)：[圖] 魚眼 ▼
◉ 水平(H) ○ 垂直(V)
彎曲(B)：——————△ 100%
扭曲
水平(O)：——△—— 0%
垂直(E)：——△—— 0%
☑ 預視(P)   確定   取消

❷ **彎曲**
樣式：魚眼　彎曲：100%

11 利用羽化在球體下方製作陰影

使用**橢圓形工具**建立**寬度：95mm**、**高度：16mm** 的**橢圓形路徑（填色：K100%）** ，執行『**效果/風格化/羽化**』命令，設定**半徑：10mm** 模糊橢圓形路徑 。

將「陰影」移動至球體的下方 ❸，執行『**物件/全部解除鎖定**』命令 ❹。

❶ 橢圓形

寬度：95mm
高度：16mm

寬度(W)：	95 mm
高度(H)：	16 mm

❶

填色：K100%

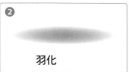

❷

羽化

❷ 羽化　　半徑：10mm

羽化

半徑(R)：＋ 10 mm

☑ 預視(P)　　　確定　　取消

❹

解除鎖定

Finish 編排圖示呈現立體效果

請參考下圖 ❶，編排圖示的位置，再執行『**效果/模糊/高斯模糊**』命令，製作出立體感。

★ 設定的參考標準（自左起）
　　文字的角度／整體的縮小率／高斯模糊的半徑

文字的角度：執行『**物件/變形/旋轉**』命令
整體的縮小率：執行『**物件/變形/縮放**』命令
高斯模糊：執行『**效果/模糊/高斯模糊**』命令

★

Ⓐ	6°	100%	0 pixel
Ⓑ	-6°	55%	5 pixel
Ⓒ	7°	28%	12 pixel
Ⓓ	-5°	45%	7 pixel
Ⓔ	10°	20%	14 pixel

24 P.144

24B VARIATION P.147

25 P.150

26 P.153

The Second Section

材質特效

Section 05

俐落洗練的黑白背景

European
ANTIQUE TERRACOTTA TILE
Fan

27 P.156

European FanShape

27B VARIATION P.161

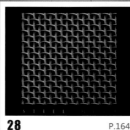

28 P.164

29 P.168

The Second Section 材質特效

SECTION

24

TEXTURE

直條紋背景

利用 #18 (P108～) 的背景，製作出俐落的直線圖樣。以「扭曲與變形」製作的整齊直線為基礎，使用 4 種灰色，完成具有深度的背景圖樣。

⊤ 範例資料夾 ■ 24

BLACK STRIPE

(BACKGROUND)

▶ 這是風格簡約洗練的黑色系背景。製作排列整齊的直線圖樣時，主要的關鍵是，線條的間距與寬度。利用變形效果決定擺放位置後，再以「黑色」填滿背景的四邊。

---

1 以 1mm 的間距移動、重疊縱長長方形

使用**矩形工具**建立**寬度：2.4mm**、**高度：180mm** 的長方形路徑 (**填色：C52%、M40%、Y40%、K45%**) ❶。

執行『**物件/變形/移動**』命令，往右移動 **1mm** / 拷貝長方形 ❷，拷貝後的長方形**填色**設定為 **C70%、M60%、Y55%、K50%** ❸。

❶　矩形

寬度：2.4mm
高度：180mm
填色：C52%、M40%、Y40%、K45%

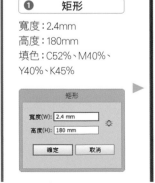

矩形

寬度(W): 2.4 mm
高度(H): 180 mm

確定　　取消

❷　移動

水平：1mm
垂直：0mm
※ 按下**拷貝鈕**

❸
★填色：C70%、M60%、Y55%、K50%

移動

位置
水平(H): 1 mm
垂直(V): 0 mm

距離(D): 1 mm
角度(A): 0°

選項
☑ 變形物件(O)　□ 變形圖樣(T)

☑ 預視(P)

拷貝(C)　　確定　　取消

2 水平排列長方形群組

請執行『**選取/全部**』命令 ❶，
再執行『**物件/組成群組**』命令
❷。接著執行『**效果/扭曲與
變形/變形**』命令，往右移動
4.3mm ／ 複本 **48**，水平排列剛
才建立的長方形群組 ❸。

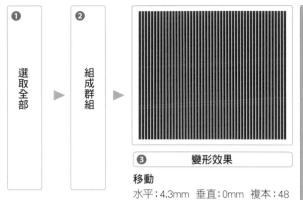

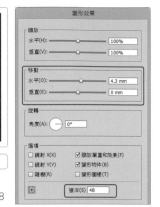

❸ **變形效果**

移動
水平：4.3mm 垂直：0mm 複本：48

3 使用「對齊」面板讓物件
排列整齊

使用 **矩形工具** 建立 **寬度：
210mm**、**高度：180mm** 的長方
形路徑（**填色：C78%、M70%、
Y65%、K75%**）❶。
移動到下層物件的右下方 ❷。
選取剛才完成的 **2** 個物件，使
用**對齊**面板，以下層物件的左邊
為基準，移動長方形路徑 ❸。

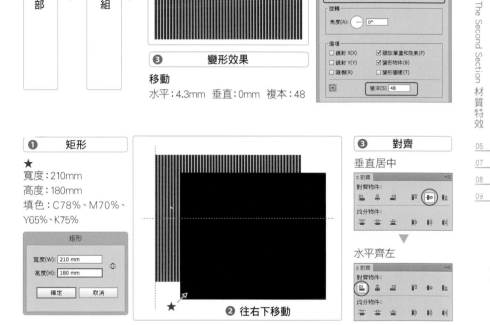

❶ **矩形**

★
寬度：210mm
高度：180mm
填色：C78%、M70%、
Y65%、K75%

❸ **對齊**

垂直居中

▼

水平齊左

❷ 往右下移動

4 在最下層放置長方形 (黑色)

請選取上層的長方形，依序執行
『**編輯/拷貝**』命令及執行『**物
件/排列順序/移至最後**』命令 ❶。
接著執行『**選取/取消選取**』命
令，再執行『**編輯/貼至上層**』
命令 ❷。

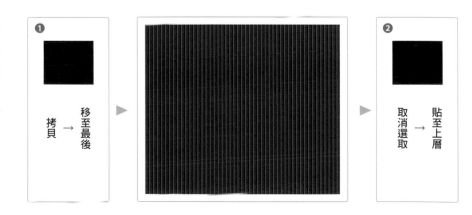

5 移動放射狀漸層的原點位置並且擴大範圍

將貼至上層的長方形路徑設定為**填色：白／黑放射狀漸層 ❶**。使用**漸層工具**，往上移動放射狀漸層的**原點位置 ❷**，再擴大**漸層範圍 ❸**。

TIPS **顯示／隱藏漸層註解者**
如果要顯示或隱藏漸層註解者，可以執行『**檢視/顯示漸層註解者**』命令或執行『**檢視/隱藏漸層註解者**』命令。

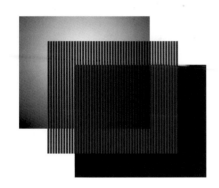

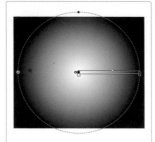

❶ 漸層　　　　　類型：放射狀　外觀比例：100%

類型：放射狀
∠ 0°
↕ 100%
位置 56%
白色 位置 0%　　　　　　位置 100% K100

漸層工具

❷ 往上拖曳漸層註解者左邊的 ○● ，移動漸層的原點位置

▼

❸ 往右拖曳漸層註解者右邊的 ◆ 擴大漸層範圍

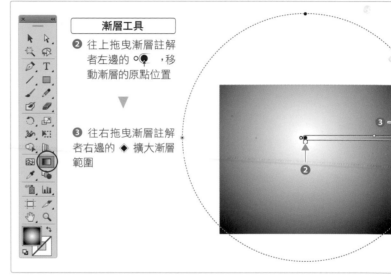

(Finish) 以「色彩增值」合成放射狀漸層

使用**透明度**面板，將最上層的長方形路徑設定為**漸變模式：色彩增值**，完成範例 ❶。

❶ 透明度

漸變模式：
色彩增值
不透明度：
100%

色彩增值　不透明度：100%
製作遮色片
□ 剪裁
□ 反轉遮色片

BLACK
STRIPE

Josefin Sans Std Light ※　※範例為參考值

字型大小：145Q　設定行距：180H
水平縮放：108%

製作陰影

色彩增值／80%／7.5mm／7.5mm／1.5mm／顏色：黑色

BLACK-LOUVER

VARIATION

黑色格柵式百葉窗

這是以平行格柵為特色的黑色百葉窗。合成放射狀與線性等 2 種漸層效果，製作出格柵，再利用扭曲與變形，排列成百葉窗的模樣。

⊤ 範例資料夾 ■ 24

▶ 這是彼此重疊的百葉窗格柵。一定要記住的重點是，扭曲與變形的「排列順序」。變形效果可以設定複本數量，最大的特色是成為拷貝來源的物件會排列在下層。

1　在橫式長方形套用放射狀漸層

使用**矩形工具**建立**寬度：260mm、高度：43mm** 的長方形路徑 ❶，長方形的**填色**設定為**外觀比例：100%** 的放射狀漸層 ❷。

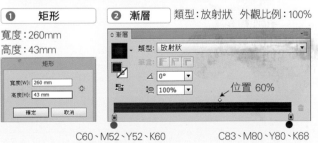

C60、M52、Y52、K60
位置 0%

C83、M80、Y80、K68
位置 100%

2　移動放射狀漸層的原點位置並且擴大範圍

使用**漸層工具**，往下移動放射狀漸層的**原點位置** ❶，再擴大**漸層範圍** ❷。

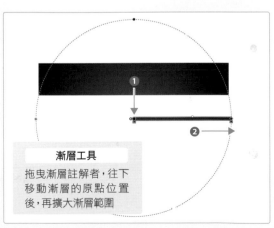

漸層工具

拖曳漸層註解者，往下移動漸層的原點位置後，再擴大漸層範圍

3 往下層移動／拷貝長方形路徑

執行『**物件/變形/移動**』命令，往下移動 **18mm** ／拷貝長方形 **❶**。接著再執行『**物件/排列順序/置後**』命令 **❷**。

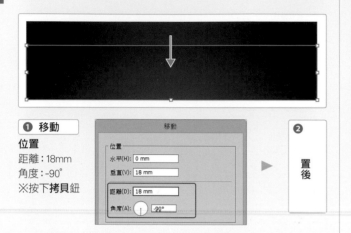

❶ 移動

位置
距離：18mm
角度：-90°
※按下**拷貝鈕**

移動
位置
水平(H)：0 mm
垂直(V)：18 mm
距離(D)：18 mm
角度(A)：-90°

▶ **❷** 置後

4 長方形 (下層) 的填色設定為漸層

移至下層的長方形**填色**設定成使用不透明度的 **90°** 線性漸層 **❶**，在**透明度**面板設定**漸變模式：色彩增值**、**不透明度：100% ❷**。

漸層
類型：線性 ▼
90° ▼
位置 60%

❶ 漸層
類型：線性 角度：90°

❷ 透明度 色彩增值／100%

透明度
色彩增值 ▼ 不透明度：100% ▼
製作遮色片
□ 剪裁
□ 反轉遮色片

● K100
不透明度 0%
位置 0%
● K100
不透明度 100%
位置 48%

5 垂直排列長方形群組

選取 **2** 個長方形路徑，執行『**物件/組成群組**』命令 **❶**，接著執行『**效果/扭曲與變形/變形**』命令，往下移動 **15mm**，設定**複本：4**，拷貝群組 **❷**。

❶ 組成群組

▼

❷ 變形效果

移動
水平：0mm
垂直：15mm
※CS4 是 -15mm

複本：4

效果的基準點

中央

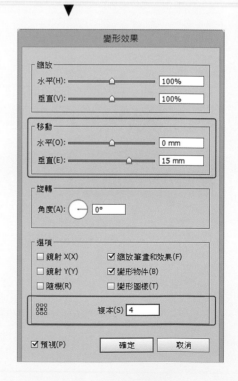

變形效果

縮放
水平(H)： 100%
垂直(V)： 100%

移動
水平(O)： 0 mm
垂直(E)： 15 mm

旋轉
角度(A)： 0°

選項
□ 鏡射 X(X)　　　☑ 縮放筆畫和效果(F)
□ 鏡射 Y(Y)　　　☑ 變形物件(B)
□ 隨機(R)　　　　□ 變形圖樣(T)

複本(S) 4

☑ 預視(P)　　　　確定　　取消

6 利用「移動」往上移動／拷貝群組

執行『**物件/變形/移動**』命令，往上移動 **102.5mm** ／拷貝群組 ❶。接著建立**寬度：258mm**、**高度：150mm** 的長方形路徑，參考下圖的遮色片位置，移動／調整長方形 ❷。

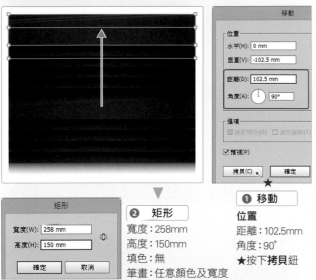

矩形
寬度(W)：258 mm
高度(H)：150 mm
確定　取消

❷　矩形
寬度：258mm
高度：150mm
填色：無
筆畫：任意顏色及寬度

❶　移動
位置
距離：102.5mm
角度：90°
★按下**拷貝**鈕

遮色片的位置

Finish 製作剪裁遮色片，完成範例

執行『**選取/全部**』命令 ❶，再執行『**物件/剪裁遮色片/製作**』命令 ❷。最後將**寬度：300mm**、**高度：192mm** 的長方形路徑放在最下層，完成範例 ❸。

❶　選取全部

▼

❷　製作剪裁遮色片

矩形
寬度(W)：300 mm
高度(H)：192 mm

❸　矩形
★寬度：300mm　高度：192mm
填色：C83%、M80%、Y80%、K68%

SECTION

09
08
07
06
05
04
03
02
01

25

TEXTURE

碳纖維圖樣及紋理

這是儲存在「色票」面板中的整齊格狀碳纖維圖樣。將套用陰影效果的 5 個方塊擺在正方形內，製作出無接縫的平滑圖樣。

↧ 範例資料夾 ▬ 25 ◯ ◯ ◯ ◯ ◯

CARBON FIBER EFFECT
PATTERN-TEXTURE

▶ 此範例使用了將物件拖曳到**色票**面板中，製作成圖樣的方法。主要原則是，填色與筆畫設定為「無」的長方形（圖樣儲存範圍）要放在物件的最下層。

---

1 在長方形路徑中套用線性漸層

使用**矩形工具**建立**寬度：3mm**、**高度：4mm** 的長方形路徑 ❶，將長方形設定為**筆畫：C84%、M78%、Y76%、K60%、筆畫寬度：0.8pt、填色：90%、線性漸層 ❷**。

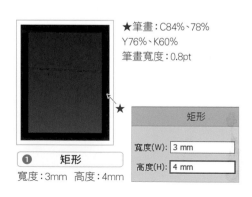

★筆畫：C84%、78%
Y76%、K60%
筆畫寬度：0.8pt

❶ 矩形
寬度：3mm 高度：4mm

矩形

寬度(W)：3 mm
高度(H)：4 mm

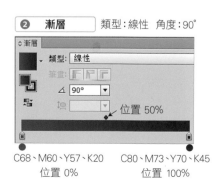

❷ 漸層 ｜ 類型：線性 角度：90°

漸層

類型：線性
筆畫：
∠ 90°
位置 50%

C68、M60、Y57、K20   C80、M73、Y70、K45
位置 0%   位置 100%

2 往四個方向移動／拷貝長方形路徑

執行『**物件/變形/移動**』命令，往左上移動／拷貝長方形路徑 Ⓐ ❶（同樣移動／拷貝 ⒷⒸⒹ）。

參考右圖，在四個方向擺放長方形路徑，依序執行『**選取/全部**』命令及執行『**物件/組成群組**』命令 ❷。

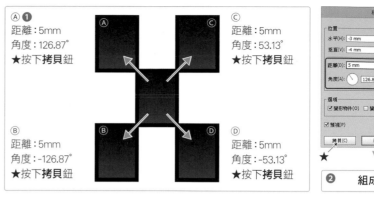

Ⓐ❶
距離：5mm
角度：126.87°
★按下**拷貝**鈕

Ⓒ
距離：5mm
角度：53.13°
★按下**拷貝**鈕

Ⓑ
距離：5mm
角度：-126.87°
★按下**拷貝**鈕

Ⓓ
距離：5mm
角度：-53.13°
★按下**拷貝**鈕

❷ 組成群組

3 在群組下層的右下方製造陰影

執行『**物件/變形/移動**』命令，往右邊移動／拷貝群組 ❶。

調整拷貝後的群組**填色**（筆畫：無），再執行『**物件/排列順序/移至最後**』命令 ❷。

接著執行『**物件/變形/移動**』命令，往左下移動／拷貝下層的群組 ❸。

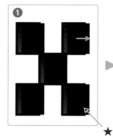

往右移動／拷貝
距離：0.65mm
角度：0°
※ 按下**拷貝**鈕

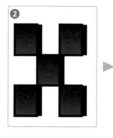

移至最後
★填色：C60%、M50%、Y50%、K100%
筆畫：無

往左下移動／拷貝
距離：0.9192mm
角度：-135°
按下**拷貝**鈕

4 在群組中央貼上長方形路徑

使用**群組選取工具**選取物件上層中央的長方形路徑，依序執行『**編輯/拷貝**』命令及執行『**選取/取消選取**』命令 ❶。

再執行『**編輯/貼至上層**』命令 ❷，然後執行『**物件/變形/縮放**』命令，將貼上的長方形放大 **200%**，同時調整**填色**（筆畫：無）❸。

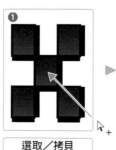

選取／拷貝

群組選取工具

取消選取→貼至上層

縮放
一致：200%
★填色：C85%、M80%、Y75%、K55%
筆畫：無

5 將完成物件拖曳到「色票」面板中

對最上層中央的長方形路徑執行『**物件/排列順序/移至最後**』命令 ❶。

接著依序執行『**編輯/拷貝**』命令及執行『**編輯/貼至下層**』命令,再將貼至最下層的長方形路徑設定為**填色:無、筆畫:無** ❷ ❸。

選取全部的物件,拖曳至**色票**面板,儲存成圖樣 ❹。

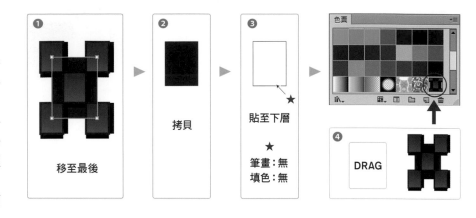

❶ 移至最後

❷ 拷貝

❸ 貼至下層 ★
筆畫:無
填色:無

★

❹ DRAG

6 將長方形路徑的填色設定為圖樣

使用**矩形工具**建立**寬度:200mm、高度:200mm**的長方形,將**填色**設定成剛才儲存的圖樣 ❶。依序執行『**編輯/拷貝**』命令及執行『**編輯/貼至上層**』命令 ❷,貼上的長方形路徑設定為**填色:白/黑放射狀漸層** ❸。

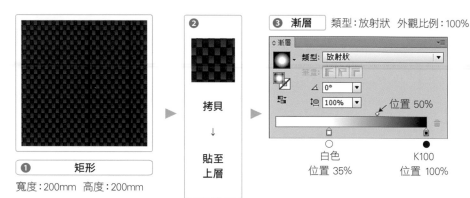

❶ 矩形
寬度:200mm 高度:200mm

❷ 拷貝 ↓ 貼至上層

❸ 漸層 類型:放射狀 外觀比例:100%

類型:放射狀

位置 50%

白色
位置 35%

K100
位置 100%

Finish 以色彩增值合成放射狀漸層

使用**漸層工具**往上移動漸層的**原點位置**,擴大**漸層範圍** ❶。

最後使用**透明度**面板,將最上層的長方形路徑設定為**漸變模式:色彩增值**,完成範例 ❷。

❷ 透明度
漸變模式:
色彩增值
不透明度:100%

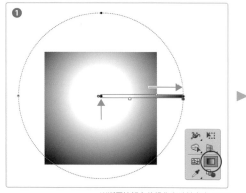

※漸層註解者的操作方法請參考 P146

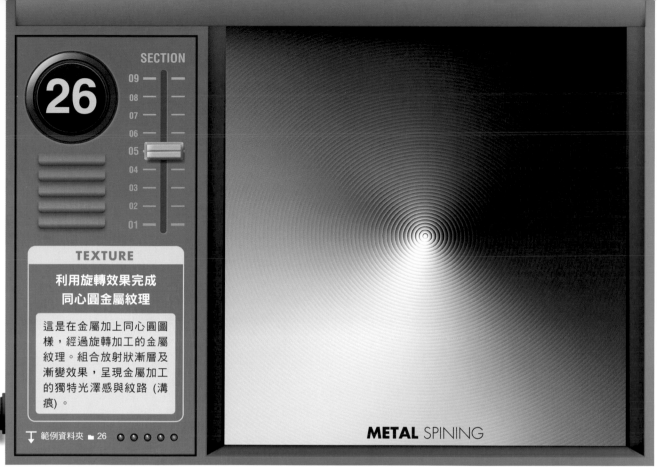

SECTION

09
08
07
06
05
04
03
02
01

TEXTURE

**利用旋轉效果完成
同心圓金屬紋理**

這是在金屬加上同心圓圖
樣，經過旋轉加工的金屬
紋理。組合放射狀漸層及
漸變效果，呈現金屬加工
的獨特光澤感與紋路 (溝
痕)。

範例資料夾 ■ 26 ○○○○○

METAL SPINING

▶ 藉由放射狀漸層來表現呈放射狀的金屬光澤感。主要的重點是，必須移動放射狀漸層的原點位置。決定陰影的部分後，再使用漸變功能完成波紋狀紋理。

---

1 在橢圓形套用放射狀漸層

使用**橢圓形工具**建立**寬度：
240mm**、**高度：200mm** 的橢圓
形路徑 ❶。橢圓形路徑的**填色**設
定為**外觀比例：100%** 的放射狀
漸層 (**筆畫：無**) ❷。

❶ **橢圓形**

寬度：240mm
高度：200mm

❷ **漸層**　　類型：放射狀　外觀比例：100%

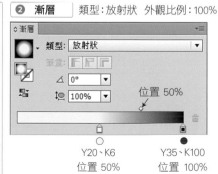

Y20、K6
位置 50%

Y35、K100
位置 100%

2 移動／放大漸層為漸變做準備

使用**漸層工具**往左下移動漸層的**原點位置**，擴大**漸層範圍** ❶。執行『**物件/變形/縮放**』命令，在橢圓形路徑的中央上層，放置縮小 **1%** 的路徑 ❷。

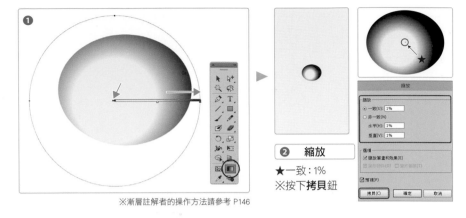

❷ **縮放**

★一致：1%
※按下**拷貝**鈕

※漸層註解者的操作方法請參考 P146

3 對 2 個橢圓形執行漸變

執行『**物件/漸變/漸變選項**』命令，將**間距**設定為**指定階數：80** ❶。使用**選取工具**選取剛才製作的 **2** 個橢圓形，執行『**物件/漸變/製作**』命令 ❷，再執行『**編輯/拷貝**』命令 ❸。

❶ 漸變選項的**指定階數**與放射狀模糊的演算時間成正比，上限請設定為 80。

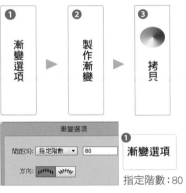

❶ **漸變選項**

間距(S)：指定階數　80

指定階數：80

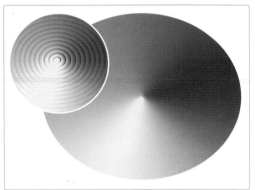

4 合成放射狀漸層以強調對比效果

執行『**編輯/貼至上層**』命令 ❶。將貼上的物件**填色**（暫時）設定成**白色**，重新設定填色為白／黑漸層 ❷。利用**透明度**面板，設定物件的**漸變模式：重疊、不透明度：50%** ❸。

❷ 先將物件的填色設定成其他顏色，讓漸層的原點位置與範圍恢復成預設值，再重新套用放射狀漸層。

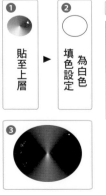

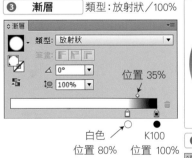

❸ **漸層**　類型：放射狀／100%

類型：放射狀

△ 0°

位置 35%

白色　　K100
位置 80%　位置 100%

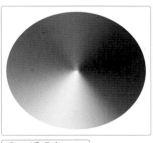

❹ **透明度**

重疊　不透明度：50%

漸變模式：重疊
不透明度：50%

5 在右上方放置套用線性漸層的物件當作陰影

執行『**編輯/貼至上層**』命令 ❶，貼上的物件**填色**設定為 **45°** 線性漸層，在右上方增加陰影 ❷。

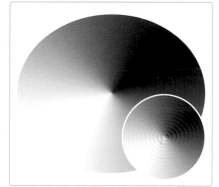

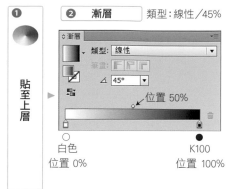

貼至上層

❶

❷ | 漸層 | 類型：線性／45%

◇漸層
類型：線性
筆畫：
△ 45°
位置 50%

○ 白色 位置 0%
● K100 位置 100%

6 利用「實光」與「放射狀模糊」讓對比變自然

使用**透明度**面板，將貼至上層的橢圓形設定為**漸變模式：實光**、**不透明度：50%** ❶，執行『**效果/模糊/放射狀模糊**』命令，讓對比較強烈的部分變得自然一致（這裡是指亮部的過曝部分與暗部的過暗部分）❷。

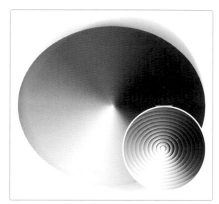

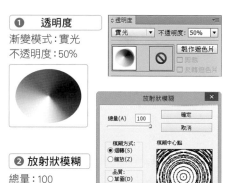

❶ | 透明度
漸變模式：實光
不透明度：50%

◇透明度
實光 不透明度：50%
製作遮色片

❷ | 放射狀模糊
總量：100
模糊方式：迴轉
品質：佳

放射狀模糊
總量(A) 100
確定
取消
模糊方式：
◉迴轉(S)
○縮放(Z)
品質：
○草圖(D)
◉佳(G)
○最佳(B)
模糊中心點

Finish 製作剪裁遮色片，完成範例

使用**矩形工具**建立**寬度：150mm**、**高度：150mm** 的長方形，移動至要製作遮色片的位置 ❶。
選取全部的物件，執行『**物件/剪裁遮色片/製作**』命令，完成範例 ❷。

❶ | 矩形
寬度：150mm
高度：150mm

矩形
寬度(W)：150 mm
高度(H)：150 mm

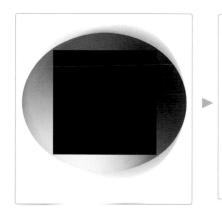

❷
製作剪裁遮色片

SECTION

27

09
08
07
06
05
04
03
02
01

TEXTURE

復古歐式扇型地磚圖樣

這是排成扇型圖樣的歐式扇型地磚。這裡使用了從 CS6 開始推出的「圖樣選項」，製作出以白色為基調的復古扇型圖樣。

▼ 範例資料夾 ▬ 27 ○○○○○

European
ANTIQUE TERRACOTTA TILE
Fan

▶ 操作步驟中，使用了**圖樣選項**(CS6〜)的「**磚紋依直欄**」，讓扇型地磚彼此錯開。使用 CS5、CS4 的讀者，請利用拷貝／貼上的方式來排列扇型地磚。

---

1 往下移動 50mm／拷貝直徑 100mm 的橢圓形路徑

使用**橢圓形工具**建立**寬度：100mm、高度：100mm** 的橢圓形路徑（**填色：無、筆畫：任意**）❶，執行『**編輯/拷貝**』命令 ❷，接著執行『**物件/變形/移動**』命令，往下移動 **50mm**／拷貝橢圓形路徑 ❸。

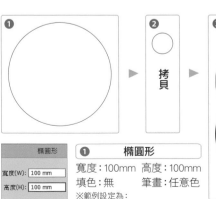

❶ 拷貝

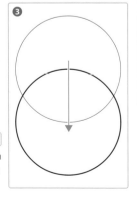

❸

橢圓形	
寬度(W)：	100 mm
高度(H)：	100 mm

❶ **橢圓形**

寬度：100mm 高度：100mm
填色：無 筆畫：任意色
※範例設定為：
筆畫：K100%、筆畫寬度：0.1pt

❸ **移動**

距離：50mm
角度：-90°

★按下**拷貝**鈕

2 合併 3 個橢圓形路徑，製作「裁剪」用的形狀

以最先製作的橢圓形路徑為基礎，執行『**物件/變形/移動**』命令，往左右移動／拷貝橢圓形 **❶**。使用**選取工具**選取拷貝出來的 **3** 個橢圓形，按下**路徑管理員**面板的**聯集鈕 ❷**。

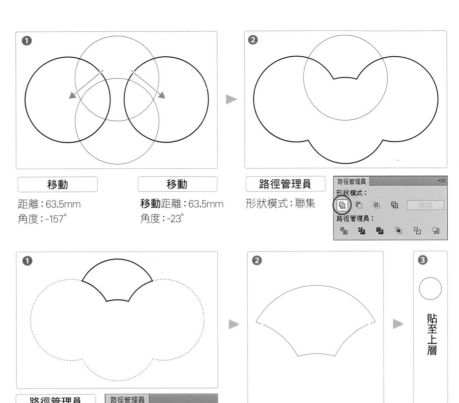

移動	移動	路徑管理員
距離：63.5mm	**移動**距離：63.5mm	形狀模式：聯集
角度：-157°	角度：-23°	

3 將裁剪後的扇型輪廓轉換成參考線

選取上下重疊的 **2** 個物件，按下**路徑管理員**面板的**減去上層**鈕 **❶**。接著執行『**檢視/參考線/製作參考線**』命令★，將扇型輪廓轉換成參考線 **❷**，再執行『**編輯/貼至上層**』命令 **❸**。

★ 請確定已經勾選『**檢視/參考線/鎖定參考線**』命令，讓參考線變成不能選取的狀態。

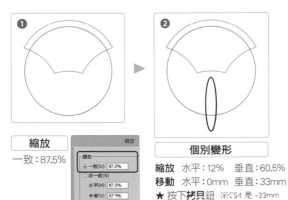

路徑管理員
減去上層

★ 製作參考線

4 製作要套用漸變的 2 個橢圓形路徑

執行『**物件/變形/縮放**』命令，將貼上的橢圓形縮小 **87.5%** **❶**。執行『**物件/變形/個別變形**』命令，往下移動 **33mm**／拷貝的細長橢圓形路徑 **❷**。

縮放
一致：87.5%

個別變形
縮放 水平：12% 垂直：60.5%
移動 水平：0mm 垂直：33mm
★ 按下**拷貝**鈕 ※CS4 是 -33mm

5 將 2 個橢圓形的筆畫設定為虛線

選取下層的橢圓形路徑，利用**筆畫**面板將路徑的筆畫設定為虛線 ❶。上層橢圓形路徑也同樣設定為虛線 ❷。

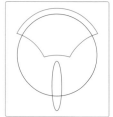

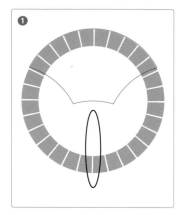

填色：無
筆畫：C8%、M14%
　　　Y23%、K25%

筆畫

寬度：33pt
虛線：★調整長度
虛線：25pt／間隔：2.5pt

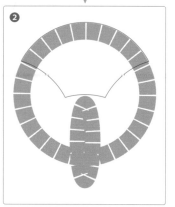

填色：無
筆畫：C8%、M14%
　　　Y23%、K25%

筆畫

寬度：31pt
虛線：★調整長度
虛線：20pt／間隔：2.5pt

TIPS ★將虛線對齊到尖角和路徑終點，並調整最適長度

這是讓虛線自動對齊長方形路徑等「直線的尖角」或「曲線的圓角」之功能。此範例要套用在要製作漸變的 2 個橢圓形路徑上。

6 對 2 個橢圓形製作→展開漸變

執行『**物件/漸變/漸變選項**』命令，將漸變的**間距**設定為**指定階數：3** ❶。選取 2 個橢圓形路徑，執行『**物件/漸變/製作**』命令 ❷，接著執行『**物件/漸變/展開**』命令 ❸。

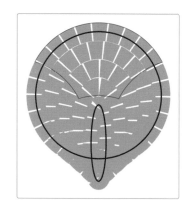

❶ 漸變選項 ▶ ❷ 製作漸變 ▶ ❸ 展開漸變

漸變選項

間距：指定階數 3

漸變選項
間距(S)：指定階數　3
方向：

7 分割虛線只保留需要的部分

對展開漸變後的物件執行『**物件
/路徑/外框筆畫**』命令 ❶。

接著依序執行『**物件/解散群
組**』命令及執行『**物件/複合路
徑/釋放**』命令 ❷ ❸。參考右圖，
使用**選取工具**選取多餘的路徑
（灰色部分），按下 Delete 鍵，刪
除路徑 ❹。

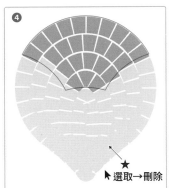

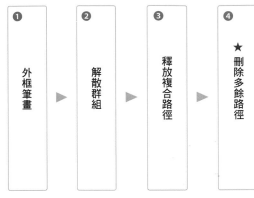

❹

★ 選取→刪除

❶ 外框筆畫 ▶ ❷ 解散群組 ▶ ❸ 釋放複合路徑 ▶ ❹ ★ 刪除多餘路徑

8 移動錨點將路徑放於參考
線內

按照參考線，使用**直接選取工
具**將路徑調整成扇型（收於參考
線的內側）❶。對整個物件執行
『**效果/扭曲與變形/粗糙效果**』
命令 ❷，再執行『**物件/組成群
組**』命令 ❸。

❷ 粗糙效果

1%／20 英寸
點：尖角

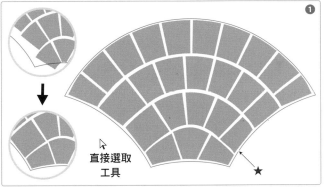

直接選取
工具

❶

★

❷

粗糙效果

▼

❸

組成群組

★ 路徑調整完畢後，請隱藏參考線。執行『**檢視/參考線/隱藏參考線**』命令

9 連續 2 次移動／拷貝扇型
群組

執行『**物件/變
形/移動**』命
令，往左上移動
／拷貝扇型群組
❶。將群組的**填
色**設定為 **M7%**、
Y11%、（**筆畫：
無**），接著執行
『**物件/變形/移動**』命令，往右
移動／拷貝扇型群組 ❷。

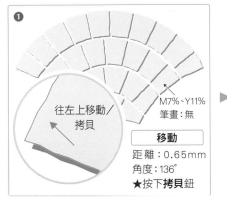

❶

往左上移動／
拷貝

M7%、Y11%
筆畫：無

移動

距離：0.65mm
角度：136°
★ 按下**拷貝**鈕

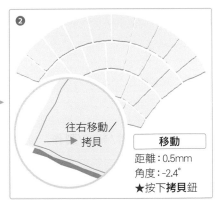

❷

往右移動／
拷貝

移動

距離：0.5mm
角度：-2.4°
★ 按下**拷貝**鈕

10 使用圖樣選項 (CC)(CS6)
將物件變成圖樣

將往右移動／拷貝後，放至最上層的物件**填色**設定為 **30°線性漸層** ❶。執行『**選取/全部**』命令 ❷，再執行『**物件/圖樣/製作**』命令 ❸，**圖樣選項**的拼貼類型設定為**磚紋依直欄**，完成交談窗的設定後 ❹，按下**完成**鈕 ❺。

使用 CS5、CS4 的讀者，選取全部物件❷後，將物件組成群組。接著拷貝群組，排列之後，選取全部物件，再組成群組。

拷貝

請參考圖❺的數量來排列物件

---

❶ 漸層

類型：線性 角度：30°

❷ 選取全部

圖樣選項

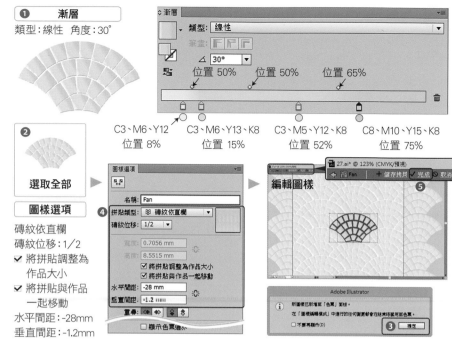

類型：線性

∠ 30°

位置 50% 位置 50% 位置 65%

C3、M6、Y12 C3、M6、Y13、K8 C3、M5、Y12、K8 C8、M10、Y15、K8
位置 8% 位置 15% 位置 52% 位置 75%

名稱：Fan
❹ 拼貼類型： 磚紋依直欄
磚紋位移：1/2

寬度：0.7056 mm
高度：8.5515 mm
☑ 將拼貼調整為作品大小
☑ 將拼貼與作品一起移動
水平間距：-28 mm
垂直間距：-1.2 mm
☐ 顯示色票邊界

編輯圖樣

❺ Fan ＋ 儲存拷貝 ✔ 完成 ✕ 取消

Adobe Illustrator
新圖樣已新增至「色票」面板。
在「圖樣編輯模式」中進行的任何變更都會在結束時套用至此色票。
☐ 不要再顯示(D)
❸ 確定

磚紋依直欄
磚紋位移：1/2
☑ 將拼貼調整為作品大小
☑ 將拼貼與作品一起移動
水平間距：-28mm
垂直間距：-1.2mm

Finish 套用在長方形上再變形圖樣，完成範例

使用 **矩形工具** 建立 **寬度：200mm、高度：200mm** 的長方形 ❶，**填色**指定為**圖樣** ❷。

執行『**物件/變形/個別變形**』命令，只旋轉 **45°** ／變形路徑內的圖樣，完成範例 ❸。

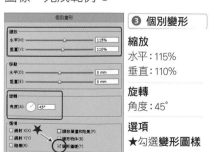

❸ 個別變形

縮放
水平：115%
垂直：110%

旋轉
角度：45°

選項
★勾選**變形圖樣**

個別變形
縮放
水平(H)：115%
垂直(V)：110%
移動
水平(O)：0 mm
垂直(E)：0 mm
旋轉
角度(A)：45°
選項
☐ 縮放 X(X)
☐ 縮放 Y(Y)
☐ 隨機(R)
☐ 縮放筆畫和效果(F)
☐ 變形物件(T)
☑ 變形圖樣(T)

❶ 矩形

寬度：200mm
高度：200mm

矩形
寬度(W)：200 mm
高度(H)：200 mm

❷「色票」面板

色票

TIPS 變形圖樣核取方塊

若只要縮放／移動物件內的圖樣時，請勾選**變形圖樣**核取方塊。

☐ 縮放筆畫和效果
☐ 變形物件
☑ 變形圖樣

※使用 CS5、CS4 的讀者，請將整個物件（群組）旋轉 45° 之後，放在長方形的上層。

27B

VARIATION

歐式扇型地磚不鏽鋼版本

這是讓歐式扇型地磚呈現
金屬光澤的應用範例。改
變紋理的氛圍，從白色霧
面復古地磚變身成厚實的
不鏽鋼。

⊤ 範例資料夾 ■ 27

European **FanShape** METALLIC STYLE

▶ 這個應用範例是將淺色地磚的漸層更改為光澤強烈的不鏽鋼。重點在於，「最後」利用**重疊**模式合成漸層，營造出金屬質感的紋理。

1 將扇型群組的填色更改成黑色

選取 P159-8-❸ 製作的扇型群組，將**填色**更改成
C30%、**M20%**、**Y20%**、**K100%** ❶。

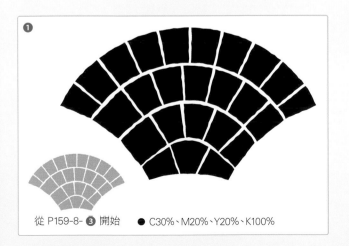

從 P159-8- ❸ 開始　　● C30%、M20%、Y20%、K100%

2 往左上移動／拷貝扇型群組

執行『**物件/變形/移動**』命令，往左上移動／拷貝群
組，再將群組的**填色**更改成 **C33%**、**M26%**、**Y31%**、
K28% ❶。

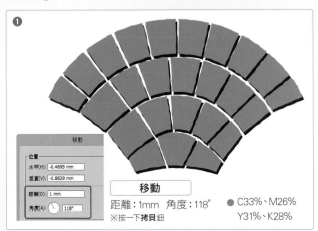

移動

位置
水平(H)：-0.4695 mm
垂直(V)：-0.8829 mm
距離(D)：1 mm
角度(A)：118°

移動

距離：1mm　角度：118°
※按一下**拷貝**鈕

● C33%、M26%、
　Y31%、K28%

3 往右移動／拷貝扇型群組→更改成線性漸層

選取往左上移動／拷貝後的最上層物件，執行『**物件/變形/移動**』命令，往右移動／拷貝扇型群組 ❶。群組的**填色**設定為 **30° 線性漸層** ❷。

❶ 移動

距離：0.5mm
角度：5°
※按一下**拷貝鈕**

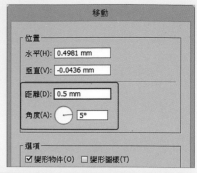

移動

位置
水平(H)：0.4981 mm
垂直(V)：-0.0436 mm

距離(D)：0.5 mm
角度(A)：5°

選項
☑ 變形物件(O)　☐ 變形圖樣(T)

❷

漸層

類型：線性　角度：30°

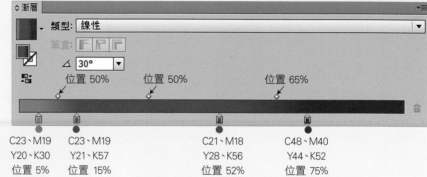

漸層

類型：線性

筆畫：

30°

位置 50%　　位置 50%　　　位置 65%

C23、M19　　C23、M19　　　　　　C21、M18　　　C48、M40
Y20、K30　　Y21、K57　　　　　　Y28、K56　　　Y44、K52
位置 5%　　　位置 15%　　　　　　位置 52%　　　位置 75%

4 使用「圖樣選項」將物件變成圖樣 (CC)(CS6)

執行『**選取/全部**』命令，接著執行『**物件/圖樣/製作**』命令 ❶，**圖樣選項**的**拼貼類型**設定為**磚紋依直欄** ❷，按下**完成**鈕 ❸。

❷ 設定值與 **P160-10** 相同，**磚紋位移：1／2**、**水平間距：-28mm**、**垂直間距：-1.2mm**。

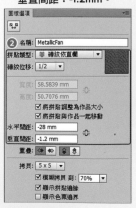

圖樣選項

❷ 名稱：MetallicFan
拼貼類型：磚紋依直欄
磚紋位移：1/2
寬度：58.5839 mm
高度：50.7076 mm
☑ 將拼貼調整為作品大小
☑ 將拼貼與作品一起移動
水平間距：-28 mm
垂直間距：-1.2 mm
重疊：
拷貝：5 x 5
☑ 模糊拷貝 到：70%
☑ 顯示拼貼邊緣
☐ 顯示色票邊界

Adobe Illustrator

新圖樣已新增至「色票」面板。
在「圖樣編輯模式」中進行的任何變更都會在結束時套用至整個色票。
☐ 不要再顯示(D)

※使用 CS5、CS4 的讀者，將物件組成群組後，參考步驟 ❸，一邊拷貝物件，一邊編排位置。

5 製作放在圖樣下層的長方形路徑

使用**矩形工具**建立**寬度：200mm**、**高度：200mm**的長方形路徑，**填色**設定為**C32 %**、**M26%**、**Y30%**、**K70%** ❶。執行『**編輯/拷貝**』命令 ❷，再執行『**編輯/貼至上層**』命令 (**CS6～**) ❸。

❷❸ 使用 CS5、CS4 的讀者，請將長方形移至最下層※，再拷貝。

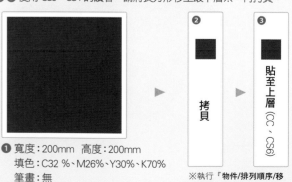

❶ 寬度：200mm　高度：200mm
填色：C32 %、M26%、Y30%、K70%
筆畫：無

拷貝

貼至上層 (CC、CS6)

❷

❸

※執行『**物件/排列順序/移至最後**』命令 (CS5、CS4)

6 將長方形的填色設定成圖樣 (CC)(CS6)

使用**色票**面板，將貼至上層的長方形路徑**填色**設定成
剛才儲存的圖樣 **❶**。

※使用 CS5、CS4 的讀者，將物件組成群組後，再移至長方形的上層。

❶　　色票面板

7 變形長方形路徑內的圖樣 (CC)(CS6)

執行『**物件/變形/個別變形**』命令，利用交談窗內的
核取方塊，旋轉 **45°**／變形路徑內的圖樣 **❶**。

❶ 設定值與 **P160-Finish** 相同，只勾選**變形圖樣**，其他取消。

☐ 縮放筆畫和效果
☐ 變形物件
☑ 變形圖樣

❶　　個別變形

※使用 CS5、CS4 的讀者，請將群組旋轉 45°。

8 將帶有不透明效果的漸層貼至上層

執行『**編輯/貼至上層**』命令 **❶**，將貼上的長方形**填色**
設定為使用不透明效果的 **-60°** 線性漸層 **❷**。

❶　貼至上層

❷　　漸層
類型：線性　角度：-60°

類型：線性
⊿ -60°
位置 50%　　位置 50%

K5　　　　　　K30　　　　　　K35
不透明度 K100%　不透明度 0%　不透明度 100%
位置 0%　　　　位置 55%　　　位置 100%

Finish 利用「重疊」模式展現金屬光澤

使用**透明度**面板，將貼至上層的長方形路徑設定為**漸
變模式：重疊，不透明度：100%**，完成範例 **❶**。

※ 使用 CS5、CS4 的讀者，在最上層製作長方形之後，選取全部物
　件，執行『**物件/剪裁遮色片/製作**』命令。

❶　　透明度
重疊／100%

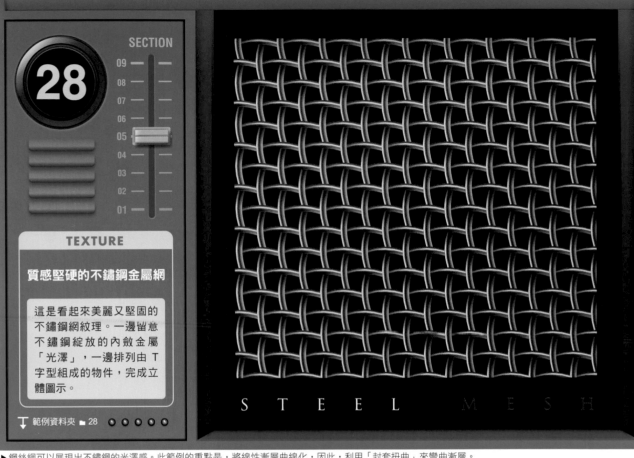

▶ 鋼絲網可以展現出不鏽鋼的光澤感。此範例的重點是，將線性漸層曲線化，因此，利用「封套扭曲」來彎曲漸層。

1　在矩形的上下套用彎曲效果

使用 **矩形工具** 建立 **寬度：3mm、高度：16mm** 的矩形 ❶，路徑 **填色** 設定為 0° 線性漸層 ❷。接著執行『**效果/彎曲/拱形**』命令，讓矩形的上下產生弧度 ❸。

❶ 矩形

寬度：3mm
高度：16mm

矩形
寬度(W)：3 mm
高度(H)：16 mm

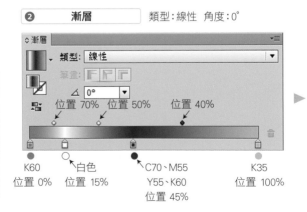

❷　漸層　　類型：線性　角度：0°

⬦ 漸層

類型：**線性**

筆畫：

⊿ 0°

位置 70%　位置 50%　位置 40%

K60　　　白色　　　C70、M55　　　K35
位置 0%　位置 15%　Y55、K60　　　位置 100%
　　　　　　　　位置 45%

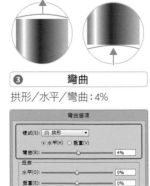

❸　彎曲
拱形／水平／彎曲：4%

彎曲選項
樣式(S)：凸 拱形
　水平(H)　垂直(V)
彎曲(B)：　4%
扭曲
水平(O)：　0%
垂直(E)：　0%

2 製作 T 字型物件的下半部分

執行『**物件/擴充外觀**』命令，再執行『**編輯/拷貝**』命令 ❶。
接著執行『**編輯/貼至上層**』命令 ❷，並且將長方形的填色設定為 **85° 線性漸層** ❸。使用**透明度**面板，設定**漸變模式：色彩增值、不透明度：100%** ❹。

選取上下重疊的 **2** 個長方形，執行『**物件/組成群組**』命令 ❺。

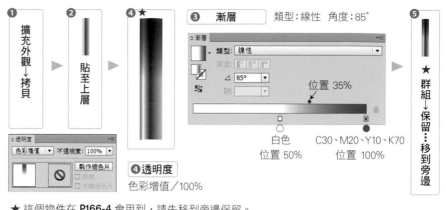

❶ 擴充外觀→拷貝

❷ 貼至上層

❹ ★

❸ 漸層　類型：線性　角度：85°

位置 35%

白色
位置 50%

C30、M20、Y10、K70
位置 100%

❹ 透明度
色彩增值／100%

❺ ★ 群組→保留…移到旁邊

★ 這個物件在 **P166-4** 會用到，請先移到旁邊保留。

3 製作 T 字型物件的上半部分

（第 **1** 層）執行『**編輯/貼至上層**』命令 ❶，更改長方形的**填色**（線性漸層）❷。

（第 **2** 層）執行『**編輯/貼至上層**』命令 ❸，將長方形的**填色**設定為 **-170° 線性漸層** ❹，使用**透明度**面板設定**漸變模式：色彩增值、不透明度：100%** ❺。

❺ 透明度

漸變模式：色彩增值
不透明度：100%

（第 **3** 層）執行『**編輯/貼至上層**』命令 ❻，長方形的**填色**設定為使用不透明效果的 **-10° 線性漸層** ❼。選取上下重疊的 **3** 個長方形，執行『**物件/組成群組**』命令★。

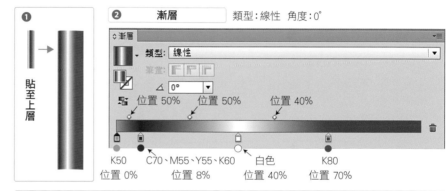

❶ 貼至上層

❷ 漸層　類型：線性　角度：0°

位置 50%　位置 50%　位置 40%

K50
位置 0%

C70、M55、Y55、K60
位置 8%

白色
位置 40%

K80
位置 70%

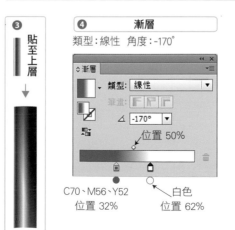

❸ 貼至上層↓

❹ 漸層
類型：線性　角度：-170°

位置 50%

C70、M56、Y52
位置 32%

白色
位置 62%

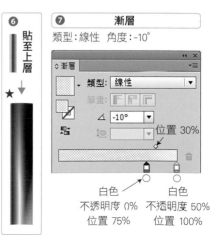

❻ 貼至上層↓★

❼ 漸層
類型：線性　角度：-10°

位置 30%

白色
不透明度 0%
位置 75%

白色
不透明度 50%
位置 100%

4 以封套扭曲變形漸層

執行『**物件/封套扭曲/封套選項**』命令，勾選**扭曲線性漸層填色★**。選取 **P165-2** 製作的物件，執行『**物件/封套扭曲/以彎曲製作**』命令，變形物件 **❶**。

接著執行『**物件/封套扭曲/展開**』命令 **❷**，再執行『**物件/變形/傾斜**』命令，再次變形物件 **❸**。

※ T 字型物件的上半部分也按照步驟 **❶**~**❸** 執行操作。

使用**對齊**面板，讓變形後的 2 個群組居中對齊 **❹**。

TIPS

連漸層都能變形的彎曲功能 (封套扭曲)

● 只適用線性漸層
● 不適用效果功能表中的彎曲命令

★

※ 精確度與展開後的錨點數量成正比。

※個別套用

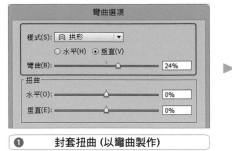

❶ 封套扭曲 (以彎曲製作)

樣式：拱形／垂直／彎曲：24%

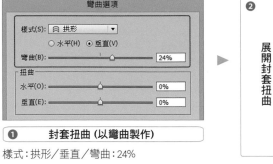

❷ 展開封套扭曲

※個別套用

❸ 傾斜

傾斜角度：-177°　座標軸：垂直

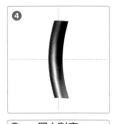

❹ 居中對齊

5 將 2 個群組排成 T 字型

選取上層群組（**T** 字型物件的上半部分），執行『**物件/變形/個別變形**』命令，將群組移動到指定的位置 **❶**。

接著選取擺放成 **T** 字型的 **2** 個群組，執行『**物件/組成群組**』命令 **❷**。

❶ 別忘了要勾選**鏡射 Y (Y)**。

※套用在上層物件

❶ 個別變形

移動　水平：-0.74mm　垂直：-8.74mm
旋轉　角度：-90°
選項　鏡射 Y (Y)
變形的基準點：中央

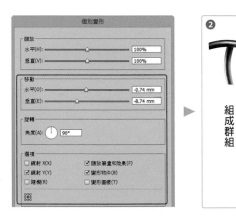

❷ 組成群組

6 將 T 字型群組排列成網格

執行『**效果/扭曲與變形/變形**』命令,將 T 字型群組往右移動 **19mm** / 複本 8 **❶**。

接著執行『**效果/變形**』命令。出現提醒重複變形效果的交談窗,按下**套用新效果**鈕 **❷**。利用新開啟的視窗,重新設定路徑的變形效果。

讓往右排列的 **T** 字型群組向下移動 **19mm** / 複本 8 **❸**。

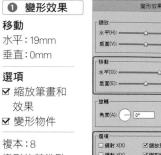

往右拷貝 ⟶

往下拷貝

❷ 顯示重複使用效果的提醒視窗

❶ 變形效果

移動
水平:19mm
垂直:0mm

選項
☑ 縮放筆畫和效果
☑ 變形物件

複本:8
變形的基準點

🔲 中央

❸ 變形效果

移動
水平:0mm
垂直:19mm
※CS4 是 -19mm

選項
☑ 縮放筆畫和效果
☑ 變形物件

複本:8
變形的基準點

🔲 中央

Finish 往右下拷貝排成網格的 T 字型群組

執行『**物件/變形/移動**』命令,往右下移動 / 拷貝排成網格狀的 T 字型群組 **❶**。

依序執行『**選取/全部**』命令及執行『**物件/擴充外觀**』命令 **❷**。

最後在要製作遮色片的位置,建立長方形路徑。依序執行『**選取/全部**』命令及執行『**物件/剪裁遮色片/製作**』命令,並於最下層放置長方形路徑(**填色:C90%、M85%、Y85%、K75%**)。

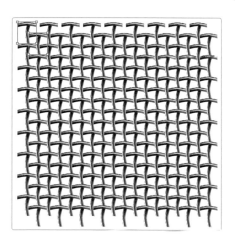

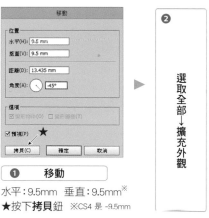

❷

選取全部→擴充外觀

❶ 移動

水平:9.5mm 垂直:9.5mm※
★按下**拷貝**鈕 ※CS4 是 -9.5mm

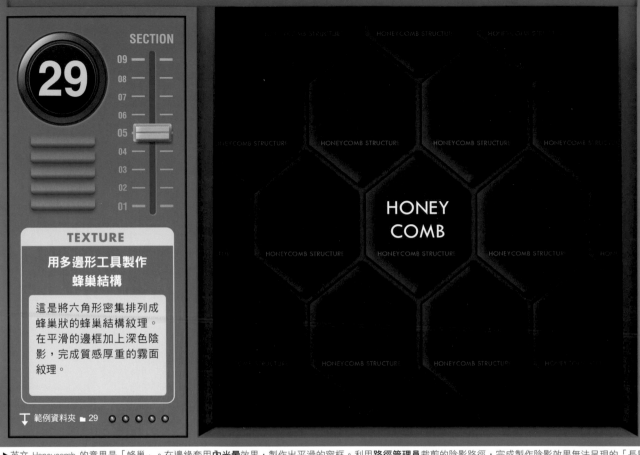

SECTION

29

09
08
07
06
05
04
03
02
01

TEXTURE

**用多邊形工具製作
蜂巢結構**

這是將六角形密集排列成
蜂巢狀的蜂巢結構紋理。
在平滑的邊框加上深色陰
影，完成質感厚重的霧面
紋理。

範例資料夾 ■ 29 ○ ○ ○ ○ ○

HONEY
COMB

▶ 英文 Honeycomb 的意思是「蜂巢」。在邊緣套用**內光暈**效果，製作出平滑的窗框。利用**路徑管理員**裁剪的陰影路徑，完成製作陰影效果無法呈現的「長影子」。

1 操控錨點變形六角形

使用**多邊形工具**建立**半徑：
32mm、邊數：6** 的六角形路徑
(**填色：任意色、筆畫：無**) ❶。
以**直接選取工具**拖曳選取中間的
2 個錨點 ❷，接著執行『**物件/變
形/縮放**』命令，往外延伸 **2** 個
錨點 ❸。

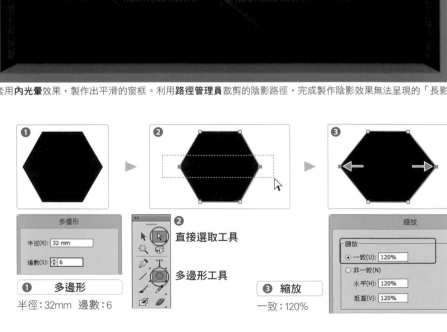

多邊形

半徑(R)：32 mm

邊數(S)：6

❶ **多邊形**

半徑：32mm 邊數：6

❷ 直接選取工具

多邊形工具

❸ **縮放**

一致：120%

縮放

縮放

⦿ 一致(U)： 120%

○ 非一致(N)

水平(H)： 120%

垂直(V)： 120%

The Second Section 材質特效

2 利用線性漸層在右側製造
陰影效果

使用**選取工具**選取六角形，執行
『**物件/變形/旋轉**』命令，讓六
角形旋轉**90°** ❶，再將六角形的
填色設定為 0°、線性漸層 ❷。

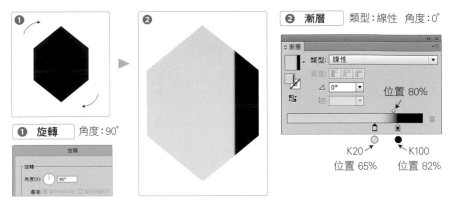

❶ **旋轉** 角度：90°

❷ **漸層** 類型：線性 角度：0°

K20 位置 65%　K100 位置 82%
位置 80%

3 利用扭曲與變形緊密排列
六角形

執行『**效果/扭曲與變形/變形**』
命令，往右移動：**55.4mm**，設
定**複本：6**，拷貝六角形 ❶。接
著執行『**效果/變形**』命令，設
定新的變形效果，使往右排列的
六角形向右下方移動，設定**複
本：4** ❷。

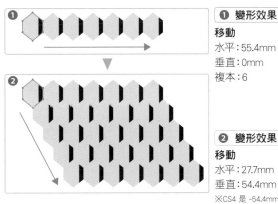

❶ **變形效果**
移動
水平：55.4mm
垂直：0mm
複本：6

❷ **變形效果**
移動
水平：27.7mm
垂直：54.4mm
※CS4 是 -54.4mm
複本：4

出現提醒視窗，
按下**套用新效果**鈕

4 對緊密排列的六角形執行
擴充外觀→刪除多餘路徑

執行『**物件/擴充外觀**』命令 ❶。
使用**群組選取工具**選取多餘路
徑（顯示成水藍色的部分），按下
Delete 鍵，刪除 **12** 個六角形 ❷。

擴充
外觀

群組選取
工具

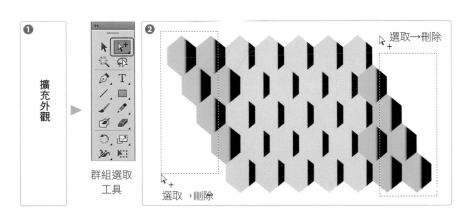

選取→刪除

選取，刪除

5 在背景加上陰影

使用**矩形工具**建立**寬度：300mm、高度：300mm** 的長方形，執行『**物件/排列順序/移至最後**』命令，再利用**對齊**面板使 2 個物件居中對齊 ❶。

接著對六角形群組執行『**編輯/拷貝**』命令 ❷，在**透明度**面板設定**漸變模式：色彩增值、不透明度：35%** ❸。

執行『**選取/全部**』命令，再執行『**物件/隱藏/選取範圍**』命令 ❹。

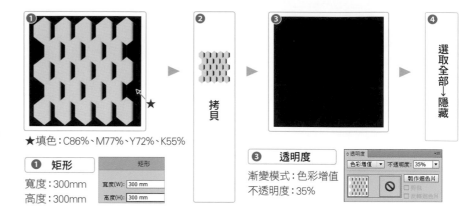

★ 填色：C86%、M77%、Y72%、K55%

❶ 矩形

寬度：300mm
高度：300mm

矩形	
寬度(W):	300 mm
高度(H):	300 mm

❸ 透明度

漸變模式：色彩增值
不透明度：35%

6 合併物件製作剪裁形狀

執行『**編輯/貼至上層**』命令 ❶
按下**路徑管理員**面板的**聯集**鈕，將路徑的**填色**設定為 **K100%** ❷。

接著執行『**物件/變形/個別變形**』命令，往右移動／變形／拷貝合併後的物件 ❸。

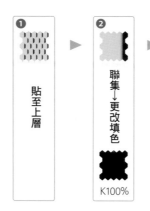

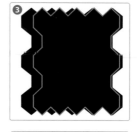

❷ 路徑管理員

形狀模式：聯集

❸ 個別變形

縮放　水平：85%
移動　水平：12.5mm
★ 按下**拷貝**鈕

7 以「路徑管理員」減去上層→刪除多餘路徑

選取上下重疊的 **2** 個物件，按下**路徑管理員**面板的**減去上層**鈕 ❶。

使用**群組選取工具**選取多餘的路徑（水藍色部分），按下 [Delete] 鍵，刪除路徑 ❷。

❶ 路徑管理員

減去上層

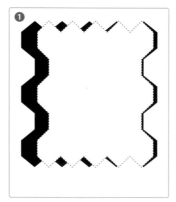

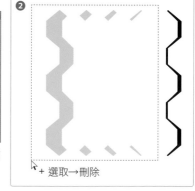

群組選取工具

★ + 選取→刪除

8 利用剪裁後的物件製作
「蜂巢的陰影」

選取物件，執行『**效果/扭曲與
變形/變形**』命令，往左移動
-55.4mm，設定**複本：4**，拷貝
剪裁後的物件 ❶。

接著執行『**物件/變形/移動**』命
令，往左下移動／拷貝物件 ❷。

執行『**選取/全部**』命令，再執行
『**物件/擴充外觀**』命令 ❸。直接
按下**路徑管理員**面板的**聯集**鈕，
製作蜂巢的陰影部分 ❹。

❶

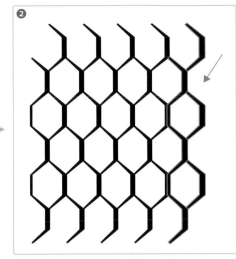

❷

往左拷貝物件

❶ 變形效果

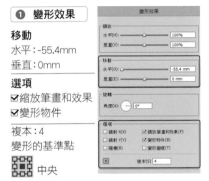

移動
水平：-55.4mm
垂直：0mm

選項
☑縮放筆畫和效果
☑變形物件

複本：4
變形的基準點
中央

❷ 移動

距離：61mm
角度：-117°
★按下**拷貝**鈕

❸
擴充外觀

❹
聯集

❷ 路徑管理員

形狀模式：聯集

---

9 利用製作陰影把影子拉長

執行『**效果/風格化/製作陰影**』
命令，將陰影效果套用在合併
後的物件上 ❶。在**透明度**面板設
定**漸層模式**為**色彩增值**（**不透明
度：100%**）❷。

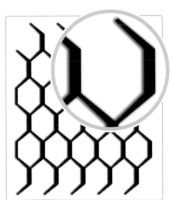

❶ 製作陰影

模式：色彩增值
不透明度：75%
X 位移：-1mm　Y 位移：0mm，
模糊：1.2mm　顏色：黑色

❷ 透明度

漸變模式：色彩增值
不透明度：100%

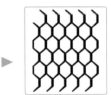

10 將貼上的物件製作蜂巢框

執行『**物件/顯示全部物件**』命令，再執行『**選取/取消選取**』命令 ❶。

接著執行『**編輯/貼至上層**』命令 ❷，將貼上的物件設定 **填色：無、筆畫：C84%、M72%、Y63%、K42%、筆畫寬度：11pt**，製作出蜂巢框 ❸。

❶ 顯示全部物件→取消選取

❷ 貼至上層

❸

★ 填色：無
筆畫：C84%、M72%、Y63%、K42%
筆畫寬度：11pt

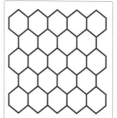

11 在平滑的蜂巢框加上增添立體感的光澤

執行『**效果/風格化/內光暈**』命令，設定**顏色：黑色、模式：色彩增值**，使蜂巢框的邊緣帶有弧度 ❶。

執行『**效果/風格化/製作陰影**』命令，設定**顏色：白色、模式：覆蓋**，在蜂巢框內增加光澤 ❷。

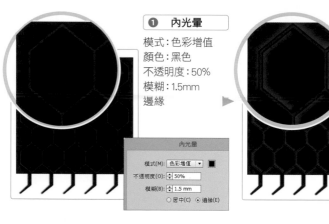

❶ **內光暈**

模式：色彩增值
顏色：黑色
不透明度：50%
模糊：1.5mm
邊緣

❷ **製作陰影**

模式：覆蓋
不透明度：85%
X 位移：1.3mm
Y 位移：-1mm
模糊：3mm
顏色：白色

內光暈

模式(M)：色彩增值
不透明度(O)：50%
模糊(B)：1.5 mm
○ 居中(C) ● 邊緣(E)

製作陰影

模式(M)：覆蓋
不透明度(O)：85%
X 位移(X)：1.3 mm
Y 位移(Y)：-1 mm
模糊(B)：3 mm
● 顏色(C)： ○ 暗度(D)：

Finish 使用剪裁遮色片調整範圍

使用**矩形工具**建立**寬度：200mm、高度：200mm** 的長方形，移到要製作剪裁遮色片的位置 ❶。

執行『**選取/全部**』命令，再執行『**物件/剪裁遮色片/製作**』命令，完成範例 ❷。

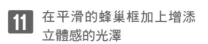

❶ **矩形**

寬度：200mm
高度：200mm

矩形

寬度(W)：200 mm
高度(H)：200 mm

❷ 選取全部→製作剪裁遮色片

30 P.174

31 P.177

32 P.180

34 P.188

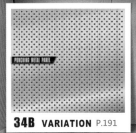

34B VARIATION P.191

35 P.194

35B VARIATION P.198

36 P.200

The Second Section

材質特效

Section 06

追求素材質感的
平板紋理

SECTION

09
08
07
06
05
04
03
02
01

TEXTURE

重現逼真的金屬光澤感

這是表現金屬光澤感的獨
特金屬紋理。在帶有光澤
感的物件上，以「重疊」
模式合成經過拉絲處理的
超細金屬線條，完成綻放
逼真光澤的金屬板。

↓ 範例資料夾 ▬ 30 ○○○○○

Brushed Metal Effect

▶ 放置 200 條水平線條，利用「隨意筆畫」，往水平方向隨機移動線條。如果想營造出強烈的金屬質感，請以**重疊**模式合成最後完成的物件。

1 以線性漸層製作金屬板的
基本形狀

使用 **矩形工具** 建立 **寬度：**
200mm、**高度：200mm** 的長方
形路徑 ❶。將長方形路徑的**填色**
設定為 **90° 線性漸層 ❷**。

❶ 矩形

寬度：200mm
高度：200mm

矩形

寬度(W)：200 mm
高度(H)：200 mm

確定　取消

❷ 漸層 ┃ 類型：線性　角度：90°

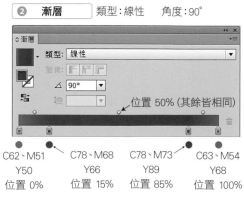

◇ 漸層

類型：線性

筆畫：

∠ 90°

位置 50% (其餘皆相同)

C62、M51　　C78、M68　　C78、M73　　C63、M54
Y50　　　　　Y66　　　　　Y89　　　　　Y68
位置 0%　　　位置 15%　　　位置 85%　　　位置 100%

2 將套用漸層效果的橫線放在長方形路徑上方

使用**線段區段工具**建立**長度：200mm** 的水平線（**筆畫：K100%**、**筆畫寬度：0.1pt**），放在下層長方形路徑的上方 ❶。

對直線路徑執行『**物件/路徑/外框筆畫**』命令 ❷，將路徑**填色**設定成使用不透明效果的 **0°線性漸層** ❸。

線段區段工具

★筆畫：K100% 　筆畫寬度：0.1pt

❶ 線段區段工具

長度：200mm　角度：0°

▼

❷ 外框筆畫

❸ 漸層 　類型：線性　角度：0°

○白色　　　○白色　　　○白色
不透明度 0%　不透明度 40%　不透明度 0%
位置 0%　　位置 50%　　位置 100%

---

3 往垂直方向排列 200 條橫線

執行『**效果/扭曲與變形/變形**』命令，以 **1mm** 為間隔，排列 **200** 條橫線 ❶。

接著執行『**物件/擴充外觀**』命令 ❷，再執行『**物件/解散群組**』命令 ❸。

❸ 請在選取全部橫線的狀態，執行下個步驟。

❶ 變形效果

移動
水平：0mm
垂直：1mm
選項
複本：200

❷ 擴充外觀

❸ 解散群組

---

4 利用隨意筆畫隨機移動橫線

選取全部的橫線，執行『**效果/扭曲與變形/隨意筆化**』命令，設定**水平：50%**，隨機水平移動橫線 ❶。使用**矩形工具**建立**寬度：18mm、高度：200mm**（填色：白色）的長方形路徑 ❷。參考右圖的位置，安排長方形路徑的位置，在**透明度**面板設定**漸變模式：重疊、不透明度：100%** ❸。

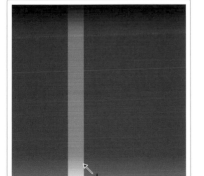

❶ 隨意筆畫
水平 50%／垂直 0%／相對的

❷ 矩形
寬度：18mm
高度：200mm
★填色：白色

❸ 透明度
漸變模式：重疊
不透明度：100%

5 模糊→拷貝→擺放縱長方形路徑

執行『**效果/風格化/羽化**』命令，羽化的**半徑**設定為 **17mm**，模糊白色長方形 ❶。

隨機水平移動／拷貝長方形（請參考右圖，按住 [Shift] 鍵＋[Alt] ([option]) 鍵不放，使用**選取工具**移動長方形路徑) ❷。

❷ 此範例是往左移動 1 個、往右移動 2 個拷貝的長方形路徑。

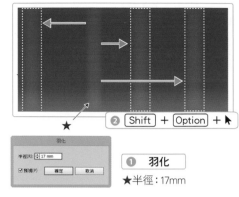

❷ [Shift] + [Option] + ▶

羽化

半徑(R): ↕ 17 mm
☑ 預視(P)　確定　取消

❶ 羽化
★半徑：17mm

6 拷貝縱長方形路徑→改變寬度

★執行『**物件/變形/縮放**』命令，(確認) 勾選**縮放筆畫和效果**。假如沒有勾選，請設定**一致：100%**，再勾選該項目，按下**確定**鈕。

參考右圖，以 [Shift] 鍵＋[Alt] ([option])＋**選取工具**，隨機水平移動／拷貝長方形，再以**選取工具**調整長方形的寬度 ❶。

❶ 此範例是放置 4 個變形後的長方形路徑。

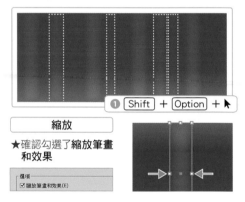

❶ [Shift] + [Option] + ▶

縮放

★確認勾選了**縮放筆畫和效果**

選項
☑ 縮放筆畫和效果(E)

(Finish) 放上使用不透明效果的漸層，完成範例

在最上層製作配合整個物件大小的長方形，**填色**設定為使用不透明效果的 **0°** 線性漸層，完成範例 ❶。

TIPS　想強調金屬的光澤感時

將完成的物件組成群組，執行**拷貝／貼至上層**命令。將貼上的群組設定為**漸變模式：重疊**。

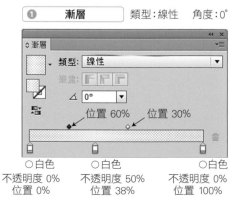

❶ 漸層　　類型：線性　角度：0°

漸層

類型：線性
筆畫：
∠ 0°
位置 60%　　位置 30%

○白色　　　　○白色　　　　○白色
不透明度 0%　不透明度 50%　不透明度 0%
位置 0%　　　位置 38%　　　位置 100%

SECTION

31

09 — 08 — 07 — 06 — 05 — 04 — 03 — 02 — 01

TEXTURE

手工縫線與織物的質感

這是以粗縫線及壓痕為重點的紋理。利用濕紙效果與拼貼，製作出方塊地毯的短毛刷毛質感。

⏬ 範例資料夾 📁 31 ○ ○ ○ ○ ○

▶「刷毛」是利用 Photoshop 效果中的「濕紙效果」與「拼貼」製作而成。「手工縫線」是利用路徑與外框筆畫，釋放複合路徑後，再套用漸層效果。

1　在長方形路徑套用濕紙效果

使用 **矩形工具** 建立 **寬度：200mm**、**高度：200mm** 的長方形路徑（**填色：C62%、M83%、Y100%、K52%、筆畫：無**）❶。執行『**物件/變形/縮放**』命令 ❷，再執行『**效果/素描/濕紙效果**』命令，在長方形路徑套用效果 ❸。

❶ **矩形**
寬度：200mm
高度：200mm
填色：C62%、M83%、Y100%、K52%

❷ ■ 拷貝

矩形
寬度(W)：200 mm
高度(H)：200 mm
確定　　取消

濕紙效果 (100%)

確定
取消

濕紙效果

纖維長度(F)　15
亮度(B)　78
對比(C)　93

❸ 濕紙效果
15/78/93

2 在長方形路徑套用拼貼效果

執行『**效果/紋理/拼貼**』命令，
在套用**濕紙效果**的長方形路徑，
加上拼貼效果 ❶。

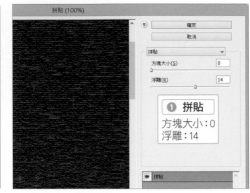

3 套用漸層讓紋理產生變化

執行『**編輯/貼至上層**』命令 ❶，
將長方形路徑的**填色**設定為 **90°**
線性漸層 ❷。

❷ 這是為了讓平面紋理產生立體感，而
　套用的漸層效果。請隨意設定漸層的
　角度或改變成放射狀漸層。

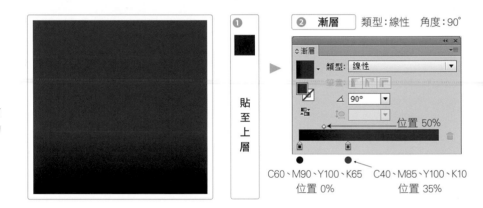

4 以色彩增值／不透明度
50% 合成漸層

使用**透明度**面板，將最上層的長
方形路徑設定為**漸變模式：色彩
增值、不透明度：50%** ❶。

選取全部的長方形路徑，執行
『**物件/鎖定/選取範圍**』命令 ❷。
接著執行『**編輯/貼至上層**』命
令 ❸，再執行『**物件/變形/縮
放**』命令，將貼上的長方形路徑
縮小 **94%** ❹。

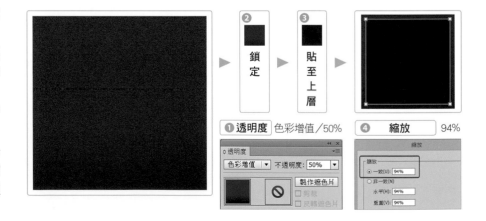

5　利用虛線模擬縫線

將縮小 **94%** 的長方形路徑設定
為**填色：無**、**筆畫：白色**、**筆畫
寬度：1pt** 的虛線（**端點：圓端
點**、選擇**保留精確的虛線和間隙
長度★**）❶。
接著執行『**物件/路徑/外框筆
畫**』命令 ❷，再執行『**物件/複
合路徑/釋放**』命令 ❸。

▶ 外框筆畫 ▶ 釋放複合路徑

❶　　筆畫

筆畫：白色 (填色：無)
寬度：1pt
端點：圓端點
☑虛線　虛線 13pt

6　在虛線路徑套用放射狀漸層

將外框化的虛線路徑設定為**填
色：放射狀漸層**，讓縫線隱藏在
刷毛中 ❶。

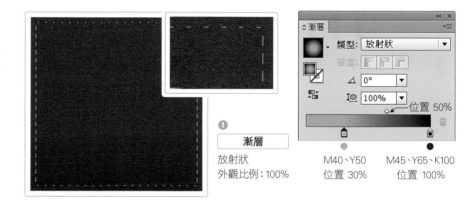

❶　　漸層

放射狀
外觀比例：100%

M40、Y50
位置 30%

M45、Y65、K100
位置 100%

Finish　在物件四邊放置壓痕當作
視覺重點

使用**橢圓形工具**建立**半徑：
15mm** 的橢圓形路徑，**填色**設定
為**白/黑放射狀漸層** ❶。
執行『**效果/風格化/羽化**』命
令，將效果套用在橢圓形路徑
後 ❷，於**透明度**面板設定**漸變
模式：色彩增值**、**不透明度：
50%** ❸。在四邊放置/拷貝橢圓
形路徑，最後執行『**物件/全部
解除鎖定**』命令，完成範例。

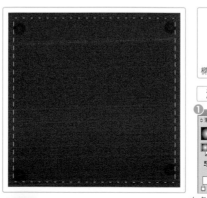

□ 解除鎖定

橢圓形，寬度/高度：15mm

漸層　類型：放射狀

白色　位置 50%　K100
位置 0%　　　　　位置 0%

❷　羽化　半徑：3mm

❸ 透明度　色彩增值/50%

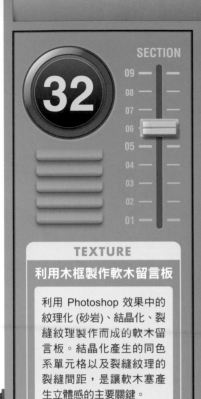

SECTION

32

09
08
07
06
05
04
03
02
01

TEXTURE

利用木框製作軟木留言板

利用 Photoshop 效果中的紋理化 (砂岩)、結晶化、裂縫紋理製作而成的軟木留言板。結晶化產生的同色系單元格以及裂縫紋理的裂縫間距,是讓軟木塞產生立體感的主要關鍵。

範例資料夾 ■ 32

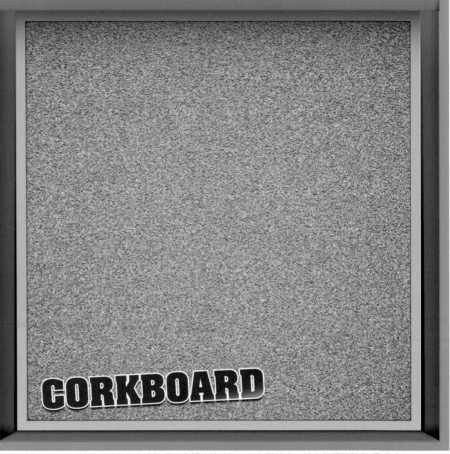

▶ 利用三角形組成「木框」,在上面疊放軟木塞紋理。以 Photoshop 效果表現的軟木塞紋理不支援縮放功能。假如要放大,請先執行點陣化 (影像化)。

1 往水平方向放大用多邊形工具建立的三角形

使用**多邊形工具**建立**半徑:70mm、邊數 3**,設定**填色:M26% Y42%** 的三角形 ❶。執行『**物件 / 變形 / 縮放**』命令,往水平方向放大三角形路徑(**173.2%**) ❷。

多邊形工具

填色:M26%、Y42%

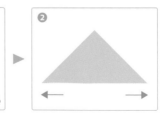

❶ 多邊形

半徑:70mm
邊數:3

多邊形

半徑(R): 70 mm
邊數(S): 3

❷ 縮放

水平:173.2%
垂直:100%

縮放

縮放
○ 一致(U): 100%
◉ 非一致(N)
水平(H): 173.2%
垂直(V): 100%

選項
☑ 縮放筆畫和效果(E)
☑ 變形物件(O) □ 變形圖樣(T)

☑ 預視(P)

拷貝(C)   確定

2 用 4 個三角形製作出長方形

執行『**效果/扭曲與變形/變形**』命令，變形的基準點設定在中央上，旋轉 **90°**／拷貝三角形 **❶**。接著執行『**物件/擴充外觀**』命令 **❷**。

TIPS ★變形的基準點

這裡是以三角形的中央上方為基準，執行旋轉／拷貝。

※請注意，各個變形交談窗中變形基準點，在重新啟動程式之前，會維持前一次設定狀態。

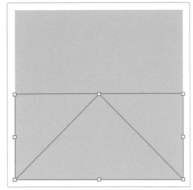

❷ 擴充外觀

❶ 變形效果

★ 旋轉 角度：90°
複本：3

---

3 在四方型中央擺放長方形路徑

使用 **矩形工具** 建立 **寬度：200mm**、**高度：200mm**、**填色：C10%**、**M36%**、**Y46%** 的長方形路徑 **❶**。

執行『**選取/全部**』命令，再利用 **對齊** 面板使物件居中對齊 **❷**。使用 **選取工具** 選取最上層的長方形路徑，執行『**編輯/剪下**』命令 **❸**。

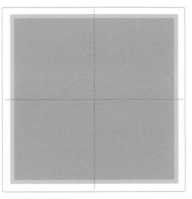

❶ 矩形
寬度：200mm
高度：200mm
填色：C10%、M36%、Y46%

❷ 對齊物件

❸ 剪下

---

4 利用 3D 效果使 4 個三角形突起

選取下層其餘物件，執行『**物件/解散群組**』命令 **❶**。

接著執行『**效果/3D/突出與斜角**』命令，展開交談窗，更改陰影的顏色，讓 **4** 個三角形變得立體浮凸 **❷**。

TIPS
展開
交談窗　選擇**塑膠效果**→**更多選項** (按一下)

❶ 解散群組

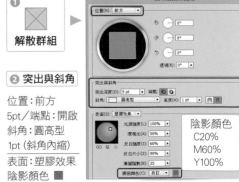

❷ 突出與斜角

位置：前方
5pt／端點：開啟
斜角：圓高型
1pt (斜角內縮)
表面：塑膠效果
陰影顏色 ■

陰影顏色
C20%
M60%
Y100%

5 軟木塞的特效…1
紋理化 (砂岩)

執行『**編輯/貼至上層**』命令 ❶，
再執行『**效果/紋理/紋理化**』命
令，設定**紋理：砂岩**，在貼上的
長方形路徑套用效果 ❷。

選擇「**砂岩**」使表面產生
密集的凹凸紋路

貼
至
上
層

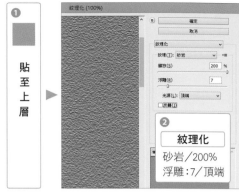

❷

紋理化

砂岩/200%
浮雕：7/頂端

---

6 軟木塞的特效…2
結晶化 (像素)

執行『**效果/像素/結晶化**』命令，
設定**單元格大小：10**，在上層長
方形路徑套用結晶化效果 ❶。

以砂岩為基礎，再利用
結晶化隨機製作出同色
系的單元格

❶ **結晶化**

單元格大小：10

---

7 軟木塞的特效…3
裂縫紋理 (紋理)

執行『**效果/紋理/裂縫紋理**』命
令，設定**裂縫間距：30、裂縫深
度：8、裂縫亮度：9**，在上層長
方形路徑套用效果 ❶。

利用裂縫紋理加上裂縫
效果，可以表現出軟木
塞的質感

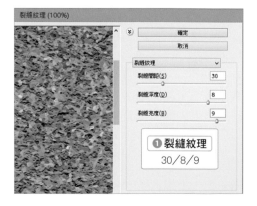

❶ **裂縫紋理**

30/8/9

8 利用內光暈效果讓木框產生立體感

執行『**效果/風格化/內光暈**』命令，將效果套用在上層的長方形路徑 **❶**。

模式設定為**色彩增值**，利用**檢色器**，將★**光量顏色**設定為 **C55%**、**M95%**、**Y100%**、**K40%** **❷**。

❷ 讓長方形路徑的邊緣變暗（邊緣內側），是為了強調木框的立體效果。

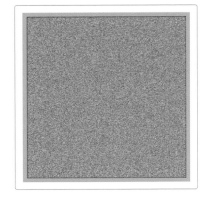

❶ 內光暈
模式：色彩增值
光量顏色■
不透明度：50%
模糊：1mm
邊緣

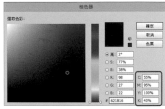

❷
★光量顏色■
C55%、M95%、
Y100%、K40%

---

9 上層擺放射狀漸層

執行『**編輯/貼至上層**』命令 **❶**，將長方形路徑的**填色**設定為**外觀比例：100%** 的放射狀漸層 **❷**。

貼至上層

❶

❷ 漸層 類型：放射狀 外觀比例：100%

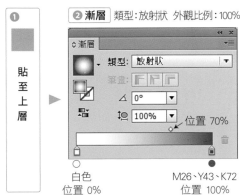

白色
位置 0%

M26、Y43、K72
位置 100%

Finish 以色彩加深合成放射狀漸層

使用**漸層工具**擴大放射狀漸層 **❶**。在**透明度**面板中，設定**漸變模式：色彩加深、不透明度：100%**，完成範例 **❷**。

❷ 透明度
色彩加深
不透明度：100%

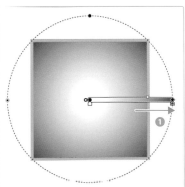

※漸層註解者的操作方法請參考 P146

SECTION

09 08 07 06 05 04 03 02 01

33

TEXTURE

有光澤感的淺色木紋框

這是在木框嵌入淺色木紋的紋理。使用 2 種藝術筆刷製作出木紋質感，再使用 #32 製作的木框，完成有光澤感的木框物件。

T 範例資料夾 ■ 33 ○ ○ ○ ○ ○

LIGHT WOOD TEXTURE
VECTOR BACKGROUND

▶ 運用 P183-8 的操作步驟，在木框 (P180～P181) 嵌入紋理。此範例是利用筆刷來表現木頭的紋理，因此請先從準備 2 種藝術筆刷開始著手。

1 從「筆刷」面板叫出 2 種不同的面板

按下**筆刷**面板的右上方★，開啟選項選單。在**開啟筆刷資料庫**中，選擇 2 種筆刷面板 ❶ ❷。

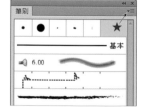
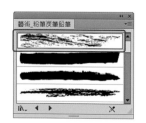

❶ 開啟**藝術_粉筆炭筆鉛筆**筆刷面板。

❷ 開啟**藝術_水彩**筆刷面板。

❶ 藝術 _ 粉筆炭筆鉛筆	請在**筆刷**面板執行『**開啟筆刷資料庫/藝術/藝術 _ 粉筆炭筆鉛筆**』命令
❷ 藝術 _ 水彩	請在**筆刷**面板執行『**開啟筆刷資料庫/藝術/藝術 _ 水彩**』命令

這個範例選擇了**藝術 _ 粉筆炭筆鉛筆**的「粉筆」，在**藝術 _ 水彩**選擇「水彩筆畫 3」。

2 以線性漸層建立當作基本形狀的長方形

使用**矩形工具**建立**寬度：200mm**、**高度：200mm** 的長方形路徑 ，路徑的**填色**設定為 **90°** 線性漸層 ❷。接著執行『**編輯/拷貝**』命令 ❸。

① 矩形

寬度：200mm
高度：200mm

❷ 漸層 類型：線性 角度：90°

M48、Y80
位置 0%

M25、Y50
位置 100%

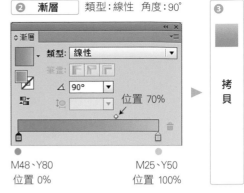

❸ 拷貝

3 在長方形上擺放直線路徑

執行『**效果/風格化/內光暈**』命令，在長方形路徑套用效果 ❶。接著使用**線段區段工具**建立**長度：240mm** 的直線路徑 ❷，設定筆畫（**★筆畫：M55% Y100% K10%**、**填滿線條：無**、**筆畫寬度：1pt**）。使用**選取工具**，將直線路徑放在長方形的上方 ❸。

❶ 這是為了讓完成的木框帶有立體感，而使用的效果，手法和 **P183-8** 一樣。

① 內光暈

模式：色彩加深
不透明度：50%
模糊：1mm／邊緣
光暈顏色 ■
C64%、M92%、Y100%、K61%

★筆畫：M55%、Y100%、K10%
填滿線條：無
筆畫寬度：1pt

❷ 線段區段工具

長度：240mm
角度：0° □ 填滿線條

❸

▶ 將直線路徑放在長方形的上方

4 往下拷貝 22 次直線路徑

選取長方形路徑★後，執行『**物件/隱藏/選取範圍**』命令 ❶，接著執行『**效果/扭曲與變形/變形**』命令，往下拷貝直線路徑 ❷。
依序執行『**物件/擴充外觀**』命令及執行『**物件/解散群組**』命令 ❸ ❹。

❶ ★隱藏

❸ 擴充外觀

❹ 解散群組

❷ 變形效果

移動　水平：0mm
　　　垂直：9.1mm
　　　※CS4 是 -9.1mm
複本：22

5 隨機安排直線路徑的位置

執行『**物件/變形/個別變形**』命令，套用在全部的直線路徑，隨機擺放直線路徑 ❶。

★按下**預視**，可以隨機變化配置類型。

❶ 假如路徑疊在一起，請使用**選取工具**調整路徑的位置。

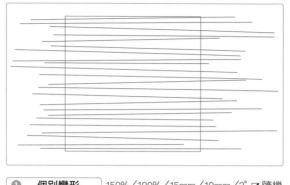

❶　**個別變形**　150%／100%／15mm／10mm／3° ☑ 隨機

6 套用「藝術_粉筆炭筆鉛筆」的「粉筆」

使用**筆刷**面板的藝術_粉筆炭筆鉛筆，在隨機擺放的直線路徑套用**粉筆**筆刷 ❶。使用**透明度**面板，設定直線路徑的**漸變模式：色彩增值、不透明度：20%** ❷。

❶ 粉筆炭筆鉛筆　粉筆

❷　　透明度
色彩增值　不透明度：20%

粉筆 (藝術_粉筆炭筆鉛筆)

7 套用「藝術_水彩」的「水彩筆畫 3」

執行『**物件/變形/鏡射**』命令，將所有直線路徑翻轉 **-90°**／拷貝 ❶。在拷貝後的直線路徑套用**筆刷**面板的**藝術_水彩**，選擇**水彩筆畫 3** ❷。接著使用**透明度**面板，將直線路徑設定為**漸變模式：色彩增值、不透明度：50%** ❸。

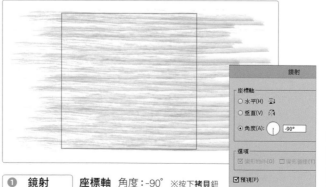

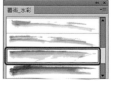

❷ 水彩　水彩筆畫 3

❸　　透明度
色彩增值　不透明度：50%

❶　**鏡射**　**座標軸** 角度：-90° ※按下**拷貝**鈕

水彩筆畫 3 (藝術_水彩)

8 以長方形路徑遮蓋隨機擺放的筆刷

執行『**編輯/貼至上層**』命令，接著執行『**選取/全部**』命令 ❶。再執行『**物件/剪裁遮色片/製作**』命令，遮蓋筆刷 ❷。

執行『**物件/顯示全部物件**』命令，再執行『**選取/取消選取**』命令 ❸。

貼至上層→選取全部

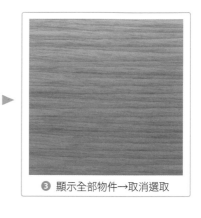

❷ 製作剪裁遮色片

❸ 顯示全部物件→取消選取

9 在上層放置 60° 線性漸層

執行『**編輯/貼至上層**』命令 ❶，將貼上的長方形路徑縮小 **99%** ❷，再把長方形路徑的**填色**設定成使用不透明效果的 **60°** 線性漸層 ❸。

❷ **縮放**
一致：99%

貼至上層

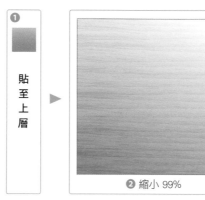

❷ 縮小 99%

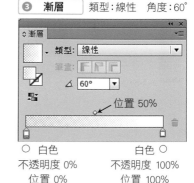

❸ **漸層**　　類型：線性　角度：60°

位置 50%

○ 白色
不透明度 0%
位置 0%

白色 ○
不透明度 100%
位置 100%

Finish 減去長方形路徑，製作平面光澤

請參考右圖，在最上層製作適當大小及角度的長方形路徑，並且調整位置 ❶。接著按住 [Shift] 鍵不放，使用**選取工具**選取放在上層的 2 個長方形路徑，按下**路徑管理員**面板的**減去上層**鈕 ❷。

最後，在**透明度**面板中，將裁剪後的路徑不透明度設定為 **80%**，並且將 **P180～181** 製作的「木框」放在物件的最下層，完成範例 ❸。

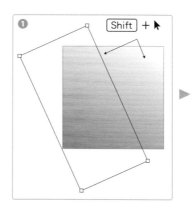

❶ [Shift] + ▶

❷

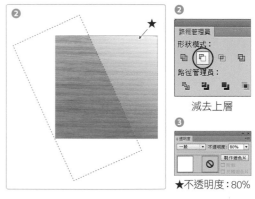

❷
減去上層

❸
★不透明度：80%

The Second Section 材質特效

SECTION

34

HAIRLINE COPPERPLATE

TEXTURE

經過髮絲紋處理的 銅板紋理

這是有著垂直髮絲紋的金屬類紋埋。以「色彩增值」合成 3 種漸層，再利用塗抹效果，製作出髮絲紋，完成綻放微弱光芒的銅板紋理。

範例資料夾 ■ 34

▶ 髮絲紋是製作金屬紋理時，絕對少不了的一種效果。這個範例是利用塗抹效果來製作髮絲紋。另外，以帶有不透明效果的漸層來增加強弱對比，是完成逼真金屬質感的重要關鍵。

1 在長方形的路徑中套用灰色漸層

使用 **矩形工具** 建立 **寬度：200mm、高度：200mm** 的長方形路徑 ❶，將路徑 **填色** 設定為 **100° 線性漸層** ❷。

矩形

寬度(W)：200 mm
高度(H)：200 mm

確定　取消

❶ **矩形**

寬度：200mm 高度：200mm

❷ **漸層**　　類型：線性 角度：100°

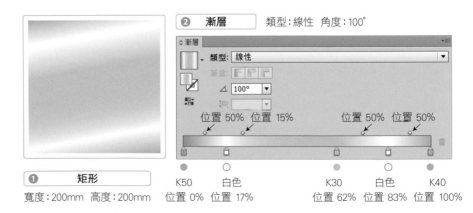

漸層

類型：線性

筆畫：

100°

位置 50% 位置 15%　　位置 50% 位置 50%

K50　白色　　　　　K30　白色　K40
位置 0% 位置 17%　　位置 62% 位置 83% 位置 100%

2 利用內光暈讓長方形的邊緣變暗

執行『**編輯/拷貝**』命令，拷貝當作基本形狀的長方形路徑 ❶。接著執行『**效果/風格化/內光暈**』命令，將效果套用在長方形路徑，**模式**設定為**色彩增值**，讓長方形的邊緣開始往內逐漸變暗 ❷。

❶

拷貝

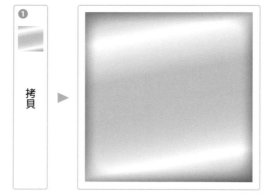

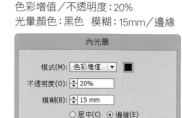

❷　　　　　　　　　**內光暈**

色彩增值/不透明度：20%
光暈顏色：黑色　模糊：15mm／邊緣

3 以「色彩增值」合成銅色漸層

執行『**編輯/貼至上層**』命令 ❶，再將長方形路徑的**填色**設定為 **90°** 線性漸層 ❷，在**透明度**面板將**漸變模式**設定成色彩增值 ❸。

❶

貼至上層

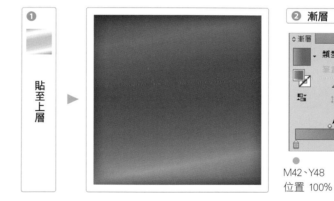

❸　**透明度**
色彩增值／100%

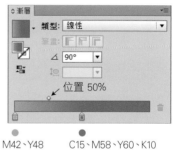

❷　**漸層**　　類型：線性　角度：90°

●
M42、Y48
位置 100%

●
C15、M58、Y60、K10
位置 50%

4 將要套用塗抹效果的漸層移至上層

執行『**編輯/貼至上層**』命令 ❶，將長方形路徑的**填色**設為使用不透明效果的 **100°** 線性漸層 ❷。

❶　　貼至上層

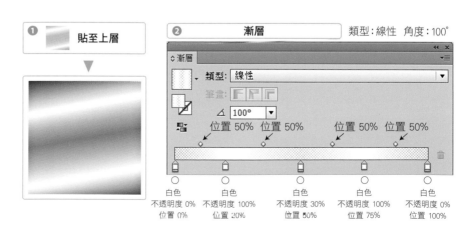

❷　　　　　　　　　**漸層**　　　類型：線性　角度：100°

位置 50%　位置 50%　　　位置 50%　位置 50%

○
白色
不透明度 0%
位置 0%

○
白色
不透明度 100%
位置 20%

○
白色
不透明度 30%
位置 50%

○
白色
不透明度 100%
位置 75%

○
白色
不透明度 0%
位置 100%

5 在上層的長方形路徑套用塗抹效果

對最上層的長方形路徑執行『**效果/風格化/塗抹**』命令,在長方形路徑套用塗抹效果 **①**。

使用**透明度**面板,將長方形路徑的不透明度設定為 **30%** **②**。

①	塗抹

角度:90°　　　　　**線條選項**
路徑重疊:0mm　　筆畫寬度:0.05mm
變量:0mm　　　　　弧度:0%　　　　變量:5%
　　　　　　　　　間距:0.5mm　　變量:0.5mm

②	透明度

一般/不透明度:30%

6 在上層放置放射狀漸層

執行『**編輯/貼至上層**』命令 **①**,將長方形路徑的**填色**設定為放射狀漸層 **②**。

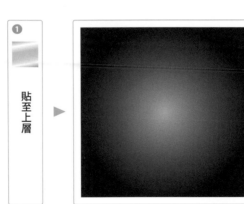

貼至上層

②	漸層

類型:放射狀
外觀比例:100%

● M35、Y70
位置 0%

● C43、M87、Y83、K24
位置 100%

Finish 移動放射狀漸層表現銅板的微弱光澤

使用**漸層工具**,將放射狀漸層的原點位置移至右下方,擴大漸層範圍後 **①**,在**透明度**面板,設定**漸變模式:色彩增值、不透明度 40%**,完成範例 **②**。

②	透明度

漸變模式:色彩增值
不透明度:40%

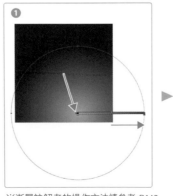

※漸層註解者的操作方法請參考 P146

此範例是由 4 層物件構成。

VARIATION

在金屬板打洞的沖孔加工

這是在金屬板打出多個孔洞的沖孔金屬紋理。與塗抹效果製作的垂直線組合，完成帶有金屬質感的立體紋理。

⊤ 範例資料夾 ■ 34

▶ 這是使用塗抹效果的金屬板應用範例。先用變形效果製作出孔洞，再進行排列，完成打在金屬板上的無數小孔。
最後套用陰影效果，表現金屬板的立體厚度。

---

1 在基本的長方形路徑上填入灰色的線性漸層

使用**矩形工具**建立**寬度：200mm**、**高度：200mm** 的長方形路徑 ❶，
長方形的**填色**設定成 **100°** 線性漸層 ❷。
執行『**編輯/拷貝**』命令 ❸，接著執行『**編輯/貼至上層**』命令 ❹。

❶ 矩形

寬度：200mm　高度：200mm

矩形	
寬度(W)：	200 mm
高度(H)：	200 mm

❷ 漸層　　類型：線性，角度：100°

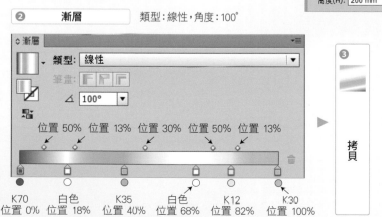

位置 50%　位置 13%　位置 30%　位置 50%　位置 13%

K70　　　白色　　　K35　　　白色　　　K12　　　K30
位置 0%　位置 18%　位置 40%　位置 68%　位置 82%　位置 100%

❸ 拷貝　　　▶　　　❹ 貼至上層

2 在貼上的長方形路徑套用塗抹效果

長方形路徑的**填色**設定成 **K30%** ❶，執行『**效果/風格化/塗抹**』命令，在貼上的長方形路徑套用塗抹效果 ❷。

3 合成塗抹線條與下層的漸層效果

在**透明度**面板，設定**漸變模式：色彩增值、不透明度：100%**。以色彩增值合成套用塗抹效果的上層長方形路徑以及背景的長方形路徑 ❶。

❶ ★填色：K30%

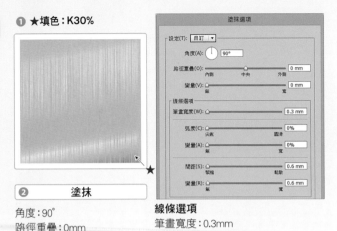

❷ 塗抹

角度：90°
路徑重疊：0mm
變量：0mm

線條選項
筆畫寬度：0.3mm
弧度：0% 變量：0%
間距：0.6mm 變量：0.6mm

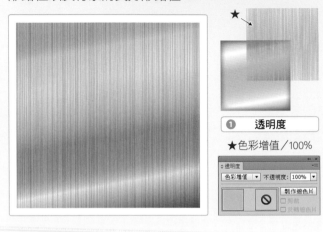

❶ 透明度

★色彩增值／100%

4 在物件的中央放置橢圓形

執行『**編輯/貼至上層**』命令 ❶，接著執行『**效果/轉換為以下形狀/橢圓**』命令，在物件中央製作 **2.8mm** 的橢圓形 ❷。

❶ 貼至上層

轉換為橢圓形

❷ 轉換為以下形狀 (橢圓)

外框：橢圓形
尺寸：絕對尺寸
寬度：2.8mm 高度：2.8mm

5 將橢圓形移動至右上方

執行『**物件/擴充外觀**』命令 ❶，接著執行『**物件/變形/移動**』命令，往右上移動直徑 **2.8mm** 的橢圓形 ❷。

❶ 擴充外觀

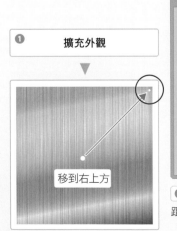

移到右上方

❷ 移動

距離：133.8mm 角度：45°

6 在橢圓形套用陰影效果

移到右上的橢圓形路徑設定**填色：C55% M45% Y40% K60% ❶**。

執行『**效果/風格化/製作陰影**』命令，設定**顏色：白色、模式：一般**，將效果套用在橢圓形路徑 ❷。

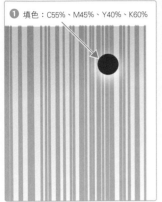

❶ 填色：C55%、M45%、Y40%、K60%

製作陰影

❷ **製作陰影**

一般／85%／0mm／0.5mm／1mm
顏色：白色

7 往下拷貝橢圓形

執行『**效果/扭曲與變形/變形**』命令，將橢圓形路徑往下移動 **8.8mm**，並且設定**複本：21 ❶**。

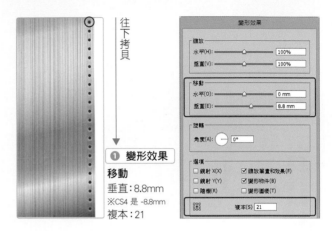

往下拷貝

❶ **變形效果**
移動
垂直：8.8mm
※CS4 是 -8.8mm
複本：21

8 往左拷貝垂直排列的橢圓形

執行『**效果/變形**』命令，重新設定變形效果★，垂直排列的橢圓形往左移動 **-8.8mm**，設定**複本：21 ❶**。

★出現提醒視窗後，
請按下**套用新效果**鈕 →

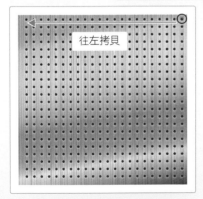

往左拷貝

❶ **變形效果**

移動　水平：-8.8mm
　　　　　垂直：0mm
　　　　　複本：21

Finish 往左下拷貝排成網格狀的橢圓形

最後，執行『**物件/變形/移動**』命令，套用在橢圓形路徑上。往左下移動／拷貝排列整齊的橢圓形，完成範例 ❶。

往左下方拷貝

❶ **移動**

距離：6.2mm　角度：-135°
※按下**拷貝**鈕

SECTION

09 08 07 06 05 04 03 02 01

35

TEXTURE

光澤強烈的
咖啡色系波紋

這是以隨機變化的顏色及光澤感為最人特色的咖啡色系波紋。以展開漸變製作出來的「層次」為基礎，再加上各種配色，完成帶有立體感的紋理。

範例資料夾 ■ 35

RANDOM WAVE

▶此範例的重點是，使用「隨機變更色彩順序」。「重新上色圖稿」可以更改顏色、飽和度、亮度的順序，「個別變形」能調整擺放位置，後者是套用在完成光澤效果的物件上。

1 以線性漸層製作金屬板的基本形狀

使用**矩形工具**建立**寬度：4mm**、**高度：200mm** 的長方形路徑 ❶。執行『**物件/變形/移動**』命令，往右移動 **98mm**／拷貝長方形路徑 ❷，按住 [Ctrl]（[command]）+[D] 鍵，重複執行移動／拷貝 ❸。

排列 ❶❷❸ 的 3 個物件後，請參考右圖，設定 3 種填色。

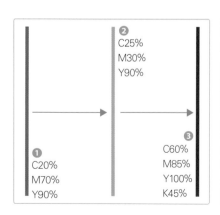

❷
C25%
M30%
Y90%

❶
C20%
M70%
Y90%

❸
C60%
M85%
Y100%
K45%

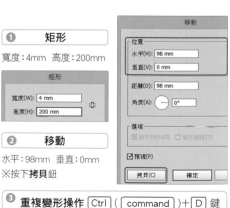

❶ **矩形**

寬度：4mm 高度：200mm

矩形

寬度(W)：4 mm
高度(H)：200 mm

❷ **移動**

水平：98mm 垂直：0mm
※按下**拷貝**鈕

❸ **重複變形操作** [Ctrl]（[command]）+[D] 鍵

移動

位置
水平(H)：98 mm
垂直(V)：0 mm

距離(D)：98 mm
角度(A)：0°

選項
☑變形物件(O) ☐變形圖樣(T)

☑預視(P)

拷貝(C)　確定

2 對 3 個長方形製作漸變→展開

執行『**物件/漸變/漸變選項**』命令,設定**間距:指定階數 90** ❶。
使用**選取工具**選取剛才製作的 3 個長方形,執行『**物件/漸變/製作**』命令 ❷,再執行『**物件/漸變/展開**』命令 ❸。

❶ 漸變選項

指定階數:90

3 隨機改變色彩、飽和度、亮度

執行『**編輯/編輯色彩/重新上色圖稿**』命令,依序按下交談窗內的★圖示 ❶ ❷,隨機調整色彩、飽和度、亮度。
接著執行『**編輯/編輯色彩/飽和度**』命令,設定**強度:-15%** ❸。

❶ 隨機變更色彩順序　❷ 隨機變更飽和度和亮度

❶ 隨機變更色彩順序

▼

❷ 隨機變更飽和度和亮度

▼

❸ 飽和度

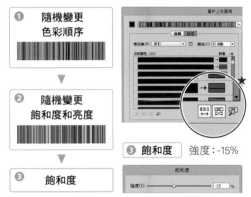

❸ 飽和度　強度:-15%

4 套用彎曲 (旗形)

選取全部物件,執行『**編輯/拷貝**』命令 ❶,接著執行『**物件/解散群組**』命令 ❷,再執行『**效果/彎曲/旗形**』命令,設定**垂直、彎曲:100%**,變形物件 ❸。

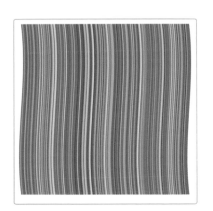

❶ 拷貝　▶　❷ 解散群組

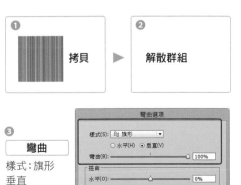

❸ 彎曲

樣式:旗形
垂直
彎曲:100%

5 將貼上的物件轉換成長方形

執行『**編輯/貼至上層**』命令 ❶，按下**路徑管理員**面板的**聯集**鈕 ❷。接著執行『**物件/路徑/簡化**』命令，減少物件上多餘的錨點 ❸，再執行『**編輯/拷貝**』命令 ❹。

TIPS **路徑簡化**

減少直線上多餘的錨點。
★此範例：732pt→6pt

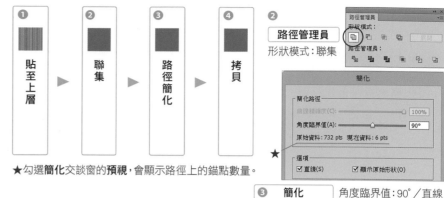

❶ ❷ ❸ ❹

貼至上層 ▶ 聯集 ▶ 路徑簡化 ▶ 拷貝

路徑管理員
形狀模式：聯集

★勾選**簡化**交談窗的**預視**，會顯示路徑上的錨點數量。

簡化
角度臨界值：90°／直線

6 以「色彩增值」合成線性漸層

將貼至上層的長方形路徑**填色**設定為 **90°** 線性漸層 ❶。**透明度**面板的**漸變模式**設定為**色彩增值** ❷。

❷ **透明度**

漸變模式：色彩增值
不透明度：100%

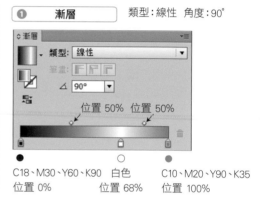

❶ **漸層** 類型：線性 角度：90°

類型：線性
角度：90°

位置 50% 位置 50%

C18、M30、Y60、K90　白色　C10、M20、Y90、K35
位置 0%　位置 68%　位置 100%

7 以色彩增值合成放射狀漸層

執行『**編輯/貼至上層**』命令 ❶，長方形路徑的**填色**設定為**放射狀漸層** ❷。**透明度**面板的**漸變模式**設為**色彩增值** ❸，使用**漸層工具**擴大漸層範圍 ❹。

❸ **透明度**

漸變模式：色彩增值
不透明度：100%

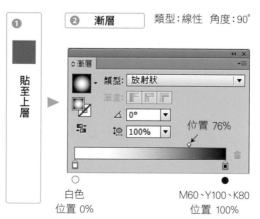

❶

貼至上層 ▶

❷ **漸層** 類型：線性 角度：90°

類型：放射狀
角度：0°
100%
位置 76%

白色　M60、Y100、K80
位置 0%　位置 100%

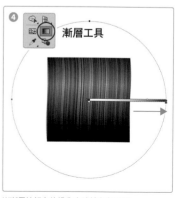

❹ **漸層工具**

※漸層註解者的操作方法請參考 P146

8 在物件上放置用來表現光澤的長方形

使用**矩形工具**建立**寬度：1.12mm**、**高度：135mm**、**填色：白色**的長方形路徑，請參考右圖，將長方形放在物件的左邊 ❶。

執行『**效果/扭曲與變形/變形**』命令，往右移動 **1.72mm**，並且設定**複本：116**，拷貝長方形 ❷。

矩形
寬度(W)：1.12 mm
高度(H)：135 mm

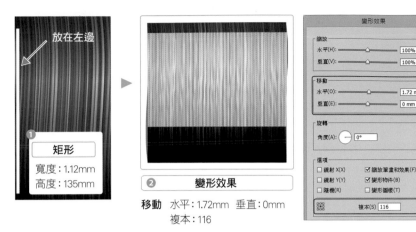

放在左邊

矩形
寬度：1.12mm
高度：135mm

❷ 變形效果

移動 水平：1.72mm 垂直：0mm
複本：116

---

9 使用「個別變形」隨機擺放長方形

依序執行『**物件/擴充外觀**』命令 ❶及執行『**物件/解散群組**』命令 ❷。接著執行『**物件/變形/個別變形**』命令，往垂直方向隨機擺放長方形 ❸。

❸ 在選取全部隨機移動後的長方形狀態，執行 Finish 步驟。

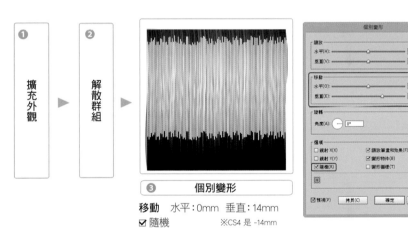

❶ 擴充外觀　❷ 解散群組

❸ 個別變形

移動 水平：0mm 垂直：14mm
☑ 隨機 　　※CS4 是 -14mm

Finish 讓呈現出光澤感的長方形融入背景，完成範例

將隨機移動後的長方形路徑**填色**設定成使用不透明效果的 **90°** 線性漸層 ❶，執行『**效果/風格化/羽化**』命令，套用在長方形路徑，完成範例 ❷。

❷ 羽化

半徑：0.3mm

羽化
半徑(R)：0.3 mm
☑ 預視　確定　取消

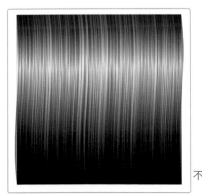

❶ 漸層　類型：線性 角度：90°

◇ 漸層
類型：線性
筆畫：
∠ 90°
位置 65%　位置 48%

○ 白色 不透明度 0% 位置 0%
○ 白色 不透明度 100% 位置 68%
○ 白色 不透明度 0% 位置 100%

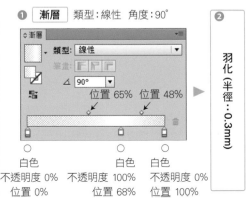

❷ 羽化（半徑…0.3mm）

35B

VARIATION

隨機變化的
綠色系直線條

這是以直線為主題，改變
成不同顏色的紋理。合成 3
種漸層，完成彎曲成酒桶
狀的立體紋路。

⊥ 範例資料夾 ■ 35

RANDOM LINE

▶ 此範例使用了 P195-3 製作的物件來執行後續的步驟。關鍵在於使用「重新上色圖稿」，將顏色更改成綠色時，要按下**編輯**模式的「連結色彩調和顏色」。

1 使用「重新上色」圖稿來調整顏色

選取 **P195-3** 製作的物件，執行『**編輯/編輯色彩/重新上色圖稿**』命令，將交談窗切換成**編輯**模式 ❶，按下「**連結色彩調和顏色**」❷。直接調整**高**、**S**、**B** 值 ❸，更改顏色 (請參考 **P247-5**)。

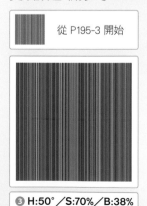

從 P195-3 開始

❸ H:50° ／S:70%／B:38%

2 將貼上的物件更改成長方形

依序執行『**編輯/拷貝**』命令及執行『**編輯/貼至上層**』命令 ❶。按下**路徑管理員**面板的**聯集**鈕 ❷，接著執行『**物件/路徑/簡化**』命令，減少多餘的錨點 ❸，再執行『**編輯/拷貝**』命令 ❹。

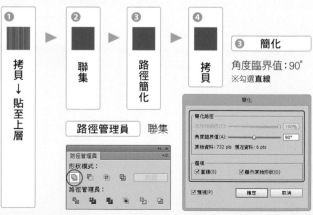

❸ 簡化
角度臨界值：90°
※勾選直線

3 以實光合成線性漸層

將上層長方形路徑的**填色**設定成 **90°** 線性漸層 ❶，把**透明度**面板的**漸變模式**設定成**實光** ❷。

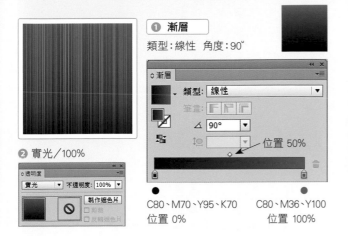

❶ **漸層**
類型：線性　角度：90°

❷ **實光／100%**

C80、M70、Y95、K70
位置 0%

C80、M36、Y100
位置 100%

4 以「色彩增值」合成線性漸層

執行『**編輯/貼至上層**』命令，將長方形路徑的**填色**設定成 **0°** 線性漸層 ❶，把**透明度**面板的**漸變模式**設成**色彩增值** ❷。

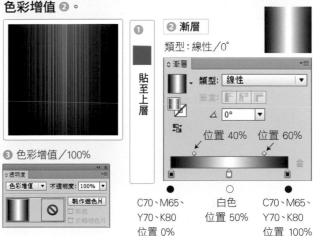

❶ 貼至上層

❷ **漸層**
類型：線性／0°

位置 40%　位置 60%

❸ 色彩增值／100%

C70、M65、
Y70、K80
位置 0%

白色
位置 50%

C70、M65、
Y70、K80
位置 100%

5 以「實光」合成放射狀漸層

執行『**編輯/貼至上層**』命令 ❶，將長方形路徑的**填色**設定成**外觀比例 100%** 的放射狀漸層 ❷。使用**漸層工具**，將漸層的原點位置往上移動 ❸，再把**透明度**面板的**漸變模式**設定成**實光** ❹。

※漸層註解者的操作方法請參考 **P146**

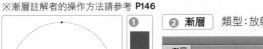

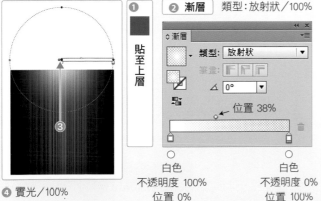

❶ 貼至上層

❷ **漸層**　類型：放射狀／100%
類型：放射狀
⊿ 0°
位置 38%

❹ 實光／100%

白色
不透明度 100%
位置 0%

白色
不透明度 0%
位置 100%

Finish 以漸層裝飾長方形的上下邊緣

在物件上下分別放上**寬度：200mm**、**高度：1mm** 的長方形路徑 ❶。最後將長方形路徑的**填色**設定成使用不透明效果的**線性**漸層，完成範例 ❷。

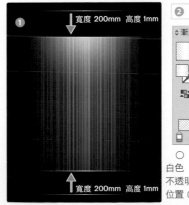

❶ 寬度 200mm 高度 1mm
寬度 200mm 高度 1mm

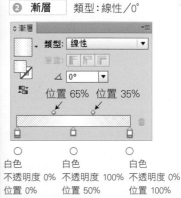

❷ **漸層**　類型：線性／0°
類型：線性
⊿ 0°
位置 65%　位置 35%

白色
不透明度 0%
位置 0%

白色
不透明度 100%
位置 50%

白色
不透明度 0%
位置 100%

SECTION

36

09
08
07
06
05
04
03
02
01

TEXTURE

柏油路上的路標

這是以 Photoshop 效果 (砂岩／裂縫紋理／潑濺) 製作而成的柏油紋理。將範例圖示與柏油地面融合，完成精緻的紋理。

範例資料夾 ■ 36

▶ 為了掌握柏油路的合成效果，特別加上路標圖示，當作範例。利用重疊讓柏油路的凹凸感與圖示自然融合。

1 柏油路的特效…1
紋理化 (砂岩)

使用 **矩形工具** 建立 **寬度：200mm、高度：200mm** 的長方形路徑 (填色：K60%) ❶。執行『**編輯/拷貝**』命令 ❷，接著執行『**效果/紋理/紋理化**』命令，設定 **紋理：砂岩**，在長方形路徑套用效果 ❸。

利用砂岩讓表面產生密集的凹凸效果

填色：K60%

❶ 矩形

寬度：200mm 高度：200mm

矩形	
寬度(W):	200 mm
高度(H):	200 mm

拷貝

❷

化 (100%)

確定
取消

紋理化

紋理(T)： 砂岩
縮放(S)： 200 %
浮雕(R)： 7

光源(L)： 頂端
□反轉(I)

■ 紋理化

❸ 紋理化

砂岩／200%
浮雕：7/頂端

2 柏油路的特效⋯2
裂縫紋理→潑濺

執行『**效果/紋理/裂縫紋理**』命令，設定**裂縫間距：43、裂縫深度：0、裂縫亮度：10**，在長方形路徑套用效果 ❶，接著執行『**效果/筆觸/潑濺**』命令，製作出柏油路的地面 ❷。

再執行『**編輯/貼至上層**』命令 ❸。

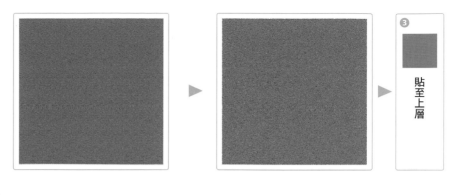

貼至上層 ❸

TIPS 更換效果

上下拖曳**外觀**面板左邊的「眼睛」圖示，可以改變效果的順序。

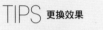

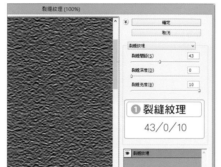

❶ 裂縫紋理

43／0／10

❷ 潑濺

23／14

3 將貼上的路徑填色更改成放射狀漸層

將貼至上層的長方形**填色**設定為**外觀比例 100%** 的放射狀漸層 ❶，使用**漸層工具**，擴大放射狀漸層的範圍 ❷。

★漸層工具
將漸層註解者右邊的 ◆（往右拖曳，擴大漸層範圍。

❶　漸層
類型：放射狀
外觀比例：100°

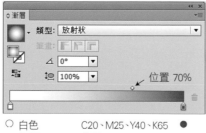

位置 70%

○ 白色　　　　C20、M25、Y40、K65 ●
位置 0%　　　位置 100%

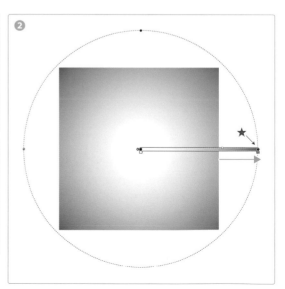

❷

★

4 將樣本圖示放在物件中央

使用**透明度**面板,將放射性漸層設定成**漸變模式:色彩加深、不透明度:100%** ❶。接著將**路標圖示★**(**R66.ai**、填色:**K100%**)放在物件的中央 ❷,執行『**編輯/拷貝**』命令 ❸。

★ 樣本圖示(檔案名稱:R66.ai ※收錄在資料夾 36)。

★ R66.al 放在中央
填色:K100%

拷貝

❶ **透明度**

色彩加深
不透明度:100%

5 以重疊(黑色/50%)合成柏油路

使用**透明度**面板,將路標圖示設定成**漸變模式:覆蓋、不透明度:50%**,與柏油路合成 ❶,接著執行『**編輯/貼至上層**』命令 ❷。

貼至上層

❶ **透明度**

覆蓋
不透明度:50%

Finish 以「重疊」模式(白色/100%)合成柏油路

將貼至上層的圖示填色設定為使用不透明效果的**放射狀**漸層 ❶。最後,將**透明度**面板的**漸變模式**設定為**重疊(不透明度 100%)**,完成範例 ❷。

❷ **透明度**

重疊
不透明度:100%

❶ **漸層**

類型:放射狀 外觀比例:100%

位置 70%

○ 白色
不透明度 100%
位置 0%

○ 白色
不透明度 70%
位置 100%

Vintage Wrapping Paper (AMERICAN PATRIOT)

37   P.204

38   P.207

38B   **VARIATION**   P.210

THE BULLET HOLES
BROKEN GLASS

39   P.212

The Second Section

材質特效

Section 07

褪色的老式復古風格

VINTAGE

40   P.216

INKSPOT

Ink spot and Plywood

41   P.220

PLAID

42   P.225

RETRO-VINTAGE

43   P.230

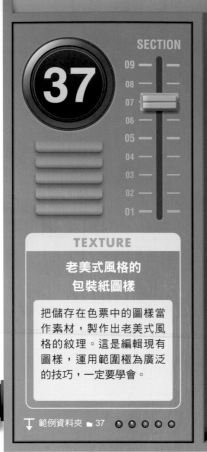

SECTION

37

TEXTURE

老美式風格的 包裝紙圖樣

把儲存在色票中的圖樣當作素材，製作出老美式風格的紋理。這是編輯現有圖樣，運用範圍極為廣泛的技巧，一定要學會。

範例資料夾 ■ 37

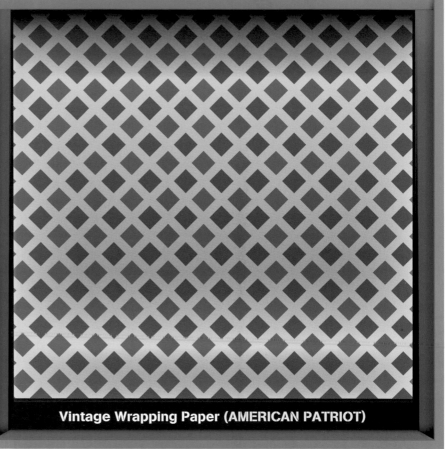

Vintage Wrapping Paper (AMERICAN PATRIOT)

▶ 使用的圖樣是，儲存在**裝飾舊版**內的「格點上格點顏色」。不同的 Illustrator 版本，**色票**資料庫及圖樣名稱可能與本文不一樣，請特別注意。

1 從「色票」面板叫出要使用的色票資料庫

開啟**色票**面板右上方的選項選單 ★ ❶，執行『**開啟色票資料庫/ 圖樣/裝飾**』命令，選擇**裝飾舊 版** (CC、CS6) ❷。

❷ CS5、CS4、CS3 的面板 (資料庫) 名稱是「裝飾_幾何圖形 2」。

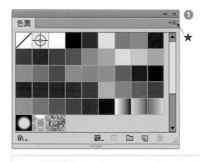

CC、CS6	執行『**開啟色票資料庫/圖樣/裝飾/裝飾舊版**』命令	
CS5、CS4、CS3	執行『**開啟色票資料庫/圖樣/裝飾/裝飾 _ 幾何圖形 2**』命令	

2 將圖樣套用在長方形路徑

使用**矩形工具**建立**寬度**：
120mm、**高度**：**120mm** 的長方
形路徑 ❶。將長方形路徑的**填色**
設定成**色票**面板叫出來的圖樣**格
點上格點顏色**（筆畫：無）❷。

此時，圖樣會新增至**色票**面
板 ❸。

❷ CS5、CS4、CS3 的圖樣名稱是「**彩
色的格點間格點**」。

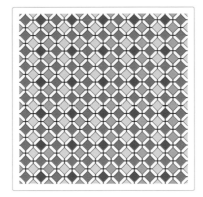

CC、CS6
格點上格點顏色

CS5、CS4、CS3
彩色的格點間格點

❶ 矩形
寬度：120mm
高度：120mm

矩形	
寬度(W)：	120 mm
高度(H)：	120 mm

3 將圖樣拖曳到工作區域內

把新增至**色票**面板中的圖樣拖放
到工作區域 ❶。

使用**群組選取工具**選取左下方
的路徑，執行『**選取/相同/填色
顏色**』命令 ❷，將路徑設定成
填色：**M18%**、
Y26%、**筆畫**：
無 ❸。

CS5/CS4

DRAG & DROP

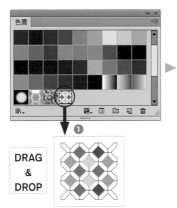
❷ ＋群組選取工具
選取相同填色顏色

❸
填色：M18%、Y26%
筆畫：無

4 選取路徑並且更改圖樣的
填色

按住 [Shift] 鍵不放，使用**群組選
取工具**選取水平排列的 **6** 個長
方形路徑，路徑的**填色**設定成
C82%、**M46%**、**Y50%** ❶。

同樣選取垂直排
列的 **6** 個長方形
路徑，路徑**填色**
設定為 **M82%**、
Y72% ❷。

CS5/CS4

[Shift] ＋ ＋
選取
多個路徑
↓
改變填色

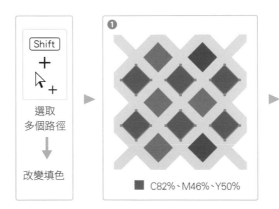
❶
■ C82%、M46%、Y50%

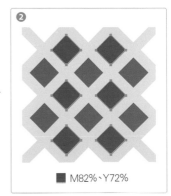
❷
■ M82%、Y72%

5 將完成色彩編輯後的圖樣
拖放回「色票」面板

將編輯後的物件拖放至**色票**面板
（儲存成新圖樣）❶。把 **P205-2**
製作的長方形路徑 ❷ **填色**更改
成儲存在**色票**面板的圖樣 ❸。

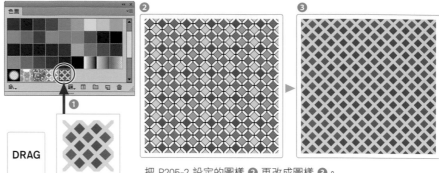

把 P205-2 設定的圖樣 ❷ 更改成圖樣 ❸。

6 在圖樣上層放置漸層 (路徑)

依序執行『**編輯/拷貝**』命令及
執行『**編輯/貼至上層**』命令 ❶
，將貼上路徑的**填色**設定成 **90°**
線性漸層 ❷。

拷貝

↓

貼至上層

❷ 漸層　　類型：線性　角度：90°

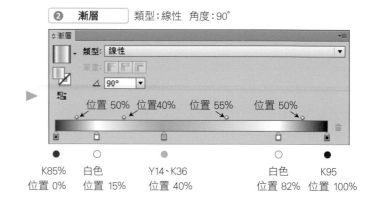

位置 50%　位置40%　位置 55%　　位置 50%

● K85% 位置 0%
○ 白色 位置 15%
● Y14、K36 位置 40%
○ 白色 位置 82%
● K95 位置 100%

Finish 合成漸層 (路徑) 完成範例

使用**透明度**面板，將上層路徑
（漸層）的**漸變模式**設定為**色彩增
值** ❶。執行『**效果/風格化/內光
暈**』命令，套用至上層路徑（漸
層），完成範例 ❷。

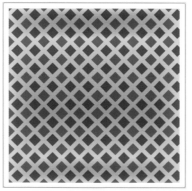

❶ 透明度

漸變模式：色彩增值
不透明度：100%

❷ 內光暈

濾色／光暈顏色：白色
不透明度：100%
模糊：18mm／邊緣

SECTION

38

TEXTURE

用塗抹效果
製作刮痕紋理

這是利用塗抹效果製作出來刮痕紋理。發揮 Photoshop 效果中的「海綿效果」，製造粗糙狀態，完成別有一番「味道」的老式紋理。

⊤ 範例資料夾 ■ 38 ○ ○ ○ ○ ○

▶「粗糙海綿」可以營造出老式風格。製作的訣竅是：放大點陣化後的影像。當像素放大到顯眼的狀態，再使用「潑濺」來調整粗糙度，這種手法比較罕見。

---

1 在長方形路徑的填色套用放射狀漸層

使用 **矩形工具** 建立 **寬度：200mm**、**高度：200mm** 的長方形路徑 ❶。將長方形路徑的**填色**設定成 **外觀比例 0%** 的放射狀漸層 (**筆畫：無**) ❷。

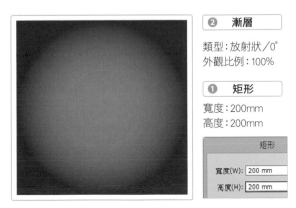

❷ 漸層

類型：放射狀／0°
外觀比例：100%

❶ 矩形

寬度：200mm
高度：200mm

矩形	
寬度(W)：	200 mm
高度(H)：	200 mm

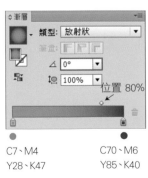

◇漸層

類型：放射狀

△ 0°

↕ 100%　位置 80%

●　　　　　●
C7、M4　　C70、M6
Y28、K47　Y85、K40

2 使用漸層工具放大放射狀漸層

使用**漸層工具**擴大長方形路徑設定的漸層範圍 ❶。

依序執行『**編輯/拷貝**』命令及執行『**編輯/貼至上層**』命令 ❷ ❸。將貼上路徑的**填色**設定成**白色** ❹。

※ 漸層註解者的操作方法請參考 P146。

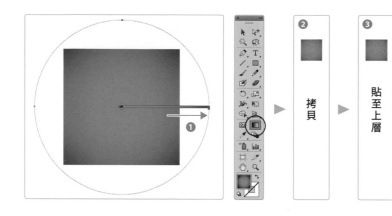

拷貝 ▶ 貼至上層 ▶ 填色更改成白色

3 以塗抹效果製作出摩擦後的「刮痕」

對貼至上層的長方形路徑執行『**效果/風格化/塗抹**』命令。(此範例設定刮痕的深度為 **0.06mm**) ❶。

在**透明度**面板設定**漸變模式:柔光、不透明度:80%**,與下層的漸層效果合成 ❷。

★ 此範例在最下層放置了 **K85%** 的長方形路徑,顯示超出漸層的「線條」。

❶ 塗抹
角度:90°
路徑重疊:0mm
變量:0mm
線條選項
筆畫寬度:0.06mm
弧度:0%
變量:95%
間距:1.2mm
變量:0.6mm

❷ 透明度
柔光/80%

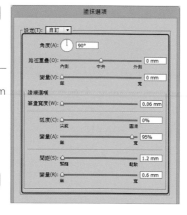

4 在縮小 8% 的長方形路徑套用海綿效果

執行『**編輯/貼至上層**』命令,將路徑**填色**設定成 **K50%** ❶。
接著執行『**物件/變形/縮放**』命令,將貼上的路徑縮小 **8%** ❷。
再執行『**效果/藝術風/海綿效果**』命令 ❸。
執行『**物件/點陣化**』命令,將海綿效果點陣化(**背景:白色、解析度:300ppi**、製作剪裁遮色片)❹。

貼至上層
▼
❶ 填色設定為 K50%
▼
❷ 縮小 8%

❸ 海綿效果
筆刷:2/25/1

❹ 點陣化
解析度:高 (300ppi) /白色
最佳化線條圖 (超取樣)
☑ 製作剪裁遮色片/0mm

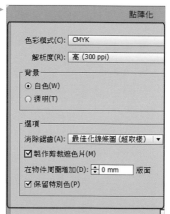

5 以「潑濺」效果抹平粗糙的海綿紋理

請執行『**物件/變形/縮放**』命令，將點陣化後的物件放大為 **1250%** 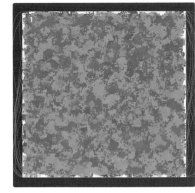 ❶。

對放大後的物件執行『**效果/模糊/高斯模糊**』命令，套用**半徑：1 像素**的模糊效果 ❷，再執行『**效果/筆觸/潑濺**』命令，抹平放大後的像素粗糙度 ❸。

❶ **縮放**
一致：1250%

❷ **高斯模糊**
半徑：1 像素

❸ **潑濺**
潑濺強度：10
平滑度：7

6 以「色彩加深」合成點陣化後的物件

使用**透明度**面板，將點陣化後的物件設定成**漸變模式：色彩加深、不透明度：80%** ❶。

執行『**編輯/貼至上層**』命令 ❷，接著執行『**選取/全部**』命令 ❸，再執行『**物件/剪裁遮色片/製作**』命令 ❹。

❷ 貼至上層 ▶ ❸ 選取全部 ▶ ❹ 製作剪裁遮色片

❶ **透明度**
色彩加深/80%

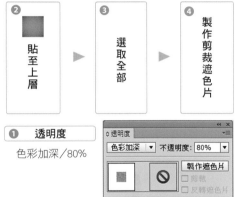

Finish 在物件四周放置鏡珠完成範例

使用**橢圓形工具**建立**寬度：3mm、高度：3mm、填色：C17%、M27%、Y83%、K80%** 的橢圓形路徑 ❶。接著執行『**效果/風格化/製作陰影**』命令，將效果套用在橢圓形路徑，放在紋理四周，完成範例 ❷。

 ❶ **橢圓形**
寬度：3mm
高度：3mm

❶ 橢圓形
寬度(W)：3 mm
高度(H)：3 mm

● 填色：C17%、M27%、Y83%、K80%

❷ **製作陰影**
色彩增值/100/2mm/2mm
模糊：0.5mm
顏色：黑色

38B

VARIATION

改變塗抹角度的
藍色刮痕紋理

以 P207 的範例為基礎，
製作出橫向刮痕的應用範
例。增加 90° 線性漸層，
表現陰暗的「髒污」效
果。

範例資料夾 ■ 38

Blue Scratches...

▶ 這裡從 P206（① 以色彩加深合成～）開始說明操作步驟。主要的重點是，下層物件的編輯步驟以及從**外觀**面板叫出**塗抹選項**的操作方式。

---

1 選取圖層面板最下層的長方形路徑

（從 **P206** 開始）從最上層的長方形路徑為**色彩加深／80%** 的狀態開始執行操作步驟。按下**圖層**面板（圖層1）的 ►，顯示 Ⓐ 的子圖層，再按下◎，選取最下層的長方形路徑 ①。執行『**編輯/拷貝**』命令 ②。

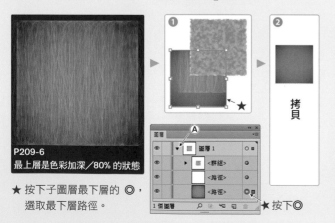

P209-6
最上層是色彩加深／80% 的狀態

① ★

② 拷貝

Ⓐ

1 個圖層 ★ 按下◎

★ 按下子圖層最下的 ◎，
選取最下層路徑。

2 更改最下層的漸層

使用**漸層工具**更改最下層長方形路徑的**填色**（調整左右的色標）①。

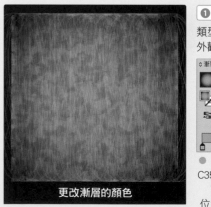

更改漸層的顏色

① 漸層

類型：放射狀
外觀比例：100%

漸層
類型：放射狀
0°
位置 80%

C35、M24
Y23
位置 0%

C89、M72
Y60、K28
位置 100%

3 開啟「塗抹選項」改變角度

按下**圖層**面板（子圖層）的第 2 層◎，選取長方形路徑（**填色：白色**）❶。開啟**外觀**面板中的「塗抹」交談窗（塗抹選項），將角度調整成 **0°** ❷。

❶ 按一下

★ 雙按塗抹名稱，開啟交談窗

❷ **塗抹** 角度：0°

塗抹的角度改成 0°

4 將套用漸層的長方形放在上層

執行『**選取/取消選取**』命令，接著執行『**編輯/貼至上層**』命令 ❶，將貼上的長方形路徑**填色**設定成 **90° 線性**漸層 ❷。

❶ 貼至上層

❷ **漸層**

類型：線性　角度：90°

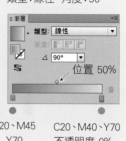

位置 50%

C20、M45 Y70
不透明度 0%
位置 0%

C20、M40、Y70
不透明度 0%
位置 100%

設定成 90° 線性漸層

5 以網屏／50% 合成最上層的路徑

使用**透明度**面板，把最上層的長方形路徑設定為**漸變模式：網屏、不透明度：50%** ❶。

以網屏（漸變模式）合成

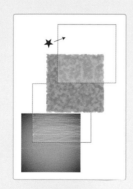

❶ **透明度**

★漸變模式：網屏
不透明度：50%

Finish 製作剪裁遮色片→執行 P209-Finish

執行『**編輯/貼至上層**』命令 ❶，接著執行『**選取/全部**』命令 ❷，再執行『**物件/剪裁遮色片/製作**』命令 ❸。最後在四邊放置鏡珠（**P209-Finish**），完成範例 ❹。

製作剪裁遮色片

❶ 貼至上層

❷ 選取全部

❸ 製作剪裁遮色片

❹ 執行 P209 Finish

SECTION

09
08
07
06
05
04
03
02
01

39

TEXTURE

貫穿玻璃的
彈孔紋理

這是利用路徑的扭曲與變形 (鋸齒化、粗糙效果) 以及彎曲 (魚眼) 製作而成的彈孔紋理。在有光澤的銀色外框中，放上子彈，表現玻璃被打穿的效果。

範例資料夾 ■ 39

THE BULLET HOLES
BROKEN GLASS

▶合併使用「封套扭曲」與效果中的「彎曲」是為了避免出現提醒視窗 (重複使用效果)。假如希望製作出和範例一樣的效果，請勾選**封套選項**的「扭曲外觀」。

---

1 在正方形路徑套用橢圓形漸層

使用**矩形工具**建立**寬度：200mm、高度：200mm** 的長方形路徑 ❶。長方形路徑的**填色**設定為**外觀比例：100%** 的**放射狀漸層** ❷。

❷ 漸層

類型：放射狀／0°
外觀比例：100%

❶ 矩形

寬度：200mm
高度：200mm

矩形

寬度(W)： 200 mm
高度(H)： 200 mm

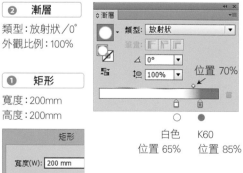

◇漸層

類型： 放射狀

△ 0°

位置 70%

○　　　●
白色　　K60
位置 65%　位置 85%

2 以漸層工具擴大放射狀漸層

使用**漸層工具**適當擴大長方形路徑內的放射狀漸層 ❶。

依序執行『**編輯/拷貝**』命令及執行『**編輯/貼至上層**』命令 ❷ ❸。

※ 漸層註解者的操作方法請參考 P146。

拷貝

貼至上層

3 重疊漸層製作出銀色邊框

執行『**物件/變形/縮放**』命令，將貼至上層的長方形路徑縮小**98.5%** ❶。利用**漸層**面板改變長方形路徑的**填色** ❷。

★此範例在最下層放置了 **K90%** 的長方形路徑。

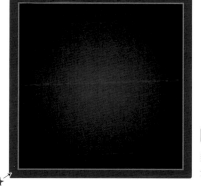

縮小
98.5%

❷ 漸層

類型：放射狀
外觀比例：100%

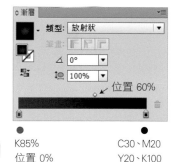

❶

● K85%
位置 0%

● C30、M20
Y20、K100
位置 100%

4 使用鋸齒化變形橢圓形路徑

使用**橢圓形工具**建立**寬度：50mm**、**高度：50mm**、**填色：無**、**筆畫：白色**、**筆畫寬度：0.3pt** 的橢圓形路徑 ❶。

執行『**效果/扭曲與變形/鋸齒化**』命令，讓橢圓形路徑變成直線 ❷。

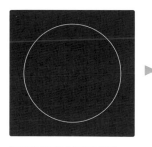

❶ 橢圓形

寬度：50mm 高度：50mm
填色：無　　筆畫：白色
筆畫寬度：0.3pt

❷ 鋸齒化

尺寸：4.5mm／絕對的
各區間的鋸齒數：50
點：尖角

5 利用粗糙效果與彎曲讓路徑變複雜

執行『**效果/扭曲與變形/粗糙效果**』命令，讓套用了鋸齒化效果（**P213 4**）的橢圓形路徑再次變形 **❶**。執行『**效果/彎曲/魚眼**』命令，將**彎曲**設定為 **-100%**，使物件變得更複雜 **❷**。

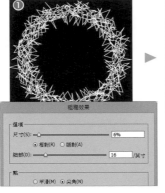

❷ 彎曲

樣式：魚眼　　**扭曲**
彎曲：-100%　水平：0%
　　　　　　　垂直：0%

❶ 粗糙效果

尺寸：6%／相對　細部：16／英寸　點：尖角

6 利用彎曲 (封套扭曲) 再次變形路徑

執行『**物件/封套扭曲/以彎曲製作**』命令，選擇**魚眼**，再次變形物件 **❶**。接著執行『**物件/封套扭曲/展開**』命令 **❷**，再執行『**效果/風格化/羽化**』命令，設定半徑：**0.1mm**，套用效果 **❸**。

❶ 彎曲 (封套扭曲)

樣式：魚眼
彎曲：-100%
扭曲
水平：0%，垂直：0%

❷ 展開封套扭曲

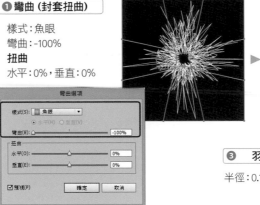

❸ 羽化

半徑：0.1mm

TIPS　**彎曲與封套扭曲**

彎曲：可以在**外觀**面板調整**外觀**效果。
封套扭曲：可以在維持彎曲變形的狀態旋轉**物件**，兩者屬性不同。

Finish 重疊 2 個變形物件，並組合在一起就完成了

執行『**物件/變形/旋轉**』命令，旋轉 **45°**／拷貝物件後 **❶**，**筆畫寬度**設定為 **0.1pt ❷**。

選取上下重疊的 **2** 個物件，執行『**物件/組成群組**』命令 **❸**。最後將物件 (群組) 放在 **P213-3** 製作的銀色外框上，完成範例。

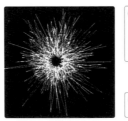

❷ 旋轉／拷貝物件，再將筆畫寬度設定為 0.1pt

❸ 組成群組

❶ 旋轉

角度：45°
※按下**拷貝**鈕

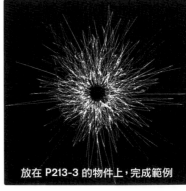

放在 P213-3 的物件上，完成範例

TIPS 製作出逼真子彈的方法

變形長方形路徑，製作出擬真子彈。
套用在基本形狀上的 **90°** 線性漸層，
是表現子彈真實質感的關鍵。

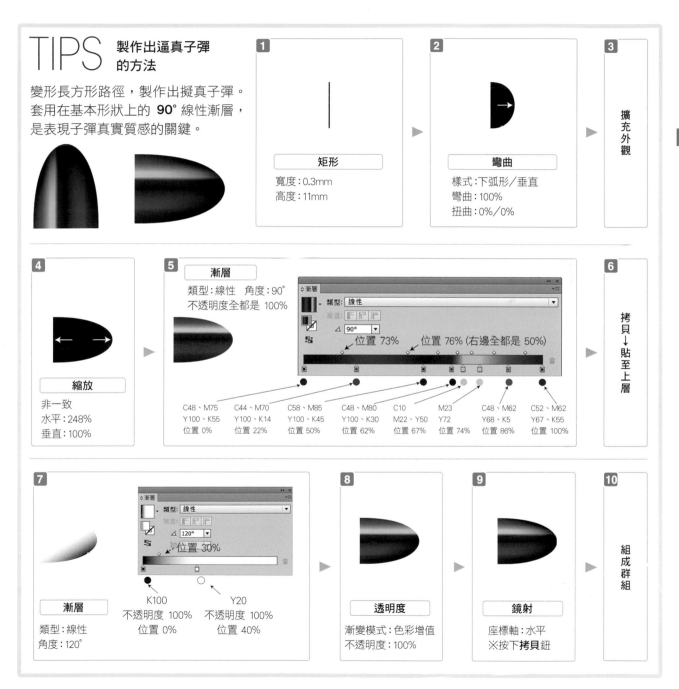

1

矩形

寬度：0.3mm
高度：11mm

2

彎曲

樣式：下弧形／垂直
彎曲：100%
扭曲：0%／0%

3

擴充外觀

4

縮放

非一致
水平：248%
垂直：100%

5 **漸層**

類型：線性　角度：90°
不透明度全都是 100%

◇ 漸層

類型： 線性

筆畫：

△ 90°

位置 73%　位置 76% (右邊全都是 50%)

C48、M75　C44、M70　C58、M85　C48、M80　C10　　M23　　C48、M62　C52、M62
Y100、K55　Y100、K14　Y100、K45　Y100、K30　M22、Y50　Y72　　Y68、K5　　Y67、K55
位置 0%　　位置 22%　　位置 50%　　位置 62%　　位置 67%　位置 74%　位置 86%　位置 100%

6

拷貝
↓
貼至
上層

7

◇ 漸層

類型： 線性

筆畫：

△ 120°

位置 30%

K100　　　　　　　Y20
不透明度 100%　　不透明度 100%
位置 0%　　　　　位置 40%

漸層

類型：線性
角度：120°

8

透明度

漸變模式：色彩增值
不透明度：100%

9

鏡射

座標軸：水平
※按下**拷貝**鈕

10

組成群組

SECTION

40

09
08
07
06
05
04
03
02
01

TEXTURE

**由條紋製成的
典雅紋理**

這是利用條紋的粗糙感來
詮釋復古風格的古典紋
理。洛可可風格的裝飾筆
刷搭配符號標誌，完成散
發濃厚懷舊感的紋理圖
示。

範例資料夾 ■ 40 ○ ○ ○ ○ ○

VINTAGE
OLD PAPER BACKGROUND

▶ 此範例的製作重點是，使用**色票**面板編輯「洛可可風格」（筆刷）的顏色。配合物件要呈現的風格，將洛可可風格的特別色改成印刷色。

---

1 從「筆刷」（符號）面板叫
出 2 種類型的面板

開啟**筆刷（符號）**面板的選項選
單★（按一下面板右上方）。執
行『**開啟筆刷（符號）資料庫**』
命令，開啟筆刷與符號等 2 種
面板 ❶❷。

❶ 從**筆刷**面板開啟「邊框→邊框_裝飾」

❷ 從**符號**面板開啟「華麗向量包」。

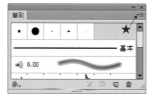

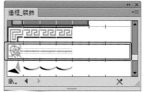

| ❶ | **筆刷面板** | 執行『**開啟筆刷資料庫/邊框/邊框_裝飾**』命令 |

| ❷ | **符號面板** | 執行『**開啟符號資料庫/華麗向量包**』命令 |

此範例是執行『**開啟筆刷資料庫（★選項選單）/邊框/邊框_裝飾**』命令，選擇「洛可可風格」。
另外，還要執行『**開啟符號資料庫（★選項選單）/華麗向量包**』命令，選擇「華麗向量包 10」。

2 套用素描濾鏡的網狀效果

使用**矩形工具**建立**寬度：200mm**、**高度：200mm** 的長方形路徑 ❶。執行『**編輯/拷貝**』命令，再執行『**編輯/貼至上層**』命令 ❷，對貼上的長方形路徑執行『**效果/素描/網狀效果**』命令 ❸。

❶ 矩形

寬度：200mm
高度：200mm

矩形

寬度(W): 200 mm
高度(H): 200 mm

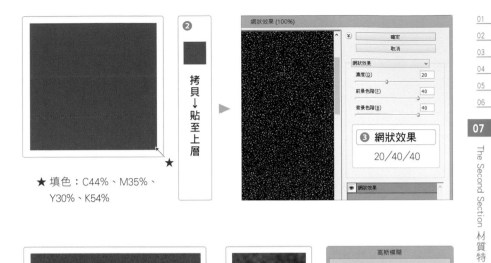

❷
拷貝
↓
貼至上層

★ 填色：C44%、M35%、
Y30%、K54%

網狀效果 (100%)

確定
取消

網狀效果

濃度(D)　20
前景色階(F)　40
背景色階(B)　40

❸ 網狀效果

20/40/40

網狀效果

3 利用「重疊」模式合成網狀效果

執行『**效果/模糊/高斯模糊**』命令，在網狀效果套用**半徑：2 像素**的模糊效果 ❶。將**透明度**面板的**漸變模式**設定為**重疊 (不透明度：100%)** ❷。

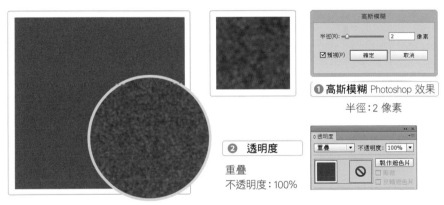

高斯模糊

半徑(R):　2　像素

☑ 預視(P)　確定　取消

❶ 高斯模糊 Photoshop 效果

半徑：2 像素

❷ 透明度

重疊
不透明度：100%

透明度

重疊　▼　不透明度：100%　▼

製作遮色片
□ 剪裁
□ 反轉遮色片

4 利用 90° 線性漸層讓物件上下變暗

執行『**編輯/貼至上層**』命令 ❶，將長方形路徑的**填色**設定為 **90° 線性漸層** ❷，把**透明度**面板的**漸變模式**設定成**色彩增值** ❸。

透明度

色彩增值　▼　不透明度：100%　▼

製作遮色片
□ 剪裁
□ 反轉遮色片

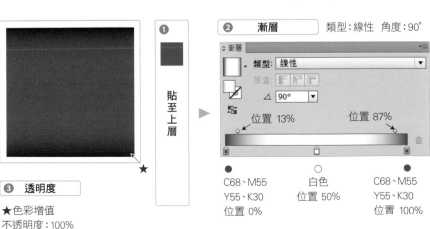

❶
貼至
上層

★

❸ 透明度

★色彩增值
不透明度：100%

❷ 漸層　類型：線性　角度：90°

漸層

類型：線性　▼

筆畫：

∠ 90° ▼

位置 13%　　　位置 87%

● C68、M55
Y55、K30
位置 0%

○ 白色
位置 50%

● C68、M55
Y55、K30
位置 100%

5 以 0° 線性漸層讓物件的左右變暗

執行『**編輯/貼至上層**』命令 **❶**。將貼上的長方形路徑**填色**設定為 **0° 線性漸層 ❷**，**透明度**面板的**漸變模式**設定為**色彩增值 ❸**。

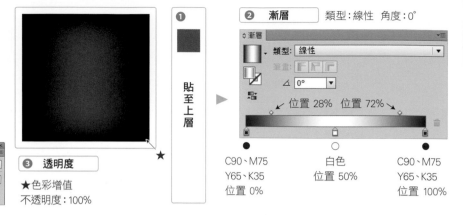

貼至上層

❶

❷ 漸層　　類型：線性　角度：0°

位置 28%　位置 72%

● C90、M75 Y65、K35 位置 0%
○ 白色 位置 50%
● C90、M75 Y65、K35 位置 100%

❸ 透明度

★色彩增值
不透明度：100%

6 在貼上的路徑套用筆刷（洛可可風格）

執行『**編輯/貼至上層**』命令 **❶**。接著執行『**物件/變形/縮放**』命令，將貼上的路徑縮小 **88% ❷**，筆畫設定為**邊框_裝飾**面板的「**洛可可風格**」**❸**，設定**填色：無**、**筆畫：白色**（寬度：**1pt**）**❹**。

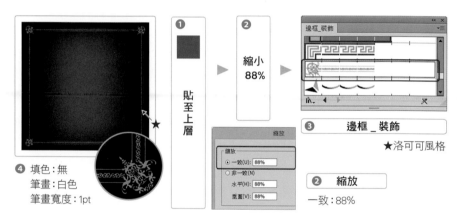

❹ 填色：無
筆畫：白色
筆畫寬度：1pt

貼至上層

❶

❷ 縮小 88%

❸ 邊框_裝飾

★洛可可風格

❷ 縮放

一致：88%

7 把洛可可風格・色彩1（特別色）改成印刷色

執行『**選取/取消選取**』命令 **❶**。雙按**色票**面板上的色票（洛可可風格・色彩1），開啟**色票選項**，將**色彩類型**改成**印刷色**，設定 **CMYK：C50%**、**M37%**、**Y32%**、**K0% ❷**。接著選取最上層的長方形路徑（洛可可風格），在**透明度**面板設定**不透明度：50% ❸**。

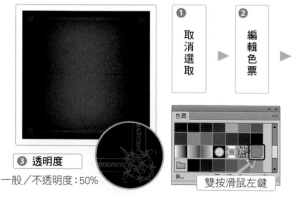

取消選取

❶

編輯色票

❷

雙按滑鼠左鍵

❸ 透明度

一般/不透明度：50%

❷ 色票選項

印刷色/C50%、M37%、Y32%

8 在物件鋪滿細緻的白色線條

使用**矩形工具**建立**寬度**：**200mm**、**高度：1.3mm**、**填色**：**白色**、**筆畫：無**的長方形路徑，利用**選取工具**放在物件上方 **❶**。

執行『**效果/扭曲與變形/變形**』命令，往下移動 **2.8mm**／拷貝長方形路徑，以白色線條填滿整個物件 (此範例是拷貝 **71** 次) **❷**。

❶   矩形

★ 寬度：200mm
高度：1.3mm
★ 填色：白色　筆畫：無

矩形
寬度(W)：200 mm
高度(H)：1.3 mm

❷   變形效果

移動 水平：0mm
垂直：2.8mm
　　 ※CS4 是 -2.8mm
複本：71

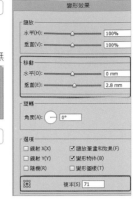

9 置入符號裝飾文字

使用**透明度**面板，將白色線條設定為**漸變模式：重疊、不透明度：12% ❶**。把**華麗向量包** (符號面板) 內的「華麗向量包 10」拖放到工作區域，再放於物件的左右兩邊 (分別旋轉／縮小) **❷**。

利用**透明度**面板，將符號設定為**漸變模式：網屏、不透明度：80% ❸**。

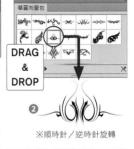

❶   透明度

★ 漸變模式：重疊
不透明度：12%

DRAG & DROP

❷
※順時針／逆時針旋轉

❸   透明度

網屏／不透明度：80%

Finish 放置文字後，以「重疊」模式合成物件

使用**文字工具**輸入文字 (**填色：白色**)，調整字型種類、字型大小，再放於物件上 **❶❷**。

最後將文字設定為**漸變模式：重疊、不透明度：100%**，完成範例。

❶ VINTAGE

❷ OLD PAPER BACKGROUND

❶ Bordeaux Roman Bold LET Plain:1.0 ※
　　　　　　 ※範例為參考值
字型大小：265Q
水平縮放：107%
填色：白色／重疊

❷ Caslon Open Face Light ※
　　　　　　 ※範例為參考值
字型大小：27Q
水平縮放：107%
填色：白色／重疊

SECTION

09 08 07 06 05 04 03 02 01

41

TEXTURE

汙點向量包的「膠合板」紋理

這是利用符號資料庫 (汙點向量包) 製作的膠合板紋理。以網線銅版表現膠合板的質感，再利用多種合成方法，完成含有超多物件的熱鬧紋理。

⊤ 範例資料夾 ■ 41 ○○○○○

INKSPOT

Ink spot and Plywood
grunge texture

▶ 模擬膠合板的「污損」狀態，再加上各種汙點向量包的個性化符號。選出適合的符號比例以及與背景自然融合的漸變模式，是決定紋理風格的重要關鍵。

---

1 從「符號」(筆刷) 面板叫出 2 種類型的面板

開啟**符號 (筆刷)** 面板的選項選單★ (按一下面板右上方)。執行『**開啟符號 (筆刷) 資料庫**』命令，叫出筆刷與符號等 **2** 種面板 ❶。

❶ 從「**符號**」面板開啟「汙點向量包」

❷ 從「**筆刷**」面板開啟「粉筆-塗抹」。

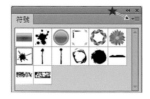
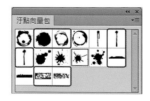
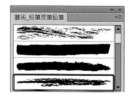

❶ 汙點向量包	執行『**開啟符號資料庫/汙點向量包**』命令
❷ 粉筆-塗抹	執行『**開啟筆刷資料庫/藝術/藝術 _ 粉筆炭筆鉛筆**』命令

此範例是從符號資料庫的「汙點向量包」中，選擇 No.02／03／06／07／12／14／15 的符號。
另外，筆刷使用的是「藝術_粉筆炭筆鉛筆」的「粉筆-塗抹」。

2 將長方形的筆畫設定成「粉筆-塗抹」

使用 **矩形工具** 建立 **寬度：200mm**、**高度：170mm** 的長方形路徑 ❶。

將長方形設定成 **填色：C17%**、**M40%**、**Y73%**、**筆畫：藝術_粉筆炭筆鉛筆**（筆刷面板）的 **粉筆-塗抹**、**筆畫：白色**、**筆畫寬度 0.5pt** ❷。

依序執行『**編輯/拷貝**』命令及執行『**貼至上層**』命令 ❸。

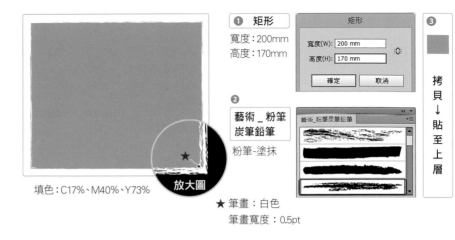

填色：C17%、M40%、Y73%

放大圖

❶ **矩形**
寬度：200mm
高度：170mm

❷ **藝術_粉筆炭筆鉛筆**
粉筆-塗抹

★ 筆畫：白色
筆畫寬度：0.5pt

❸ 拷貝 ↓ 貼至上層

3 以色彩增值 10% 合成網線銅版

將長方形路徑設定成 **填色：K50%**、**筆畫：無** ❶。

執行『**效果/像素/網線銅版**』命令，套用「**長筆觸**」❷，在 **透明度** 面板設定 **漸變模式：色彩增值**、**不透明度：10%** ❸。

在貼上的路徑套用網線銅版的效果

❶ 填色：K50%
筆畫：無

❷ **網線銅版**
類型：長筆觸

❸ **透明度**
色彩增值／10%

4 垂直排列 2 個汙點向量包 14

將 **汙點向量包**（符號資料庫）的「**汙點向量包 14**」拖放到工作區域內 ❶。執行『**物件/變形/縮放**』命令，把「**汙點向量包 14**」放大 **105%** ❷，再移動至物件上層（下方）★。

接著執行『**物件/變形/個別變形**』命令，旋轉 **180°**／拷貝「**汙點向量包 14**」，形成垂直排列的狀態 ❸。

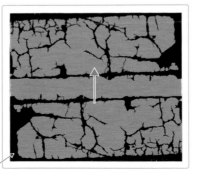

★ CS 4 是將垂直的移動值設定為 93mm。

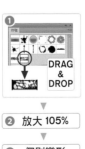

❶ DRAG & DROP

▼

❷ 放大 105%

▼

❸ 個別變形
移動 垂直：-93mm
旋轉 角度：180°
※按下**拷貝**鈕

The Second Section 材質特效

5 把「汙點向量包 14」放在中央

將**汙點向量包**（符號資料庫）的「**汙點向量包 15**」拖放到工作區域內 ❶。執行『**物件/變形/縮放**』命令，變形「**汙點向量包 15**」，再移動至物件上層（中央）❷。

按住 Shift 鍵不放，使用**選取工具**選取剛才放置的 3 個符號，在**透明度**面板設定漸變模式：**重疊、不透明度：50%** ❸。

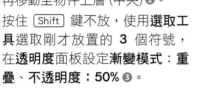

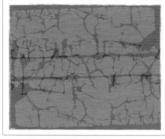

❶
汙點向量包 15

❷ 水平：縮小 94%
垂直：放大 108%

❸ 透明度
重疊／50%

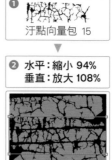

6 將「汙點向量包 12」放在下面

選取垂直擺放的 3 個符號，執行『**效果/風格化/羽化**』命令，設定半徑：**1mm**，模糊符號 ❶。

接著，將汙點向量包的**汙點向量包 12** 拖放到工作區域內 ❷，直接執行『**物件/變形/縮放**』命令，變形**汙點向量包 12**，再移動到物件的上層（下面）❸。

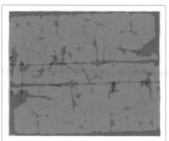

❶羽化
半徑：
1mm

❷
汙點向量包 12

❺ 水平：縮小 74%
垂直：放大 450%

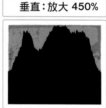

7 將「汙點向量包 12」放在上層

在**透明度**面板，將「**汙點向量包 12**」的漸變模式設定為**柔光** ❶。執行『**物件/變形/旋轉**』命令，旋轉 **180°**／拷貝「**汙點向量包 12**」 ❷。在**透明度**面板，將「**汙點向量包 12**」的不透明度設定為 **50%** ❸。

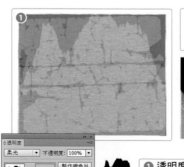

❷ 旋轉
180°／拷貝

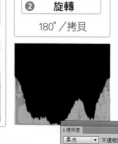

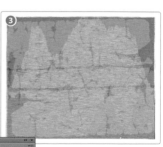

❶ 透明度
柔光／100%

❸ 透明度
柔光／50%

8 以亮化合成 4 個符號

從**汙點向量包**（符號資料庫）拖放 **4** 個符號（**02**、**03**、**06**、**07**）到工作區域內。

請參考右圖，隨意安排大小及位置後，在**透明度**面板，將 **4** 個符號的**漸變模式**設定為**亮化**（**不透明度**為參考值）。

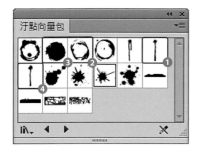

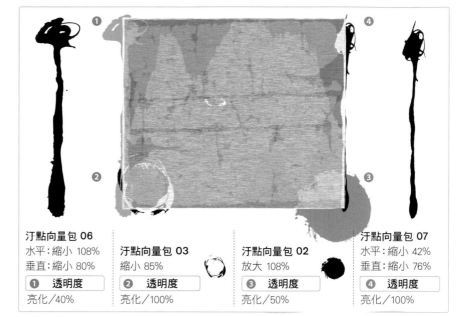

汙點向量包 06
水平：縮小 108%
垂直：縮小 80%

❶ 透明度
亮化／40%

汙點向量包 03
縮小 85%

❷ 透明度
亮化／100%

汙點向量包 02
放大 108%

❸ 透明度
亮化／50%

汙點向量包 07
水平：縮小 42%
垂直：縮小 76%

❹ 透明度
亮化／100%

9 以色彩加深合成裝飾用文字

❶ 使用**文字工具**輸入文字。

請參考右圖，設定**字型／字型大小／填色**，建立包圍文字的長方形路徑。接著使用**旋轉工具**將物件旋轉 **8°**，再執行『**效果/風格化/羽化**』命令，套用**半徑：0.6mm** 的模糊效果。

漸變模式設定為**色彩加深**、**不透明度：40%**，放在紋理的上層（左上）。

❷ 使用**文字工具**輸入文字，設定字型大小，將文字旋轉 **2.5°**，執行『**效果/風格化/羽化**』命令，套用**半徑：1mm** 的模糊效果。**漸變模式**設定為**色彩加深**、**不透明度 20%**，放在紋理的上層（左下）。

INKSPOT
Aachen Bold ※
※範例為參考值

字型大小：63Q
水平縮放：78%
填色：C75%、M85%
　　　Y100%、K65%

▼

填色：無
筆畫：C75%、M85%
　　　Y100%、K65%
筆畫寬度：7pt

▼

旋轉 角度：8°
羽化 半徑：0.6mm

❶ 透明度
色彩加深／40%

GRUNGE PLYWOOD TEXTURE
Flyer Black Condensed ※
※範例為參考值

字型大小：144Q
水平縮放：85%
填色：C90%、M60%
　　　Y100%、K20%

▼

旋轉 角度：2.5°
羽化 半徑：1mm

❷ 透明度
色彩加深／20%

10 貼上長方形路徑並且設定放射狀漸層

執行『**編輯/貼至上層**』命令 ❶，將長方形路徑的**填色**設定為**外觀比例 100%** 的放射狀漸層 ❷。將**透明度**面板的**漸變模式**設定為**色彩增值** ❸。

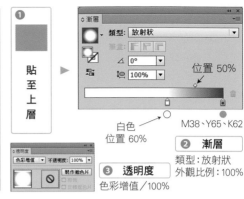

❶ 貼至上層

類型：放射狀

位置 50%

白色
位置 60%

M38、Y65、K62

❷ **漸層**
類型：放射狀
外觀比例：100%

❸ **透明度**
色彩增值／100%

11 使用「漸層工具」擴大放射狀漸層

請參考右圖，使用**漸層工具**擴大放射狀漸層的範圍 ❶。

★**漸層工具**
將漸層註解者右邊的 ◆（往右拖曳，擴大漸層範圍。

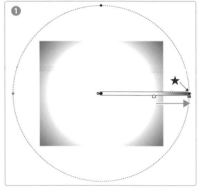

❶

Finish 製作長方形的剪裁遮色片完成範例

執行『**編輯/貼至上層**』命令 ❶，接著執行『**選取/全部**』命令 ❷，再執行『**物件/剪裁遮色片/製作**』命令，完成範例 ❸。

❶ 貼至上層

❷ 選取全部

❸ 製作剪裁遮色片

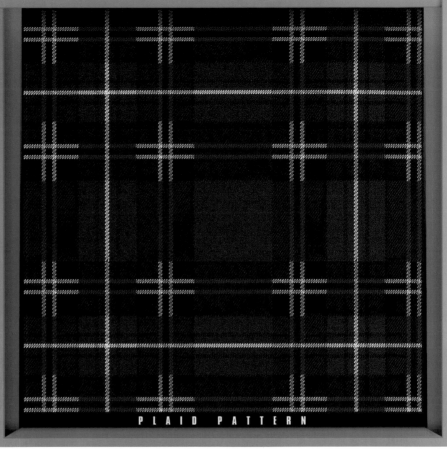

SECTION

42

09
08
07
06
05
04
03
02
01

TEXTURE

傳統 × Vivienne Westwood 經典蘇格蘭格紋

這是同時兼具傳統與前衛時尚感的蘇格蘭格紋。利用塗抹效果製作出縫線的鋸齒，再合成網狀效果，完成格紋圖樣。

範例資料夾 ■ 42

P L A I D   P A T T E R N

▶ 這是蘇格蘭經典格紋。注意塗抹效果的縫線角度與交叉線條的前後關係，最後將完成的圖樣新增至**色票**面板中。

1 把設定成色彩增值的長方形路徑組合成井字型

使用**矩形工具**建立**寬度：7mm**、**高度：40mm** 的長方形路徑，在**透明度**面板，將**漸層模式**設定為**色彩增值 (不透明度：100%) ❶**。

執行『**物件/變形/移動**』命令，往右移動 **14mm** ／拷貝長方形 **❷**。以**選取工具**選取 **2** 個長方形，執行『**物件/組成群組**』命令 **❸**，再執行『**物件/變形/旋轉**』命令，旋轉 **90°** ／拷貝群組 **❹**。

❶ ▶ ❷ ▶ ❸ 群組 ▶ ❹

寬度：7mm　高度：40mm
填色：C50%、M40%
　　　Y40%、K100%
筆畫：無
色彩增值 (**透明度**面板)

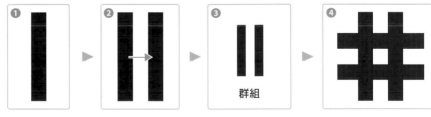

移動
水平：14mm
垂直：0mm
※按下**拷貝**鈕

旋轉
角度：90°
※按下**拷貝**鈕

2 製作水平 (2·3·2) 排列的長方形線條

使用**矩形工具**建立**寬度**：**0.45mm**、**高度**：**40mm** 的長方形路徑 ❶。執行『**效果/扭曲與變形/變形**』命令，往右排列 **12** 個長方形 ❷。接著依序執行『**物件/擴充外觀**』命令及執行『**物件/解散群組**』命令 ❸。

請參考右圖 ❹，使用**選取工具**選取 **6** 個長方形★，按下 Delete 鍵，刪除長方形路徑 ❹。

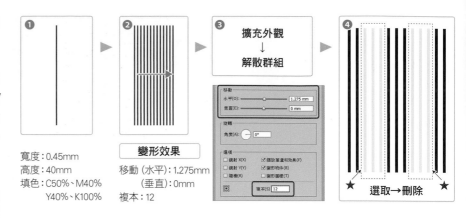

寬度：0.45mm
高度：40mm
填色：C50%、M40%
　　　Y40%、K100%

變形效果

移動 (水平)：1.275mm
　　　(垂直)：0mm
複本：12

擴充外觀
↓
解散群組

選取→刪除

3 將 7 個長方形線條組成十字形

請參考右圖 ❶，將 **5** 個長方形線條的**填色**設定為**白色** ❶。選取 **7** 個長方形線條，執行『**物件/組成群組**』命令 ❷，再執行『**物件/變形/旋轉**』命令，旋轉 **90°**／拷貝群組 ❸。

使用**矩形工具**建立**寬度：40mm**、**高度：40mm**（填色：**C45%**、**M100%**、**Y100%**、**K30%**）的長方形路徑 ❹，接著執行『**物件/排列順序/移至最後**』命令，將長方形移至群組的下層 ❺。

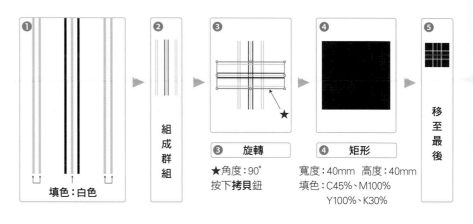

填色：白色

組成群組

❸ **旋轉**
★角度：90°
按下**拷貝**鈕

❹ **矩形**
寬度：40mm　高度：40mm
填色：C45%、M100%
　　　Y100%、K30%

移至最後

4 在井字型路徑套用塗抹效果

執行『**選取/全部**』命令，利用**對齊**面板讓全部物件居中對齊 ❶。

使用**選取工具**選取井字型路徑（**P225-1**），執行『**效果/風格化/塗抹**』命令，在井字型路徑套用塗抹效果 ❷。

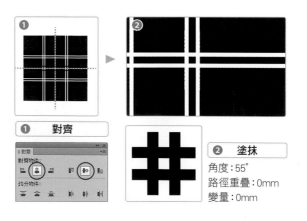

❶ **對齊**

❷ **塗抹**
角度：55°
路徑重疊：0mm
變量：0mm

線條選項　筆畫寬度：0.09mm
弧度：5%　　　變量：0%
間距：0.25mm　變量：0mm

5 在 7 個長方形 (縱向) 線條套用塗抹效果

使用**選取工具**選取 7 個長方形 (縱向) 線條,執行『**物件/解散群組**』命令 ❶,接著執行『**效果/塗抹**』命令,在 7 個長方形 (縱向) 線條套用塗抹效果 ❷。

另外,使用**選取工具**選取中央的 2 條縱線 (黑色),在**透明度**面板設定**漸變模式:色彩增值、不透明度:100%** ❸。

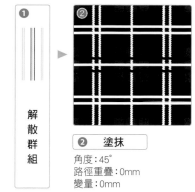

解散群組

角度:45°
路徑重疊:0mm
變量:0mm

線條選項　　筆畫寬度:0.06mm
弧度:20%　　變量:0%
間距:0.3mm　變量:0mm

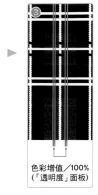

色彩增值/100%
(「透明度」面板)

6 在 7 個長方形 (橫向) 線條套用塗抹效果

使用**選取工具**選取 7 個長方形 (橫向) 線條,執行『**物件/解散群組**』命令 ❶,接著執行『**效果/塗抹**』命令,將**塗抹選項**交談窗的間距★從 **0.3mm** 更改成 **0.2mm**,將效果套用在**7**個橫向線條 ❷。

另外,使用**選取工具**選取中央的 2 條橫線 (黑色),在**透明度**面板設定**漸變模式:色彩增值、不透明度:100%** ❸。

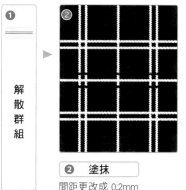

解散群組

❷ **塗抹**

間距更改成 0.2mm

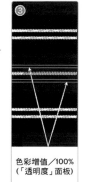

色彩增值/100%
(「透明度」面板)

7 全部白色線條設定成不透明度 80%

使用**選取工具**選取 1 個白色線條 (只要是白色線條即可,沒有特別限制),執行『**選取/相同/填色顏色**』命令,選取全部的白色線條 ❶,再執行『**物件/排列順序/移至最前**』命令 ❷,將透明度面板的**不透明度**設定為 **80%** ❸。

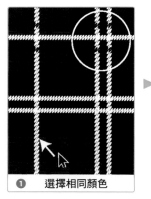

❶ 選擇相同顏色

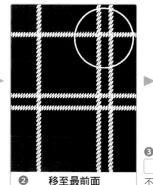

❷ 移至最前面

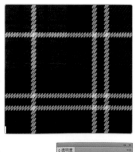

❸

透明度

不透明度:80%

8 在白色線條加入 2 種顏色

把長方形路徑的**填色**設定成紅色與黃色，再放於物件的最上層 ❶（長方形大小、位置、數量等請參考右圖 ❶，完成編排）。使用**透明度**面板，將全部的長方形路徑設定為**漸變模式：色彩增值、不透明度：100%** ❷。接著執行『**物件/排列順序/移至最前**』命令 ❸。

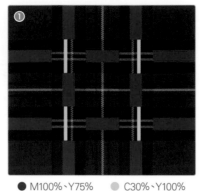
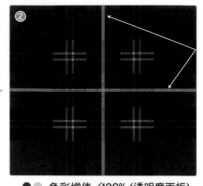

● M100%、Y75% ○ C30%、Y100% ●○ 色彩增值／100%（透明度面板）

9 在最下層放置儲存圖樣用的長方形路徑

將最下層的長方形路徑縮小 **77%** ／拷貝 ❶，對拷貝的長方形路徑執行『**物件/排列順序/移至最後**』命令 ❷，將**填色**與**筆畫**設定為**無** ❸。

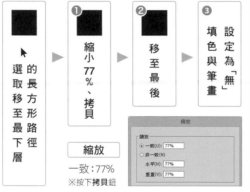
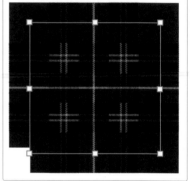

TIPS **CS5、CS4 是縮小 76.4%／拷貝**
將縮小 76.4%、拷貝的長方形路徑移至最下層，填色與筆畫設定為無，把長方形路徑移到右下方。

10 儲存成圖樣，新增至「色票」面板

執行『**選取/全部**』命令 ❶，再執行『**物件/圖樣/製作**』命令 ❷，出現新增至色票面板的交談窗，按下**確定**鈕。在**圖樣選項**設定**拼貼類型：格點、寬度：30mm、高度：30mm** ❸，最後按下**完成**鈕 ❹。

❷ CS5、CS4是執行『**編輯/定義圖樣**』命令，輸入名稱，按下**確定**鈕。

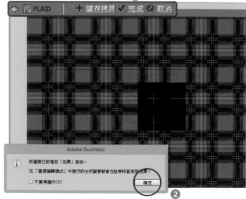

11 在長方形路徑套用圖樣

使用**矩形工具**建立**寬度**：**85mm**、**高度**：**85mm** 的長方形路徑 ❶，**填色**指定為**圖樣** ❷。執行『**物件/變形/縮放**』命令，只將路徑內的圖樣放大 **177%** ❸。

TIPS ★「**變形圖樣**」核取方塊

如果只要縮放／移動物件內的圖樣，請單獨勾選**變形圖樣**核取方塊。

❶ 矩形
寬度：85mm 高度：85mm

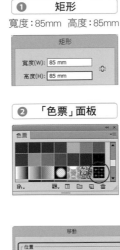

❷ 「色票」面板

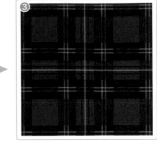

❸ 縮放
一致：177%

12 將長方形路徑移至圖樣的剪裁位置

執行『**物件/變形/移動**』命令，設定**距離**：**0mm**，勾選**變形圖樣**核取方塊 ❶。

使用**選取工具**將長方形路徑移到圖樣的剪裁位置 ❷，執行『**物件/變形/移動**』命令，設定**距離**：**0mm**，勾選 **2** 個核取方塊，形成可以移動長方形路徑與圖樣的狀態 ❸。

❶ 移動
水平：0mm 垂直：0mm

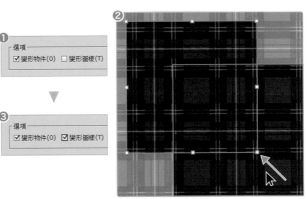

Finish 以「重疊」模式合成「網狀效果」，完成範例

選取長方形（圖樣）後，依序執行『**編輯/拷貝**』命令及執行『**編輯/貼至上層**』命令 ❶。將長方形路徑的**填色**更改成 **K100%** ❷，接著執行『**效果/素描/網狀效果**』命令 ❸。最後在**透明度**面板將**漸變模式**設定成**重疊**，完成範例 ❹。

重疊／100%

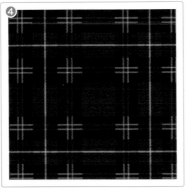

拷貝
↓
貼至上層

▼

填色 (K100%)

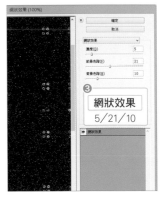

SECTION

43

09
08
07
06
05
04
03
02
01

TEXTURE

古典皮質的
菱格紋圖樣

這是充滿濃厚 "復古" 風格的典雅皮革圖樣。注意圖樣的「膨脹效果」與「皮革質感」，完成具有高級感的紋理。

範例資料夾 ■ 43 ○ ○ ○ ○ ○

RETRO-VINTAGE
CHESTERFIELD LIKE-LEATHER PANEL TEXTURE

▶ 皮質菱格紋是風格非常強烈的古典圖樣。反覆重疊漸層，表現出帶有立體感的膨脹效果。重點是，還要使用**結晶化** (像素) 來表現皮革內斂的質感。

1 將長方形路徑變成菱形

使用 **矩形工具** 建立 **寬度：30mm、高度：30mm** 的長方形路徑 (**填色：任意色、筆畫：無**) ❶，執行『**物件/變形/旋轉**』命令，將長方形路徑旋轉 **45°** ❷，再執行『**物件/變形/縮放**』命令，設定**水平：78%、垂直：100%**，把長方形變成菱形 ❸。

❶ **矩形**
寬度：30mm
高度：30mm

❷ **旋轉**
角度：45°

❸ **縮放**
水平：78%／
垂直：100%

縮放

縮放
○ 一致(U)：100%
◉ 非一致(N)
水平(H)：78%
垂直(V)：100%

選項
☑ 縮放筆畫和效果(E)
☑ 變形物件(O) □ 變形圖樣(T)

☑ 預視(P)

拷貝(C)   確定   取消

2 重疊改變角度的漸層

將菱形路徑的**填色**設定為 **38°** 線性漸層 ❶。

依序執行『**編輯/拷貝**』命令及執行『**編輯/貼至上層**』命令 ❷，將貼上的菱形路徑更改成 **-38°** 線性漸層 ❸。

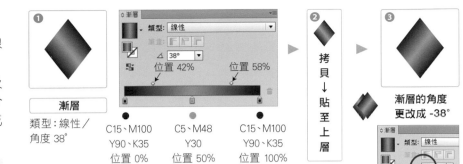

❶

❷

拷貝
↓
貼至上層

❸

漸層的角度更改成 -38°

漸層

類型：線性／
角度 38°

● C15、M100 Y90、K35 位置 0%

● C5、M48 Y30 位置 50%

● C15、M100 Y90、K35 位置 100%

TIPS **重設邊框**

假如邊框與物件大小不一致，請執行『**物件/變形/重設邊框**』命令。

3 往右上方拷貝菱形路徑

使用**透明度**面板，將貼上的菱形路徑設定為**漸變模式：色彩增值、不透明度：100%** ❶。

選取上下重疊的 **2** 個菱形路徑，執行『**物件/變形/移動**』命令，設定**距離：26.85mm、角度：52°**，往右上移動／拷貝菱形路徑 ❷。

❶

❷

透明度

色彩增值　不透明度：100%

移動

距離：26.85mm　角度：52°
★按下**拷貝**鈕

移動

位置
水平(H)：16.5305 mm
垂直(V)：-21.1581 mm
距離(D)：26.85 mm
角度(A)：52°

選項
☑變形物件(O)　□變形圖樣(T)

☑預視(P)

拷貝(C)　確定　取消

4 在 4 個並排的菱形路徑套用結晶化效果

選取斜排的 **2** 個菱形路徑，執行『**物件/變形/移動**』命令，往右下（**距離：26.85mm、角度：-52°**）移動／拷貝菱形路徑 ❶。

接著選取 **4** 個菱形路徑，執行『**物件/組成群組**』命令 ❷，再執行『**效果/像素/結晶化**』命令，將效果套用在群組上 ❸。

❶
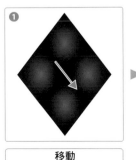

❷

組
成
群
組

❸
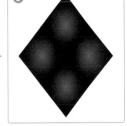

放大圖

移動

距離：26.85mm 角度：-52°
※按下**拷貝**鈕

結晶化

單元格大小：15

5 將縱長方形路徑設定成 0°
線性漸層

使用**矩形工具**建立**寬度：
4mm、高度：53mm** 的長方形
路徑 ❶。長方形路徑的**填色**設定
為使用不透明效果的 0° 線性漸
層 ❷，依序執行『**編輯/拷貝**』
命令及執行『**編輯/貼至上層**』
命令 ❸。

❶ 矩形
寬度：4mm
高度：53mm

矩形
寬度(W): 4 mm
高度(H): 53 mm

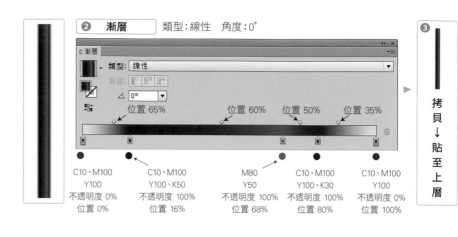

❷ 漸層 類型：線性 角度：0°

◇ 漸層
類型：線性
筆畫：
△ 0°
位置 65% 位置 60% 位置 50% 位置 35%

C10、M100
Y100
不透明度 0%
位置 0%

C10、M100
Y100、K50
不透明度 100%
位置 16%

M80
Y50
不透明度 100%
位置 68%

C10、M100
Y100、K30
不透明度 100%
位置 80%

C10、M100
Y100
不透明度 0%
位置 100%

❸ 拷貝↓貼至上層

6 以 90° 黑白漸層製作不透
明遮色片

長方形路徑的**填色**設定為 **90°**
線性漸層 ❶。選取上下重疊的 **2**
個路徑 ❷，按下**透明度**面板的**製
作遮色片**鈕 ❸。

TIPS **不透明遮色片**

遮色片物件的黑
白部分是形成不
透明度的基準。

◇ 透明度
一般 ▼ 不透明度: 100%
製作遮色片
□ 剪裁
□ 反轉遮色片

CS5、CS4 是執行選項選單★的『製作不透明度遮色
片』命令。

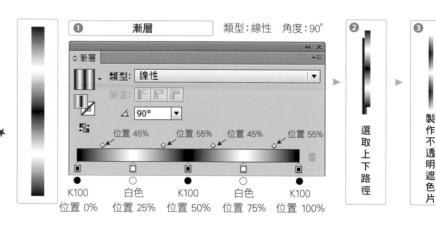

❶ 漸層 類型：線性 角度：90°

◇ 漸層
類型：線性
筆畫：
△ 90°
位置 45% 位置 55% 位置 45% 位置 55%

K100
位置 0%

白色
位置 25%

K100
位置 50%

白色
位置 75%

K100
位置 100%

❷ 選取上下路徑

❸ 製作不透明遮色片

7 將不透明遮色片排成 X 型

執行『**物件/變形/旋轉**』命令，
把套用不透明遮色片的長方形路
徑旋轉 **38°** ❶，接著執行『**物件
/變形/鏡射**』命令，垂直翻轉／
拷貝長方形路徑 ❷。選取排成 X
型的物件後，執行『**物件/組成
群組**』命令 ❸。

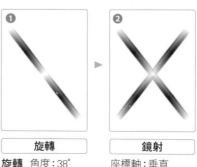
❶
旋轉
旋轉 角度：38°

❷
鏡射
座標軸：垂直
※按下**拷貝**鈕

鏡射
座標軸
○ 水平(H)
● 垂直(V)
○ 角度(A): 90°
選項
☑ 變形物件(O) □ 變形圖樣(T)
☑ 預視(P)
拷貝(C) 確定 取消

❸ 組成群組

8 讓 3 個物件居中對齊

使用**橢圓形工具**建立**寬度：30mm、高度：30mm** 的橢圓形路徑 ❶，**填色**設定為使用不透明效果的**放射狀**漸層 ❷。

在**透明度**面板設定**漸變模式：色彩增值、不透明度：100%** ❸。選取剛才製作的 **3** 個物件，使用**對齊**面板，讓物件居中對齊 ❹。選取最上層的橢圓形路徑，依序執行『**編輯/拷貝**』命令及執行『**編輯/貼至上層**』命令 ❺。

❶ 橢圓形
寬度：30mm
高度：30mm

❸ 不透明
漸變模式：
色彩增值
不透明度：100%

❷ 漸層
類型：放射狀／100%

C10、M100、Y100、K50
不透明度 100%
位置 0%

白色
不透明度 100%
位置 100%

位置 50%

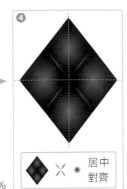

居中對齊

拷貝
↓
貼至上層

---

9 縮小最上層的橢圓形再編輯漸層

使用**選取工具**選取上層 **2** 個橢圓形路徑以外的物件，執行『**物件/鎖定/選取範圍**』命令 ❶。

接著執行『**物件/變形/縮放**』命令，將最上層的橢圓形路徑縮小 **13%** ❷。在**透明度**面板，將**漸變模式**設定為**一般，不透明度**恢復成 **100%** ❸，再更改成放射狀漸層 ❹。

鎖定

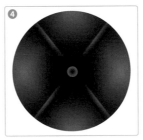

❷ 縮放
一致：13%

❸ 透明度
漸變模式：一般
不透明度：100%

❹ 漸層 類型：放射狀 外觀比例：100%

位置 45% 位置 50%

C10、M100、Y100、K60
不透明度 100%
位置 0%

M80、Y60
不透明度 100%
位置 80%

白色
不透明度 0%
位置 100%

---

10 在橢圓形路徑套用效果製作鈕釦

使用**漸層工具**擴大橢圓形路徑(小) 的漸層範圍，並且將原點位置往右移動 ❶。

依序執行『**效果/風格化/內光暈**』命令及執行『**效果/風格化/製作陰影**』命令，在橢圓形路徑 (小) 套用效果 ❷❸。

※漸層註解者的操作方法請參考 P146。

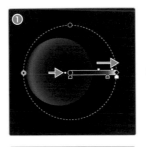

❷ 內光暈
色彩增值／不透明度：75%
模糊：1mm
邊緣／顏色：黑色

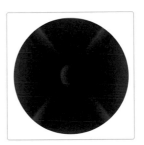

❸ 製作陰影
色彩增值／75%／0.5mm／0.5mm／1mm
顏色：黑色

內光暈
模式(M)：色彩增值
不透明度(O)：75%
模糊(B)：1 mm
居中(C) ◉ 邊緣(E)
☑ 預視(P)　確定　取消

製作陰影
模式(M)：色彩增值
不透明度(O)：75%
X 位移(X)：0.5 mm
Y 位移(Y)：0.5 mm
模糊(B)：1 mm
◉ 顏色(C)　○ 暗度(D)：100%

11 在菱形四周放上鈕釦

選取上下重疊的 **2** 個橢圓形路徑，執行『**物件/組成群組**』命令，接著執行『**物件/變形/移動**』命令，往左上移動/拷貝路徑 ❶。

設定**距離：26.85mm**、調整角度後，在菱形的四邊放上鈕釦 ❷ ❸ ❹。

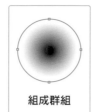

組成群組

❶ 移動
距離：26.85mm
角度：128°
※按下**拷貝**鈕

❸ 移動
距離：26.85mm
角度：-128°
※按下**拷貝**鈕

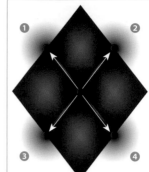

❷ 移動
距離：26.85mm
角度：52°
※按下**拷貝**鈕

❹ 移動
距離：26.85mm
角度：-52°
※按下**拷貝**鈕

12 放上沒有套用填色與筆畫的邊框

執行『**物件/全部解除鎖定**』命令 ❶，再依序執行『**選取/全部**』命令及執行『**物件/組成群組**』命令 ❷。

使用**矩形工具**建立**寬度：33.05mm**、**高度：42.3mm** 的長方形路徑，**填色**與**筆畫**設定為**無** ❸。

執行『**選取/全部**』命令，利用**對齊工具**讓物件居中對齊 ❹。

❸ 移動到最下層之後，就變成調整圖樣儲存範圍的邊框。

❶
解除鎖定

❷
選取全部↓組成群組

❸
筆畫：無
填色：無

矩形
寬度：33.05mm
高度：42.3mm

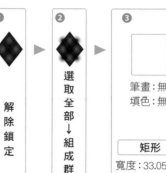

選取全部

對齊
🔲 水平居中
🔲 垂直居中

Finish 將完成的物件拖曳到「色票」面板

選取最上層的長方形路徑（**填色與筆畫：無**），執行『**物件/排列順序/移至最後**』命令 ❶。

將全部物件拖曳至**色票**面板內，儲存圖樣 ❷。

使用**矩形工具**建立長方形路徑（範例是 100m × 100m），**填色**指定為剛才儲存的圖樣，完成範例 ❸。

❶
移至最後

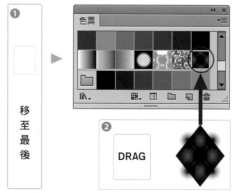

❷
DRAG

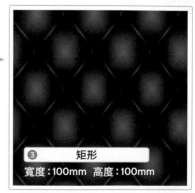

❸ **矩形**
寬度：100mm 高度：100mm

■ 此範例在最上層新增長方形路徑（90° 線性漸層：黑→白），接著使用**色彩增值**的漸變模式進行合成。

SHINE
44 P.236

CLIF
ROCK WALL PATTERN
44B **VARIATION** P.240

LASER CURTAIN
45 P.242

BAR CHART
45B **VARIATION** P.246

The Second Section

材質特效

Section 08

隨機變化的抽象背景

RANDOM **MOSAIC**
46 P.248

46B **VARIATION** P.252

BLUE DOT CIRCLE BACKGROUND
47 P.255

RED DOT WAVE BACKGROUND
47B **VARIATION** P.259

White lights
48 P.262

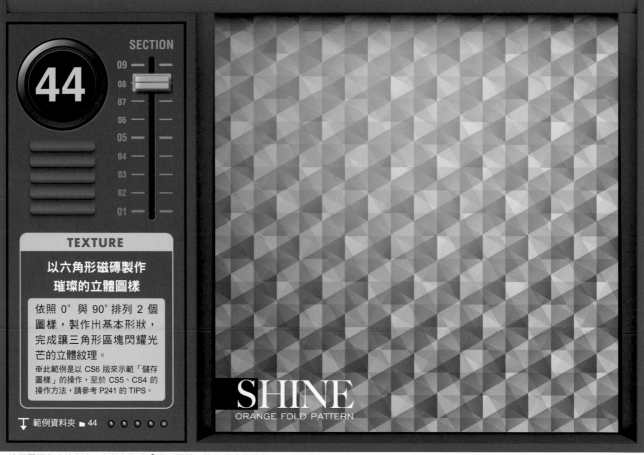

SECTION
09
08
07
06
05
04
03
02
01

44

TEXTURE

**以六角形磁磚製作
璀璨的立體圖樣**

依照 0°與 90°排列 2 個
圖樣，製作出基本形狀，
完成讓三角形區塊閃耀光
芒的立體紋理。

※此範例是以 CS6 版來示範「儲存
圖樣」的操作，至於 CS5、CS4 的
操作方法，請參考 P241 的 TIPS。

〒 範例資料夾 ▪ 44 ○ ○ ○ ○ ○

SHINE
ORANGE FOLD PATTERN

▶ 改變圖樣角度的方法，必須在取消「變形圖樣」核取方塊的狀態下，才能執行。參考 P239 的 **TIPS** 說明，可以展開圖樣，變成一般物件。

---

1 **用 6 個三角形路徑製作六角形物件**

使用**多邊形工具**建立**半徑：8mm** 的三角
形路徑 (**填色**：任意色、**筆畫**：無) ❶。執
行『**效果/扭曲與變形/變形**』命令，**變形
的基準點**設定在中央上方，以旋轉 **60°** ／
複本：5，將三角形製作成六角形 ❷。

TIPS **★變形的基準點**

這裡是以三角形的中央上方為基準，執行
旋轉/拷貝。
※請注意，各個變形交談窗中變形基準
點，在重新啟動程式之前，會維持前一次
設定狀態。

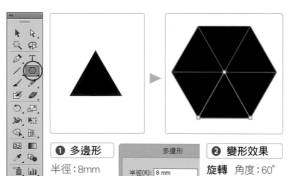

❶ **多邊形**

半徑：8mm
邊數：3

多邊形

半徑(R): 8 mm
邊數(S): 3

❷ **變形效果**

旋轉 角度：60°
複本：5

變形效果

縮放
水平(H): 100%
垂直(V): 100%

移動
水平(O): 0 mm
垂直(E): 0 mm

旋轉
角度(A): 60°

選項
□ 鏡射 X(X)   ☑ 縮放筆畫和效果(F)
□ 鏡射 Y(Y)   ☑ 變形物件(B)
□ 隨機(R)   □ 變形圖樣(T)

複本(S) 5

2 在 6 個三角形套用線性漸層

執行『**物件/擴充外觀**』命令 ❶，使用**群組選取工具**選取一個三角形路徑 ❷，使用**漸層**面板，將選取部分的**填色**設定為線性漸層 ❸。

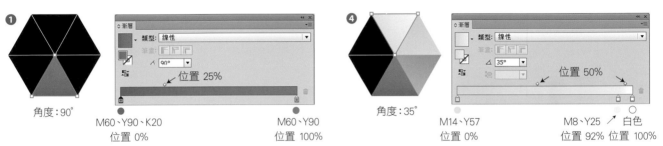

❶ 擴充外觀 ▶ ❷ 使用群組選取工具選取物件 ▶ ❸ 將選取的物件填色設定為漸層

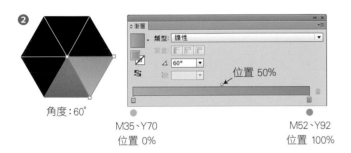

❶
角度：90°
M60、Y90、K20　　　　M60、Y90
位置 0%　　　　　　　　位置 100%
位置 25%

❷
角度：60°
M35、Y70　　　　　　　M52、Y92
位置 0%　　　　　　　　位置 100%
位置 50%

❸
角度：90°
M18、Y60　　　　　　　M22、Y90
位置 0%　　　　　　　　位置 100%
位置 50%

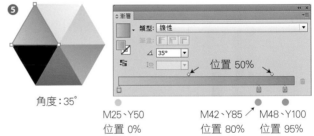

❹
角度：35°
M14、Y57　　M8、Y25　白色
位置 0%　　　位置 92% 位置 100%
位置 50%

❺
角度：35°
M25、Y50　　M42、Y85　M48、Y100
位置 0%　　　位置 80%　位置 95%
位置 50%

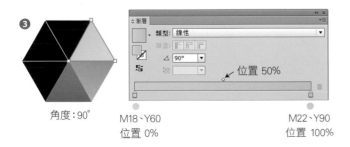
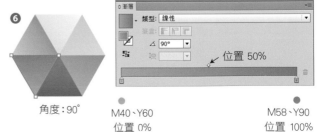

❻
角度：90°
M40、Y60　　　　　　　M58、Y90
位置 0%　　　　　　　　位置 100%
位置 50%

3 使用「圖樣選項」(CS6) 將物件變成圖樣

選取六角形物件,執行『**物件/ 圖樣/製作**』命令 ❶。

在**圖樣選項**交談窗,設定★**拼貼 類型:十六進位依直欄 ❷**,按下 視窗最上面的**完成**鈕,在**色票**面 板儲存圖樣 ❸。

※**圖樣選項**是從 CS6 開始提供的指令, 使用 CS5、CS4 的讀者,請參考**P241**,在 **色票**面板儲存物件。

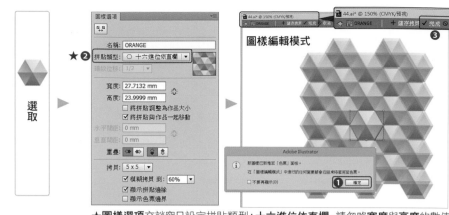

★**圖樣選項**交談窗只設定拼貼類型:**十六進位依直欄**,請忽略**寬度**與**高度**的數值。

4 在正方形路徑上套用儲存 在「色票」面板中的圖樣

建立**寬度:200mm**、**高度: 200mm** 的正方形路徑 ❶,路徑的 **填色**設定成剛才儲存的圖樣 ❷。 執行『**編輯/拷貝**』命令 ❸,接 著執行『**物件/變形/旋轉**』命 令,將物件與圖樣旋轉 **90°** ❹。

TIPS **★ ☑ 變形圖樣**
操作物件時,若希望圖樣也一併旋轉、放 大、縮小、移動時,必須勾選這個核取方 塊。

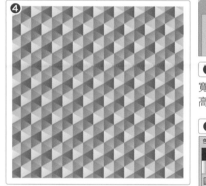

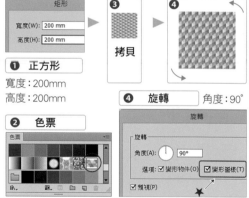

❶ **正方形**
寬度:200mm
高度:200mm

❷ **色票**

❹ **旋轉** 角度:90°

5 使用「色彩增值」合成 2 個物件

執行『**編輯/貼至上層**』命令 ❶。 使用**透明度**面板,將貼上的正方 形路徑設定為**漸變模式:色彩增 值、不透明度:50%** ❷。

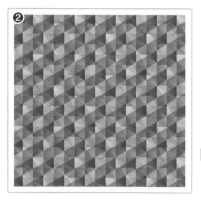

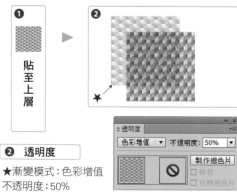

貼至上層

❷ **透明度**
★漸變模式:色彩增值
不透明度:50%

6 合成使用不透明效果的線性漸層

執行『**編輯/貼至上層**』命令 ❶。
將長方形路徑的**填色**更改成適用
不透明效果的 **0° 線性漸層** ❷。
在**透明度**面板設定**漸變模式：色彩增值、不透明度：70%** ❸。

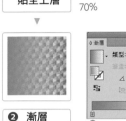

❶ 貼至上層

❸ 透明度

色彩增值/70%

❷ 漸層

類型：線性／0° M55、Y100　　　不透明度 0% 白色

位置 60%

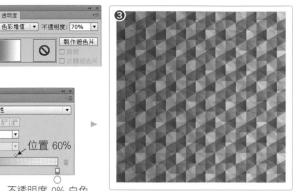

❸

Finish 合成使用不透明效果的放射狀漸層

執行『**編輯/貼至上層**』命令 ❶，
將**填色**更改成使用不透明效果的
放射狀漸層 ❷。接著使用**漸層工具**，往上移動放射狀漸層的原點
位置，擴大漸層範圍 ❸。最後在
透明度面板設定**漸變模式：色彩加亮，不透明度：50%**，完成範例
❹。

❶ 貼至上層

❷ 漸層
類型：放射狀　外觀比例：100%

位置 65%

Y20　　　　　　　不透明度 0% Y50

❸

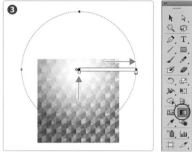

※ 漸層註解者的操作方法請參考 P146

TIPS 圖樣的展開原則

以下是將圖樣展開成一般物件的原則

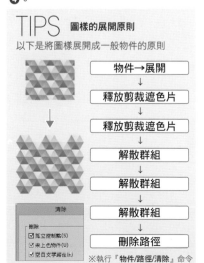

物件→展開
↓
釋放剪裁遮色片
↓
釋放剪裁遮色片
↓
解散群組
↓
解散群組
↓
解散群組
↓
刪除路徑

※執行『**物件/路徑/清除**』命令

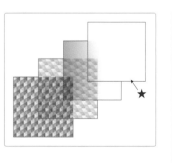

★

❹ 透明度　★色彩加亮/50%

VARIATION

黑色立體紋理

這是用 P236 範例 (44.ai)，製作出來的應用。使用重新上色圖稿，降低飽和度，再改變圖樣的角度，營造出沉穩內斂的氛圍。

範例資料夾 ■ 44

CLIF
ROCK WALL PATTERN

▶ 這個範例的重點是，必須勾選「變形圖樣」核取方塊 (P238-4) 以及設定「連結色彩調和顏色」。旋轉上下重疊的 2 個圖樣，替立體紋理增添變化。

1 開啟 44.ai 套用重新上色圖稿

開啟 **P236**～製作的紋理 (44.ai)，選取整個物件 ❶，執行『**編輯/編輯色彩/重新上色圖稿**』命令，按下交談窗的**編輯** ❷，設定**連結色彩調和顏色** ❸。

2 操控「H、S、B」更改顏色

在**重新上色圖稿**交談窗 (編輯模式)，將 **HSB** 色彩模式設定成高 (色相)：**0°**、**S** (飽和度)：**0%**、**B** (明度)：**25°**，把物件更改成**黑色** ❶。

連結色彩調和顏色

❸

連結　解除連結

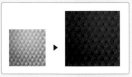

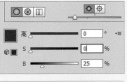

❶　**HSB 色彩模式**

高 (色相)：0°
S (飽和度)：0%
B (明度)：25°

3 選取套用圖樣的正方形路徑 ——————→ 旋轉 90°變成紋理的陰影

對最上層與下層的正方形路徑 ❶❷ 執行『**物件/鎖定/選取範圍**』命令。
接著選取下層的正方形路徑 ❸❹，執行『**物件/變形/旋轉**』命令，旋轉 90°。
最後執行『**物件/全部解除鎖定**』命令。

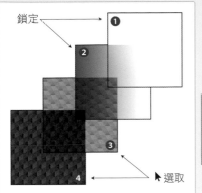

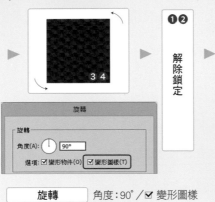

旋轉
旋轉
角度(A): 90°
選項: ☑ 變形物件(O) ☑ 變形圖樣(T)

旋轉　角度:90° / ☑ 變形圖樣

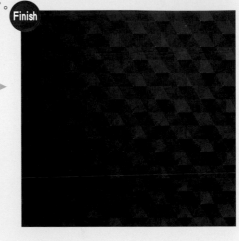

Finish

TIPS

CS5、CS4 將六角形磁磚 儲存成圖樣的方法

CS5 或 CS4 的圖樣可以使用沿著格點排列物件的方法。例如範例這種六角形磁磚，必須準備可以對齊格點的組合。訣竅是，在物件最下層放置長方形圖樣。此時，**填色**與**筆畫**都要設定成**無**，這點非常重要。另外，別忘了要在同時選取物件及最下層的長方形路徑的狀態來儲存圖樣。

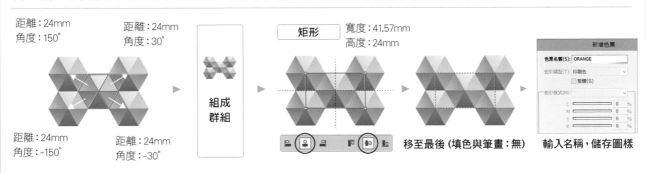

❶ 執行『**物件/變形/移動**』命令，往　❷ 選取全部物件　❸ 在物件 (群組) 的中央　❹ 將長方形路徑移至最後　❺ 在**編輯**功能表
　四個方向移動/拷貝六角形。　後，組成群組。　放置長方形路徑。　※**填色**與**筆畫**設定為**無**。　執行圖樣設定。

儲存成圖樣後，在適當大小的長方形路徑填色套用圖樣 (收藏在**色票**面板)，確認是否製作出無縫隙的完美圖樣。

SECTION

45

09
08
07
06
05
04
03
02
01

TEXTURE

以漸層製作出閃耀在黑暗
中的光之簾幕

利用多個圖層製作出光線
合成特效。隨機排列長方
形路徑，再套用漸層效
果，形成浮現在黑暗中的
光束。

範例資料夾 ■ 45

LASER CURTAIN

▶ 這是由 2 個圖層組成 4 層結構的物件。重點在於，最初設定的放射狀漸層要選擇明亮色調，才能利用「色彩增值」，讓光束從黑暗中浮現出來。

1 建立 2 個長方形路徑再參考下
圖編排位置

使用**矩形工具**建立當作基本形狀的
長方形路徑（**寬度：160mm、高度：**
200mm）（**筆畫：無**）❶。再另外建立
細長方形路徑（**寬度：5mm、高度：**
220mm、填色：任意色、筆畫：無），
放在下層長方形路徑的左側 ❷。
接下來，選取下層長方形路徑，執行
『**物件/鎖定/選取範圍**』命令 ❸。

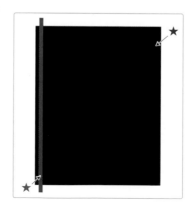

矩形
寬度(W)： 160 mm
高度(H)： 200 mm
確定　取消

矩形
寬度(W)： 5 mm
高度(H)： 220 mm
確定　取消

❶　★矩形
寬度：160mm
高度：200mm
填色：C50、M40
Y40、K100

❷　★矩形
寬度：5mm
高度：220mm
填色：任意色

❸
★選取下層的長方形路徑→鎖定

2 利用放射狀漸層讓長方形路徑上下變透明

選取長方形路徑,將**填色**設定成使用不透明效果、**外觀比例 275°** 的放射狀漸層 ❶。

TIPS **放射狀漸層的外觀比例 ❷**
假如您使用的放射狀漸層是無法設定**外觀比例**的版本 (CS3),請設定成**角度 90° 線性**漸層。

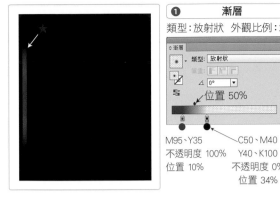

❶ 漸層	❷ 漸層 (CS3)
類型:放射狀 外觀比例:275%	類型:線性 角度:90°

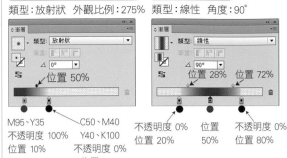

M95、Y35
不透明度 100%
位置 10%

C50、M40
Y40、K100
不透明度 0%
位置 34%

不透明度 0%
位置 20%

位置
50%

不透明度 0%
位置 80%

3 使用變形效果往右複製 25 次長方形路徑

執行『**效果/扭曲與變形/變形**』命令,往右排列長方形路徑 ❶。
接著執行『**物件/擴充外觀**』命令 ❷,再執行『**物件/解散群組**』命令 ❸。

❶ 變形效果:效果的基準點設定在中央 ▦ 。

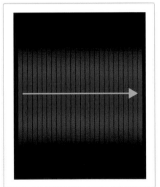

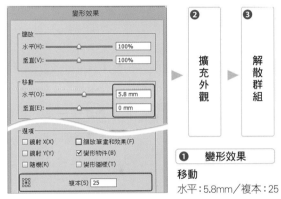

❷ 擴充外觀

❸ 解散群組

❶ 變形效果
移動
水平:5.8mm/複本:25

4 使用「個別變形」隨機擺放長方形路徑

選取全部的長方形路徑,執行『**物件/變形/個別變形**』命令,隨機垂直排列長方形路徑 ❶。
接著執行『**編輯/拷貝**』命令 ❷,按一下**圖層**面板左邊的編輯圖示 ★(眼睛圖示的右邊),鎖定**圖層 1** ❸。

❶ 個別變形:效果的基準點設定在中央 ▦ 。假如想讓圖樣隨機變化,請按一下**預視**核取方塊。

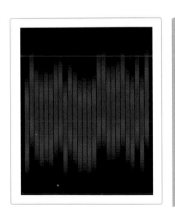

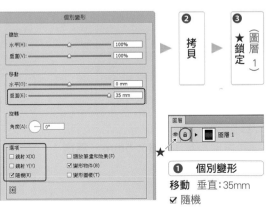

❷ 拷貝

❸ ★ (圖層 1) 鎖定

❶ 個別變形
移動 垂直:35mm
☑ 隨機

5 在新圖層 (「圖層 2」) 貼上長方形路徑

在**圖層**面板的選項選單 (★**圖層**面板的右上方),執行『**新增圖層**』命令,建立**圖層 2** ❶。

對**圖層 2** 執行『**編輯/貼至上層**』命令 ❷,接著執行『**物件/變形/個別變形**』命令,分別讓長方形路徑往左右放大 **105%** ❸。

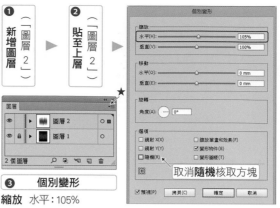

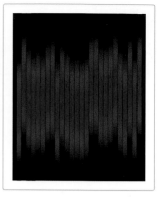

取消**隨機**核取方塊

❸ **個別變形**

縮放 水平:105%

6 調整長方形路徑的漸層效果

選取**圖層 2**所有貼上的長方形路徑,將**填色**設定成 **0° 線性漸層** ❶。

❶ **漸層**　類型:線性　角度:0°

中間點的位置全都是 50%

● C50、M40 Y40、K100 位置 0%

● C30、M100 Y50、K10 位置 45%

○ 白色 位置 50%

● C30、M100 Y50、K10 位置 55%

● C50、M40 Y40、K100 位置 100%

7 以「色彩增值」合成長方形路徑 (「圖層 2」)

選取**圖層 2** 中的所有長方形,在**透明度**面板設定**漸變模式:色彩增值、不透明度:100%** ❶。接著使用**矩形工具**建立**寬度:160mm、高度:220mm** 的長方形路徑 (填色:任意色) ❷。

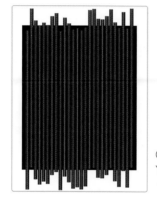

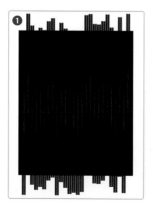

❶

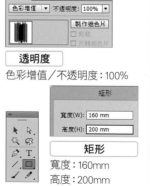

透明度

色彩增值/不透明度:100%

矩形

寬度(W):160 mm

高度(H):200 mm

矩形

寬度:160mm

高度:200mm

❷

填色:任意色/筆畫:無

8 將長方形路徑設定成使用不透明效果的線性漸層

把長方形路徑的**填色**設定成使用不透明效果的 **0° 線性漸層 ❶**。

❶ 漸層的顏色全部使用同色。

● **C50%、M40%、Y40%、K100%**

另外，漸層的中間點位置全都是 **50%**。

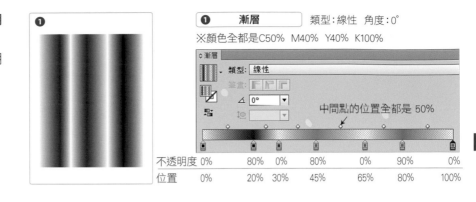

❶ 漸層　　類型：線性　角度：0°

※顏色全都是C50%　M40%　Y40%　K100%

中間點的位置全都是 50%

不透明度	0%	80%	0%	80%	0%	90%	0%
位置	0%	20%	30%	45%	65%	80%	100%

9 以「色彩增值」合成長方形路徑

將設定漸層效果的長方形路徑疊放在背景物件 (黑色) 的位置，在**透明度**面板，設定漸變模式：**色彩增值、不透明度：100% ❶**。

按一下**圖層**面板左側鎖定圖示 **★**，取消**圖層 1** 的鎖定狀態 **❷**，執行『**物件/全部解除鎖定**』命令，解除最下層背景物件 (黑色) 的鎖定狀態 **❸**。

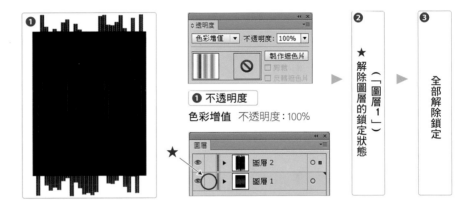

❶ 不透明度

色彩增值　不透明度：100%

★ 解除圖層的鎖定狀態（「圖層 1」）❷

全部解除鎖定 ❸

Finish 製作剪裁遮色片，完成範例

執行『**選取/全部**』命令，再執行『**物件/組成群組**』命令 **❶**。

建立長方形路徑 (**填色：無、筆畫：白色、筆畫寬度：任意**)，移動至右圖的剪裁位置 **❷**。最後執行『**選取/全部**』命令，接著執行『**物件/剪裁遮色片/製作**』命令，完成範例 **❸**。

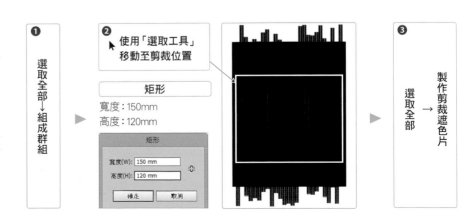

❶ 選取全部 → 組成群組

❷ 使用「選取工具」移動至剪裁位置

矩形

寬度：150mm
高度：120mm

矩形

寬度(W)：150 mm
高度(H)：120 mm

確定　　取消

❸ 選取全部 → 製作剪裁遮色片

45B

VARIATION

立體漸層長條圖

這是延伸 P244-7 的應用範例。操控漸層效果，將物件轉換成條狀圖表，最後將主色改成綠色。

▼ 範例資料夾 ■ 45

B A R   C H A R T

▶ 先以 90° 漸層 (「圖層 1」) 表現圖表的「高度」，再用 0° 漸層 (「圖層 2」) 製造「立體感」。以下的説明從「圖層 2」開始，請先瞭解前後關係，再執行操作步驟。

1 更改「圖層 2」的漸層效果

★ 從 **P244-7- ❶** (設定**色彩增值**～) 開始執行操作步驟。

選取貼至**圖層 2** 的所有長方形路徑 (色彩增值)，將**填色**更改成使用不透明效果的 **0° 線性漸層 ❶**。

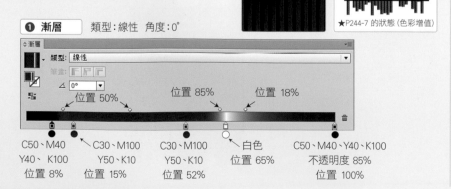

❶ **漸層**　類型：線性　角度：0°

C50、M40
Y40、K100
位置 8%

C30、M100
Y50、K10
位置 15%

C30、M100
Y50、K10
位置 52%

白色
位置 65%

C50、M40、Y40、K100
不透明度 85%
位置 100%

不透明度 85%

★P244-7 的狀態 (色彩增值)

2 選取「圖層 1」

按一下圖層面板左邊的編輯圖示★ (眼睛圖示的右邊)，鎖定**圖層 2 ❶**。接著解除**圖層 1** 的鎖定狀態 ❷，執行『**選取/全部**』命令 ❸。

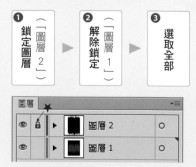

❶ 鎖定圖層 (圖層 2) ▶ ❷ 解除鎖定 (圖層 1) ▶ ❸ 選取全部

圖層
👁 🔒 ▶ 圖層 2 ○
👁 ▶ 圖層 1 ○

★最下層的長方形 (黑色) 是鎖定狀態 (P242-1)

3 調整「圖層 1」的漸層

將選取的長方形路徑（**圖層 1**）**填色**更改成
使用不透明效果的 **90°** 線性漸層 ❶。

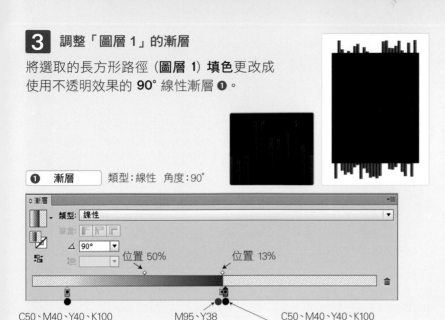

| ❶ | 漸層 | 類型：線性　角度：90° |

位置 50%　　　位置 13%

C50、M40、Y40、K100　　　M95、Y38　　　C50、M40、Y40、K100
不透明度 0% 位置 10%　　不透明度 100% 位置 55%　　不透明度 0% 位置 56%

4 全部解除鎖定→組成群組

解除**圖層 2** 的鎖定狀態後 ❶，
執行『**物件/全部解除鎖定**』命令
★ ❷。接著執行『**選取/全部**』命
令，再執行『**物件/組成群組**』命
令 ❸。

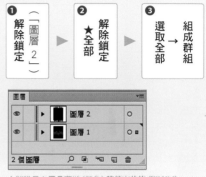

❶（「圖層 2」）解除鎖定 ▶ ❷ ★全部 解除鎖定 ▶ ❸ 選取全部 → 組成群組

★解除最卜層長方形（黑色）的鎖定狀態（**P242-1**）

5 以重新上色圖稿調整物件的顏色

執行『**編輯/編輯色彩/重新上色圖稿**』命令，按下交談窗內
的**編輯**，變成編輯畫面 ❶，再按下**連結色彩調和顏色**，調整
高、S、B 值，更改色彩 ❷。

※使用選項列的 [◉] 圖示，也可以執行重新上色圖稿。

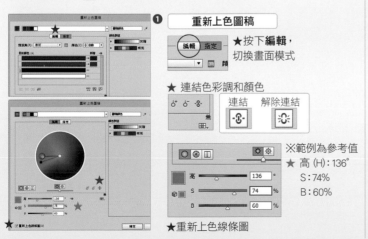

★ 重新上色圖稿
★按下**編輯**，
切換畫面模式

★ 連結色彩調和顏色
連結　解除連結

※範例為參考值
★ 高 (H)：136°
　　S：74%
　　B：60%

★重新上色線條圖

Finish 製作剪裁遮色片，完成範例

建立長方形路徑（**填色：無、筆畫：白色、筆畫
寬度：任意**），請參考下圖的剪裁位置來移動長
方形路徑 ❶。最後，執行『**選取/全部**』命令，
再執行『**物件/剪裁遮色片/製作**』命令 ❷。

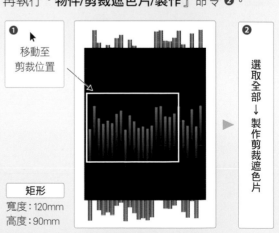

❶
移動至
剪裁位置

矩形
寬度：120mm
高度：90mm

❷
選取全部
↓
製作剪裁遮色片

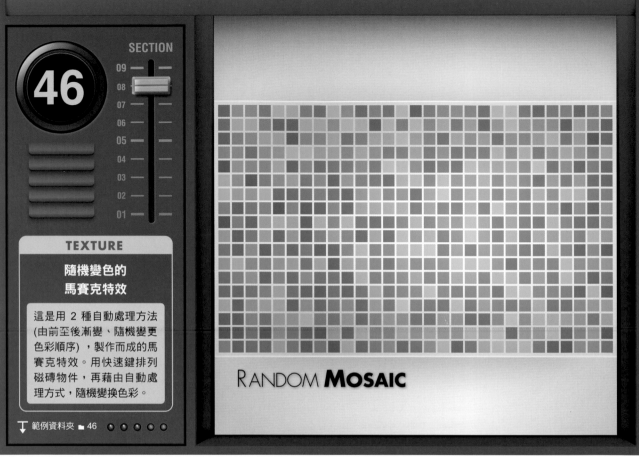

SECTION

09
08
07
06
05
04
03
02
01

46

TEXTURE

隨機變色的馬賽克特效

這是用 2 種自動處理方法（由前至後漸變、隨機變更色彩順序），製作而成的馬賽克特效。用快速鍵排列磁磚物件，再藉由自動處理方式，隨機變換色彩。

範例資料夾 ■ 46

RANDOM **MOSAIC**

▶ 這個範例要解説，使用重複變形指令，將物件排列成長方形，再利用由前至後漸變來分配顏色的方法。
另外，分割影像，排成長方形的方法，可以參考 P268。

---

1 建立指定漸層的長方形路徑

使用 **矩形工具** 建立 **寬度：212mm、高度：128mm** 的長方形路徑 ❶。

將長方形路徑設定成 **填色：90° 線性漸層、筆畫：C10%、M5% Y5%、筆畫寬度：5pt** ❷。

矩形

寬度(W)：212 mm
高度(H)：128 mm

❶ **矩形**

寬度：212mm　高度：128mm
筆畫：C10%、M5%、Y5%
筆畫寬度：5pt

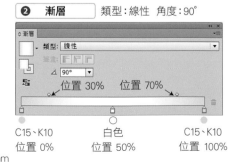

❷ **漸層**　　類型：線性　角度：90°

漸層

類型：線性

∠ 90°

位置 30%　　　位置 70%

C15、K10　　　　白色　　　　C15、K10
位置 0%　　　位置 50%　　　位置 100%

2 往右移動 7mm／拷貝 6mm 的正方形方塊

對當作背景的長方形路徑依序執行『**編輯/拷貝**』命令及執行『**物件/鎖定/選取範圍**』命令 ❶。使用**矩形工具**建立**寬度：6mm**、**高度：6mm** 的長方形路徑（**填色：C50%**），參考圖 ❷，放在背景長方形的左下角 ❷。執行『**物件/變形/移動**』命令，往右移動 **7mm**／拷貝長方形 ❸。

3 使用快速鍵以相同間距排列長方形

選取拷貝的長方形路徑（右邊），按下 Ctrl（ command ）+ D 鍵，往右下移動／拷貝長方形 ❶（**此範例拷貝了 28 次**）。

接著選取橫向排列成一整排的長方形路徑，執行『**物件/變形/移動**』命令，往上移動 **7mm**／拷貝橫排 ❷。維持選取拷貝後橫排長方形的狀態，按下 Ctrl（ command ）+ D 鍵，往上移動／拷貝橫排長方形路徑 ❸（**此範例拷貝了16 次**）。

❷ 移動

距離：7mm
角度：90°
※按下**拷貝**鈕

移動
位置
水平(H)：0 mm
垂直(V)：-7 mm
距離(D)：7 mm
角度(A)：90°

TIPS Ctrl（ command ）+ D

這是重複執行變形的快速鍵。您也可以利用選項選單反覆執行『**物件/變形/個別變形**』命令。這個範例配合背景的長方形，製作出橫 30 × 長 18 的長方形路徑。

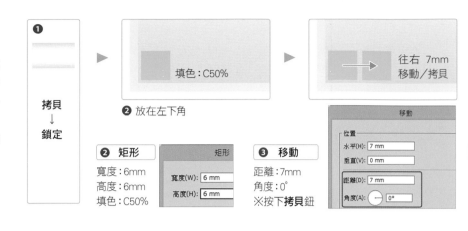

❶

拷貝
↓
鎖定

填色：C50%

❷ 放在左下角

往右 7mm
移動/拷貝

❷ 矩形

寬度：6mm
高度：6mm
填色：C50%

矩形
寬度(W)：6 mm
高度(H)：6 mm

❸ 移動

距離：7mm
角度：0°
※按下**拷貝**鈕

移動
位置
水平(H)：7 mm
垂直(V)：0 mm
距離(D)：7 mm
角度(A)：0°

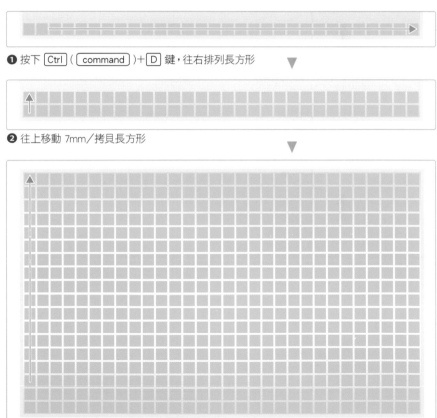

❶ 按下 Ctrl（ command ）+ D 鍵，往右排列長方形

❷ 往上移動 7mm／拷貝長方形

❸ 按下 Ctrl（ command ）+ D 鍵，往上填滿長方形

4 選取下層的長方形路徑再更改路徑的填色

選取左下角的長方形路徑 ❶，將路徑**填色**設定成 **C90%**、**M40%** ❷。

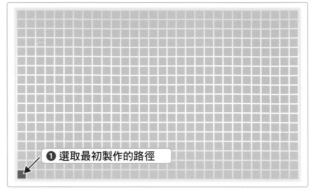

❶ 選取最初製作的路徑

❷ ★填色：C90%、M40%

5 執行由前至後漸變，再隨機變更色彩順序

執行『**選取/全部**』命令 ❶。接著執行『**編輯/編輯色彩/由前至後漸變**』命令 ❷。

在選取全部物件的狀態，執行『**編輯/編輯色彩/重新上色圖稿**』命令，開啟交談窗，按下**隨機變更色彩順序★**，調整顏色的配色類型 ❸。

※有時需要花點時間才能完成自動處理的程序。

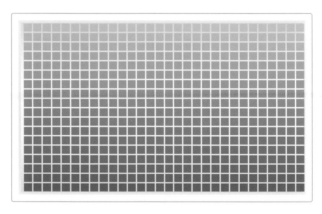

▼

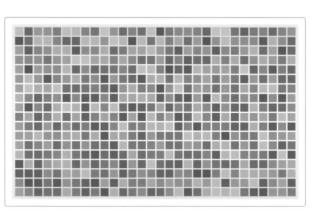

❶
選取全部

※最下層路徑維持鎖定狀態

↓

❷
色彩由前至後漸變

※目的是製作出填色全都不一樣的路徑

↓

❸★
隨機變更色彩順序

 每次按下這個圖示，色彩順序都會產生變化

❸　　　**重新上色圖稿**

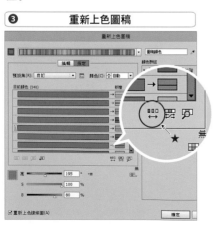

6 使用「漸層工具」編輯放射狀漸層

執行『**編輯/貼至上層**』命令 ❶
（貼上 **P249-2** 拷貝的長方形），
將長方形路徑的**填色**更改成放射
狀漸層、**筆畫：無** ❷。

請參考圖 ❸，使用**漸層工具**往右
移動漸層的原點位置 ❸。

※ 漸層註解者的操作方法請參考 P146。

往右拖曳漸層的原點位置

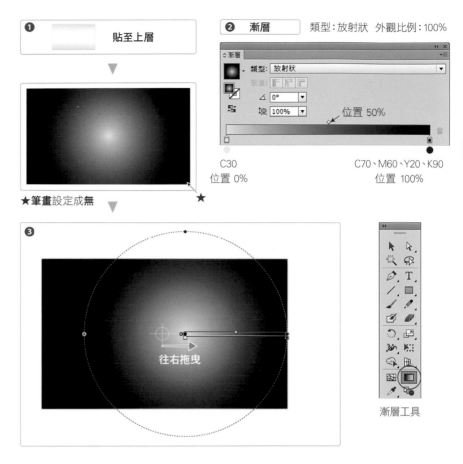

❶ 貼至上層

★**筆畫**設定成**無**

❷ 漸層　　　類型：放射狀　外觀比例：100%

類型：放射狀

位置 50%

C30
位置 0%

C70、M60、Y20、K90
位置 100%

往右拖曳

漸層工具

Finish 以重疊合成讓圖樣產生對比

將長方形（放射狀漸層）設定為
漸變模式：重疊、不透明度：
100% ❶，最後執行『**物件/全部解**
除鎖定』命令，完成範例 ❷。

❷ 最後解除鎖定

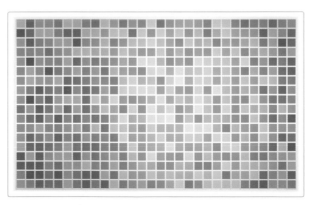

❶ 透明度

漸變模式：重疊
不透明度：100%

46B

VARIATION

利用顏色群組更改配色類型

這是隨機更改色彩類型的馬賽克磁磚。運用 P248 的範例，以顏色群組 (明亮) 及色彩調和規則 (類比 2)，完成範例。

⊥ 範例資料夾 ■ 46

RANDOM TILE PATTERN

▶ 這是從 P250-5 延伸出來的配色類型變化。在 Illustrator 的預設集中，使用顏色群組「明亮 (CS5 是鮮豔)」及色彩調和規則 (類比 2) 來配色。

---

1 利用位移複製消除磁磚的縫隙

(★從 **P250-5** 開始) 選取全部的長方形磁磚，執行『**效果/路徑/位移複製**』命令，以**位移：0.5mm** 擴充長方形磁磚 ❶，接著執行『**物件/擴充外觀**』命令 ❷。

★ P250-5 的狀態

2 將長方形磁磚變成灰階 (提高飽和度)

維持選取全部長方形磁磚的狀態，執行『**編輯/編輯色彩/轉換為灰階**』命令 ❶，接著執行『**編輯/編輯色彩/飽和度**』命令，**強度**設定為 **100%** ❷。

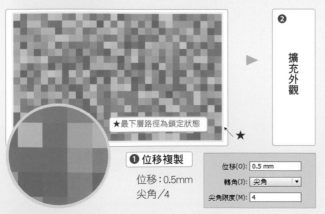

★最下層路徑為鎖定狀態

❷ 擴充外觀

❶ 轉換為灰階

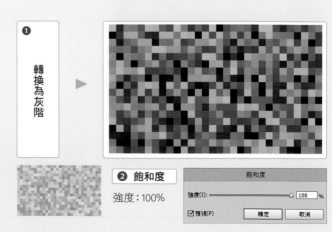

❶ 位移複製

位移：0.5mm
尖角／4

位移(O):	0.5 mm
轉角(J):	尖角 ▼
尖角限度(M):	4

❷ 飽和度

強度：100%

飽和度

強度(I): ─────○ 100 %

☑ 預視(P) 　確定　 取消

3 利用「重新上色圖稿」增加顏色

選取全部的長方形磁磚，執行『**編輯/編輯色彩/重新上色圖稿**』命令，從交談窗右邊的**顏色群組**中，選擇明亮（**CS5** 是鮮豔），讓物件增加顏色 ❶，接著在**色彩調和規則**（下拉式選單）選擇「**類比 2**」❷。

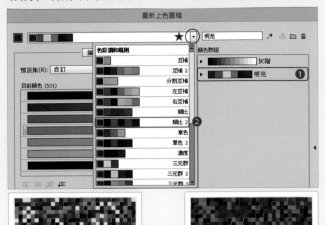

❶ **明亮**（顏色群組）　❷ **類比 2**（色彩調和規則）

4 在長方形磁磚套用效果前的準備步驟

執行『**物件/全部解除鎖定**』命令，解除最下層長方形路徑的鎖定狀態 ❶。接著執行『**物件/隱藏/選取範圍**』命令 ❷，使用**選取工具**選取全部的長方形磁磚。

然後執行『**編輯/拷貝**』命令 ❸，再執行『**物件/組成群組**』命令，讓全部的長方形磁磚變成一個群組後，執行『**物件/鎖定/選取範圍**』命令 ❹，再執行『**編輯/貼至上層**』命令 ❺。

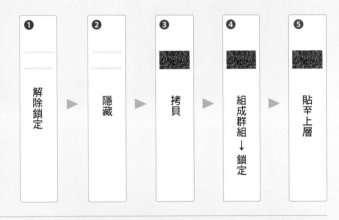

❶ 解除鎖定　❷ 隱藏　❸ 拷貝　❹ 組成群組→鎖定　❺ 貼至上層

5 讓長方形磁磚的上邊變白、下邊變黑 ── 套用「內光暈」讓磁磚邊緣變暗

貼上的長方形磁磚，將**填色**設定為使用不透明效果的 **90°** 線性漸層 ❶。

執行『**效果/風格化/內光暈**』命令，設定**模式：色彩增值**，模糊長方形磁磚的內側 ❷。

❶ **漸層**　類型：線性　角度：90°

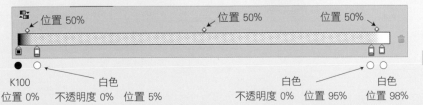

位置 50%　　位置 50%　　位置 50%

K100　　白色　　　　　　白色　　　　　　白色
位置 0%　不透明度 0%　位置 5%　　不透明度 0%　位置 95%　位置 98%

❷ **內光暈**

模式：色彩增值
光暈顏色：黑色
100%／0.5mm／邊緣

內光暈

模式(M)：色彩增值
不透明度(O)：100%
模糊(B)：0.5 mm
　○ 居中(C)　◉ 邊緣(E)
□ 預視(P)　　確定　　取消

6 將最下層的長方形路徑移至最前

選取上層所有的長方形磁磚，執行『**物件/組成群組**』命令 ❶，接著執行『**物件/顯示全部物件**』命令 ❷，再依序執行『**編輯/剪下**』命令及執行『**編輯/貼至上層**』命令 ❸ ❹。

❶ 組成群組

❷ 顯示全部物件

❸ 剪下

❹ 貼至上層

7 更改長方形路徑的漸層效果

貼上長方形路徑之後，將**填色**更改成 **0° 線性漸層** ❶，再把長方形路徑的**筆畫**設定為**無** ❷。

❶

❷ 筆畫設定為無

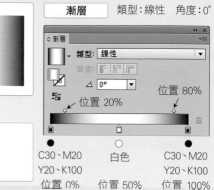

漸層　類型：線性　角度：0°

類型：線性

筆畫

0°

位置 20%　位置 80%

● C30、M20 Y20、K100 位置 0%　○ 白色 位置 50%　● C30、M20 Y20、K100 位置 100%

8 使用「色彩增值」合成漸層

使用**透明度**面板，將最上層的長方形路徑設定為**漸變模式：色彩增值、不透明度：100%** ❶。接著執行『**編輯/拷貝**』命令 ❷。

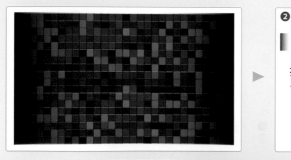

❷ 拷貝

❶　透明度

漸變模式：色彩增值
不透明度：100%

色彩增值　不透明度：100%

製作遮色片
□ 剪裁
□ 反轉遮色片

Finish 改變漸層角度，完成範例

執行『**編輯/貼至上層**』命令 ❶，將長方形路徑的漸層角度調整成 **90°** ❷。最後執行『**物件/全部解除鎖定**』命令，完成範例 ❸。

❶ 貼至上層

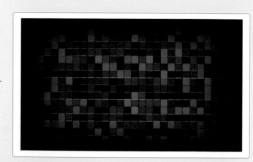

漸層

類型：線性

筆畫

90°

❷ ★角度調整成 90°

❸ 解除鎖定

SECTION

09
08
07
06
05
04
03
02
01

47

BLUE DOT CIRCLE BACKGROUND

TEXTURE

隨機旋轉的點狀圓圈

這是將虛線變成圓點,再利用漸變展開之後,製作出點狀圓圈。垂直變化的漸層加上隨機旋轉效果,完成與黑色背景融合的立體圓圈。

範例資料夾 ■ 47

▶ 排列成圓圈狀的圓點是以虛線製作同心圓,再執行漸變的結果。由內往外漸變,讓圓點排列成甜甜圈形狀。此效果的關鍵在於,虛線設定與關閉縮放效果。

---

1 設定虛線讓圓點排成圓圈狀

使用**橢圓形工具**建立**寬度:92mm**、**高度:92mm** 橢圓形路徑 ❶。

橢圓形路徑設定成**填色:無、筆畫:K100%、筆畫寬度:18pt、端點:圓端點★**,製作以圓點構成的虛線 ❷。

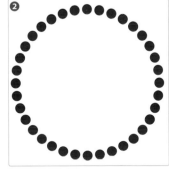

❷

❶ 橢圓形

寬度:92mm 高度:92mm
填色:無

橢圓形	
寬度(W):	92 mm
高度(H):	92 mm

❷ 筆畫

筆畫:K100%
寬度:18pt
端點:★圓端點
虛線:將虛線對齊到尖角和路徑終點,並調整最適長度
虛線:0pt
間隔:20pt

2 不改變圓點的大小只放大圓圈

執行『**物件/變形/縮放**』命令★，放大 **240%**／拷貝橢圓形路徑 ❶。

TIPS ★ **縮放筆畫和效果**

請在**縮放**交談窗的選項中，勾選**縮放筆畫和效果**，再放大圓圈。

❶ 縮放

一致：240%
□ 縮放筆畫和效果
※ 按下**拷貝**鈕

3 展開漸變製作出圓點狀圓圈

執行『**物件/漸變/漸變選項**』命令，設定**間距**為指定階數：8 ❶，接著執行『**選取/全部**』命令，再執行『**物件/漸變/製作**』命令 ❷。

依序執行『**物件/漸變/展開**』命令 ❸及執行『**物件/路徑/外框筆畫**』命令，讓圓點排列成甜甜圈的形狀 ❹。

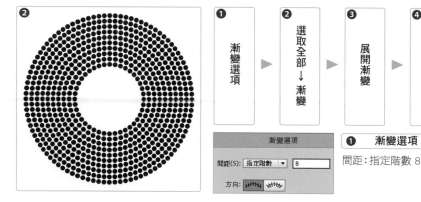

❶ 漸變選項 ➤ ❷ 選取全部 → 漸變 ➤ ❸ 展開漸變 ➤ ❹ 外框筆畫

漸變選項

間距(S)：指定階數 ▼ 8
方向：

❶ 漸變選項

間距：指定階數 8

4 在點狀圓圈套用 90° 線性漸層

維持選取所有圓點的狀態，執行『**物件/解散群組**』命令 ❶，**填色**設定成 **90° 線性漸層** ❷。再使用**矩形工具**，於最下層建立**寬度：250mm**、**高度：250mm** 的長方形路徑 ❸。

填色：C100、M50、Y50、K100

❸ 矩形

寬度：250mm
高度：250mm
※移至最後

矩形

寬度(W)：250 mm
高度(H)：250 mm

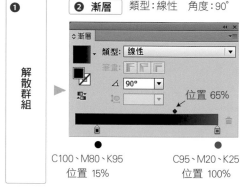

❶ 解散群組

❷ 漸層　類型：線性　角度：90°

漸層

類型：線性
筆畫：
∠ 90°
位置 65%

C100、M80、K95
位置 15%

C95、M20、K25
位置 100%

5 利用個別變形隨機旋轉圓圈

執行『**物件/鎖定/選取範圍**』命令，鎖定長方形後 **①**，再選取整個圓圈，執行『**物件/變形/個別變形**』命令，隨機旋轉圓圈 **②**，接著執行『**編輯/剪下**』命令 **③**。

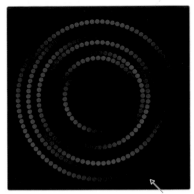

① 解除鎖定

TIPS **隨機旋轉**

按下**個別變形**交談窗內的**預視**核取方塊，可以反覆變化，直到找到您喜愛的類型。

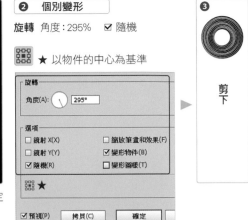

② 個別變形

旋轉 角度：295% ☑ 隨機

★ 以物件的中心為基準

③ 剪下

6 拷貝圓圈再釋放複合路徑

執行『**物件/全部解除鎖定**』命令，解除長方形的鎖定狀態後 **①**。接著依序執行『**編輯/貼至上層**』命令及執行『**物件/鎖定/選取範圍**』命令 **②**。

再執行『**編輯/貼至上層**』命令 **③**，然後執行『**物件/複合路徑/釋放**』命令，套用在貼上的圓圈上 **④**。

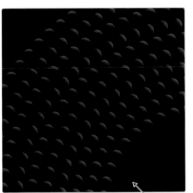

① 解除鎖定

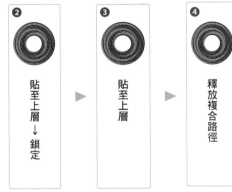

② 貼至上層↓鎖定

③ 貼至上層

④ 釋放複合路徑

7 將圓圈設定成白／黑放射狀漸層

貼上圓圈之後，將**填色**設定成白／黑放射狀漸層 **①**。執行『**物件/組成群組**』命令 **②**。

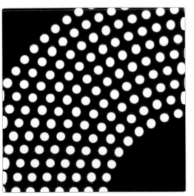

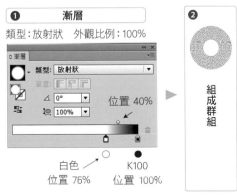

① 漸層

類型：放射狀　外觀比例：100%

位置 40%

白色
位置 76%

K100
位置 100%

② 組成群組

8 以「柔光」合成白／黑放
射狀漸層

使用**透明度**面板，將最上層的圓
圈（白／黑放射狀漸層）設定為
漸變模式：柔光、不透明度：
100% ❶。

接著選取最下層的長方形路徑，
執行『**編輯/拷貝**』命令 ❷，再執
行『**選取/取消選取**』命令 ❸。

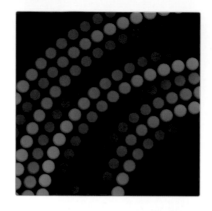

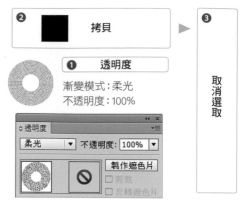

拷貝

❷

❸

取消選取

❶ 透明度

漸變模式：柔光
不透明度：100%

9 長方形路徑的填色設定為
線性漸層

執行『**編輯/貼至上層**』命令 ❶，
將長方形路徑的**填色**設定為 0°
線性漸層（白／黑）❷。

貼至上層

❶

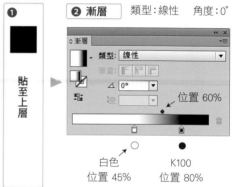

❷ 漸層　　類型：線性　　角度：0°

位置 60%

白色
位置 45%

K100
位置 80%

Finish 以「色彩加深」讓物件的
右側變暗

在**透明度**面板，將長方形路徑設
定為**漸變模式：色彩加深、不透**
明度：50%〜60% ❶。最後執行
『**物件/全部解除鎖定**』命令，
完成範例 ❷。

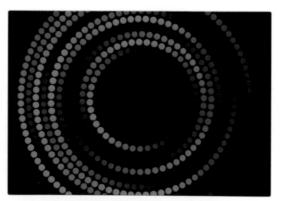

❶ 透明度

漸變模式：色彩加深
不透明度：50%〜60%

❷

解除鎖定

47B

VARIATION

以彎曲效果變形
鏡面反射的波浪圓點

這是在虛線套用漸變效果
的點狀線條應用範例。以
漸層表現鏡面反射效果，
再利用彎曲變形，製作出
寬闊的點狀集合體。

↧ 範例資料夾 ■ 47

RED DOT WAVE BACKGROUND

▶ 這是用漸變展開直線的虛線圓點應用範例。製作重點是，與圓點尺寸同步變化的漸層及彎曲效果相輔相成，才能完成有著遠近感的寬闊畫面。

---

1 將直線變成點狀虛線

使用**線段區段工具**建立**長度：270mm** 的直線路徑 ❶。直線路徑設定成**筆畫：K100%**（填色：無）、**筆畫寬度：7.5pt**、**端點：圓端點★**，製作出以圓點構成的虛線 ❷。

線段區段工具

●●

筆畫：K100%　填色：無

線段區段工具選項
長度(L)：270 mm
角度(A)： 0°
☑ 填滿線條(F)

❶ 線段區段工具

長度：270mm
角度：0°

❷ 筆畫

筆畫：K100%
寬度：7.5pt
端點：★圓端點
虛線：將虛線對
齊到尖角和路徑
終點，並調整最
適長度
虛線：0pt
間隔：10pt

筆畫
寬度： 7.5 pt
端點：
尖角： 限度：10
對齊筆畫： ★
☑ 虛線
0 pt 10 p
虛線 間隔 虛線 間隔 虛線 間隔
箭頭：
縮放：100% 100%
對齊：
描述檔： 一致

---

2 往上移動／拷貝調整圓點大小的虛線

執行『**物件/變形/移動**』命令，往上移動 **83mm**／拷貝套用虛線的直線路徑 ❶。

筆畫寬度改成 **4pt**，縮小點狀虛線的尺寸 ❷。

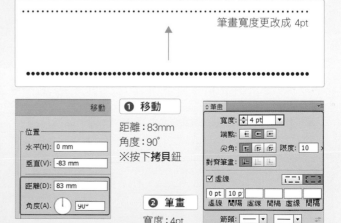

筆畫寬度更改成 4pt

移動
位置
水平(H)： 0 mm
垂直(V)： -83 mm
距離(D)： 83 mm
角度(A)： 90°

❶ 移動

距離：83mm
角度：90°
※按下**拷貝**鈕

❷ 筆畫

寬度：4pt

筆畫
寬度： 4 pt
端點：
尖角： 限度：10
對齊筆畫：
☑ 虛線
0 pt 10 p
虛線 間隔 虛線 間隔 虛線 間隔
箭頭：

3 將虛線展開成點狀 (橢圓形路徑) 集合體

執行『**物件/漸變/漸變選項**』命令，設定**間距**為**指定階數：24 ❶**，接著執行『**選取/全部**』命令 ❷，再執行『**物件/漸變/製作**』命令 ❸，然後執行『**物件/漸變/展開**』命令 ❹，最後執行『**物件/路徑/外框筆畫**』命令，將虛線變成由橢圓形路徑構成的物件 ❺。

❶ 漸變選項 | ❷ 選取全部 | ❸ 製作漸變 | ❹ 展開漸變 | ❺ 外框筆畫

漸變選項

間距(S)：指定階數　24
方向：

❶ **漸變選項**

間距：指定階數 24

---

4 設定 90° 線性漸層→移動／拷貝當作鏡面反射的物件

將物件的**填色**設定成 **90° 線性漸層 ❶**，按住 Shift 鍵不放，使用**漸層工具**從物件下方往上拖曳 ❷。

執行『**物件/變形/個別變形**』命令，移動 **85.7mm**／旋轉／拷貝物件 ❸。接著使用**矩形工具**建立**寬度：300mm**、**高度：210mm**、**填色 C40%**、**M60%**、**Y60%**、**K100%** 的長方形路徑，放在物件最下層 ❹。

❷ Shift + **漸層工具**由下往上拖曳

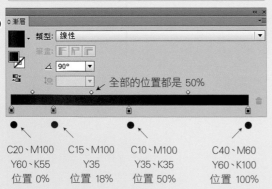

★ 漸層

類型：線性
∠ 90°
全部的位置都是 50%

C20、M100 | C15、M100 | C10、M100 | C40、M60
Y60、K55 | Y35 | Y35、K35 | Y60、K100
位置 0% | 位置 18% | 位置 50% | 位置 100%

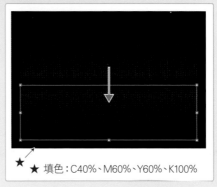
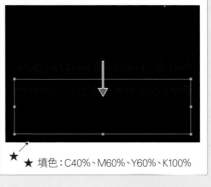

★ 填色：C40%、M60%、Y60%、K100%

❶ **漸層**

類型：線性　角度：90°

❹ ★ **矩形**

寬度：300mm　高度：210mm

矩形

寬度(W)：300 mm
高度(H)：210 mm

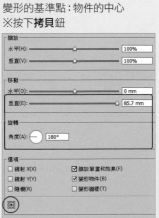

❸ **個別變形**

變形的基準點

移動 垂直：85.7mm
旋轉 角度：180°
變形的基準點：物件的中心
※按下**拷貝**鈕

縮放
水平(H)：100%
垂直(V)：100%

移動
水平(O)：0 mm
垂直(E)：85.7 mm

旋轉
角度(A)：180°

選項
☐ 鏡射 X(X) ☑ 縮放筆畫和效果(F)
☐ 鏡射 Y(Y) ☑ 變形物件(B)
☐ 隨機(R) ☐ 變形圖樣(T)

☑ 預視(P) 　拷貝(C) 　確定 　取消

5 設定鏡面反射的漸層效果

將移動／拷貝後的物件**填色**設定成使用不透明效果的 **90° 線性漸層 ❶**。

❶ 漸層 類型：線性 角度：90°

● C25、M100、Y65、K70
位置 0%

C40、M60、Y60、K100 ●
不透明度 0% 位置 100%

---

6 以彎曲 (凸形) 變形整個物件

選取背景長方形以外的物件，執行『**物件/組成群組**』命令 ❶，接著執行『**效果/彎曲/凸形**』命令，變形群組 ❷。

❶ 組成群組
※ 除背景（黑色）以外的物件組成群組

❷ 彎曲 (凸形)
樣式：凸形／水平／彎曲：-30%

Finish 以彎曲 (魚眼) 變形整個物件

執行『**效果/彎曲/魚眼**』命令，出現提醒重複使用效果的交談窗，按下**套用新效果**鈕 ❶。
在**彎曲選項**交談窗內，設定魚眼效果，完成範例 ❷。

❶
重複使用效果

※ 提醒交談窗請選擇**套用新效果**

❷ 彎曲 (魚眼)
樣式：魚眼／彎曲：-40%

SECTION

48

09
08
07
06
05
04
03
02
01

TEXTURE

以重疊模式製作閃亮的
點狀模糊

利用重疊與羽化效果，讓
隨機排列的橢圓形路徑變
成點光源紋理。調整不透
明度的設定值與羽化的半
徑，呈現閃閃發亮的點狀
模糊背景。

↧ 範例資料夾 ▬ 48 ○ ○ ○ ○ ○

White Lights

▶ 想製造出相機鏡頭下的美麗點狀模糊，關鍵就在模糊效果與不透明度 (重疊) 的設定值。以大片模糊背景逐漸聚焦的感覺，完成整個影像。

1 利用長方形路徑製作 3×3 的漸層網格

使用 **矩形工具** 建立 **寬度：200mm、高度：200mm、填色：C68%、M44%、Y43%、K36% (筆畫：無)** 的長方形路徑 **❶**。

執行『**物件/建立漸層網格**』命令，在長方形路徑套用 **橫欄 3、直欄 3** 的漸層網格 **❷**。

★ 填色：C68%、M44%
　　　　Y43%、K36%
筆畫：無

❶ **矩形**

寬度：200mm
高度：200mm

矩形

寬度(W): 200 mm
高度(H): 200 mm

確定　　取消

❷ **漸層網格**

橫欄：3　　直欄：3
外觀：平坦　反白：100

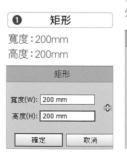

建立漸層網格

橫欄(R): 3
直欄(C): 3
外觀(A): 平坦 ▼
反白(H): 100%

☑ 預視(P)　　確定

2 隨機編輯網格上的錨點

執行『**選取/取消選取**』命令，★按住 Shift 鍵不放，使用**直接選取工具**隨機按一下網格上的錨點（範例選了 **5** 個點），再更改**填色** ❶。同樣隨機選取尚未設定的錨點（範例選了 **5** 個點），再更改**填色** ❷。接著執行『**物件/鎖定/選取範圍**』命令 ❸。

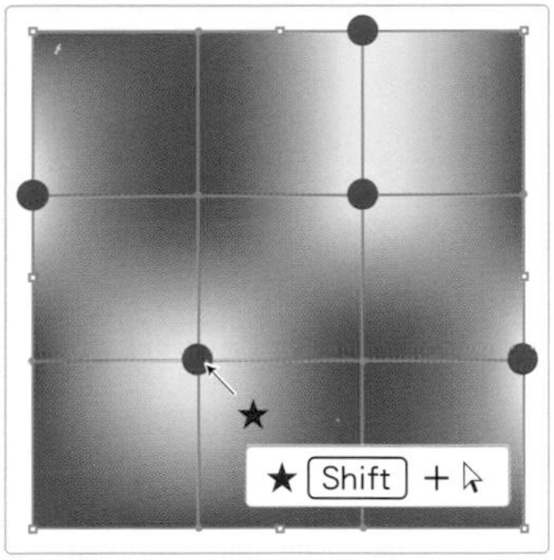

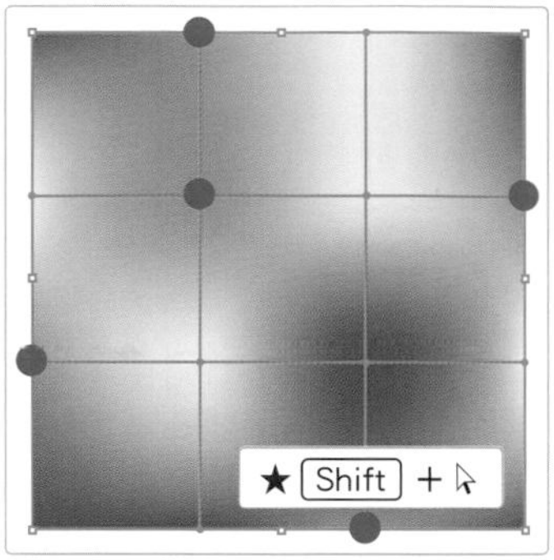

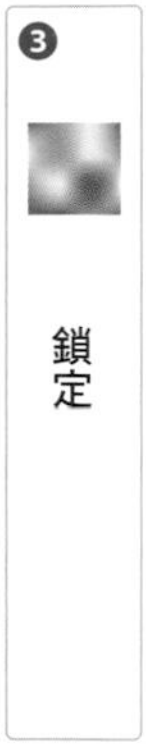

❶ 填色：C13%、M5%、Y5%

❷ 填色：C42%、M25%、Y27%、k17%

3 將橢圓形路徑放在背景路徑的右上方

使用**橢圓形工具**建立**寬度：20mm**、**高度：20mm** 的橢圓形路徑 ❶。以**選取工具**將橢圓形路徑移動到背景路徑的右上方，並且將路徑的**填色**設定成使用不透明效果的 **0°** 線性漸層 ❷。

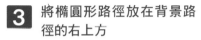

❶ 橢圓形

寬度：20mm　高度：20mm
※筆畫：無　★放在右上方

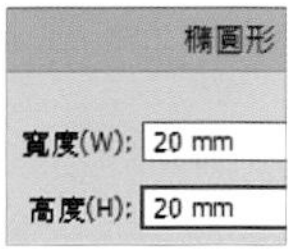

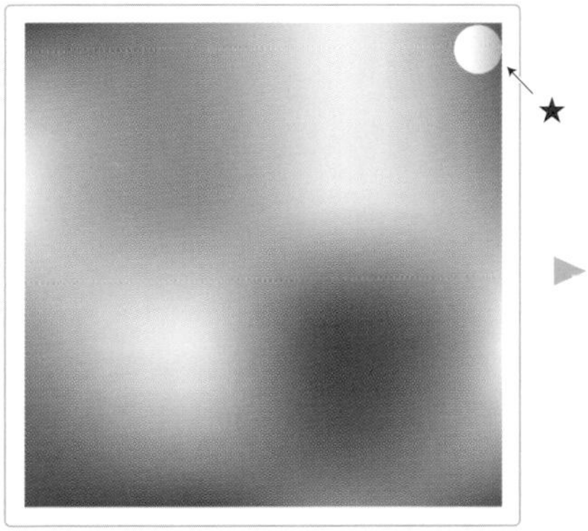

❷ 漸層　類型：線性　角度：0°

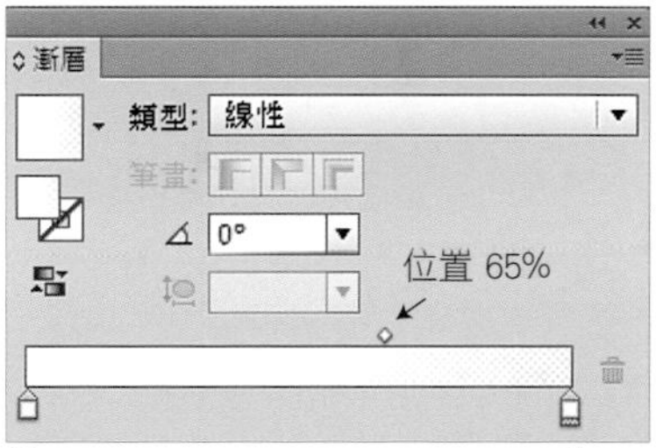

白色
位置 0%

白色　不透明度 50%
位置 100%

4 重複執行變形效果排出 6×6 的橢圓形路徑

執行『**效果/扭曲與變形/變形**』命令，往左排列橢圓形路徑 ❶。再次執行『**效果/扭曲與變形/變形**』命令（★出現提醒交談窗時，請按下**套用新效果**）往下排列橫排橢圓形路徑 ❷。

★重複使用效果
直接按下提醒交談窗中的**套用新效果**鈕。

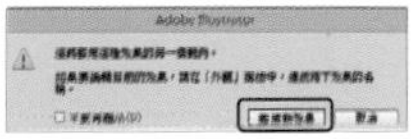

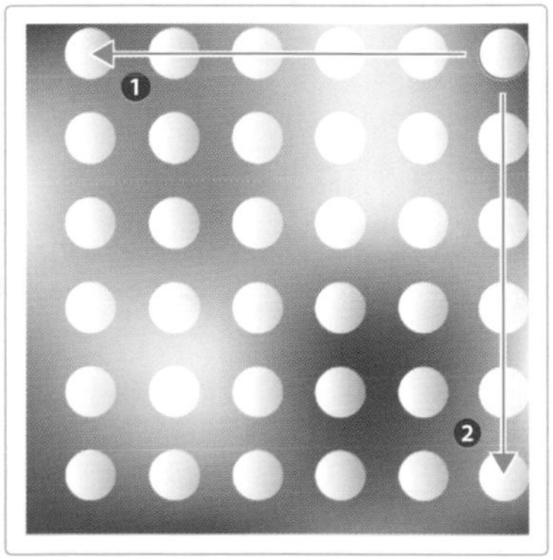

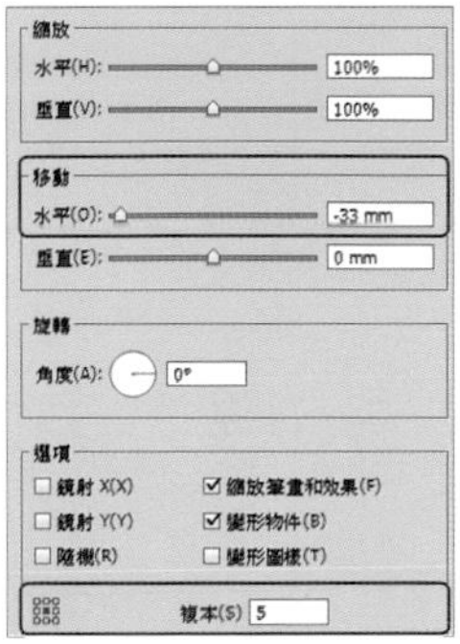

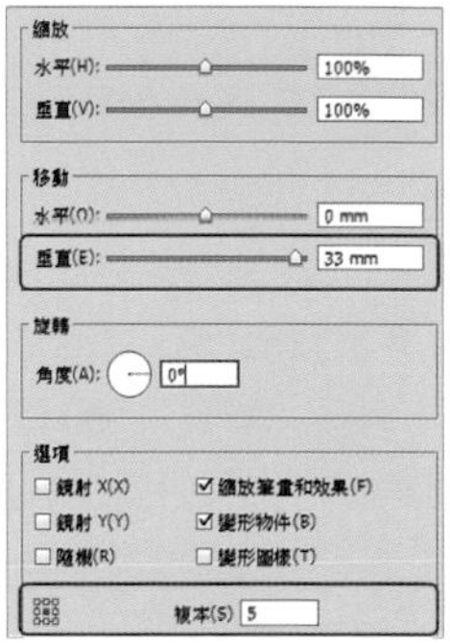

❶ 變形效果

移動 水平：-33mm
複本：5

❷ 變形效果

移動 垂直：33mm／複本：5
※ CS4 是 -33mm

5　隨機選取橢圓形路徑並更改填色…1

執行『**物件/擴充外觀**』命令 **❶**，接著執行『**物件/解散群組**』命令 2 次 **❷**。

使用 [Shift] 鍵＋**選取工具**隨機選取 3 個橢圓形路徑，更改路徑的**填色**（範例是將**漸層**面板左邊的色標由白色變成 **M40%、Y40%**）**❸**。把全部的橢圓形路徑設定為**筆畫：白色、筆畫寬度：1.5pt ❹**。

❸ [Shift] + ▶

隨機選取 3 個橢圓形路徑

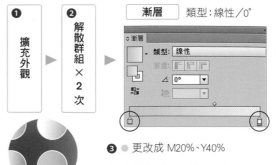

漸層　類型：線性／0°

❸ ● 更改成 M20%、Y40%

❹ ★筆畫：白色　筆畫寬度：1.5pt
（套用在全部橢圓形路徑的筆畫）

6　隨機選取橢圓形路徑並更改填色…2

使用 [Shift] 鍵＋**選取工具**隨機選取 3 個橢圓形路徑，更改路徑的**填色**（範例是將**漸層**面板左邊的色標由白色變成 **C40%、M15%、Y40%**）**❶ ❷**。

執行『**選取/全部**』命令，接著執行『**編輯/拷貝**』命令 **❸**。再執行『**物件/隱藏/選取範圍**』命令 **❹**。

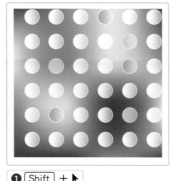

❶ [Shift] + ▶

隨機選取 3 個橢圓形路徑

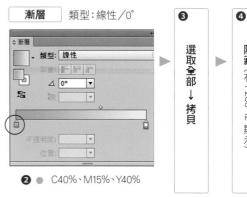

漸層　類型：線性／0°

❷ ● C40%、M15%、Y40%

❸ 選取全部 ↓ 拷貝

❹ 隱藏（在 P266-12 顯示）

7　將橢圓形路徑填滿背景

執行『**編輯/貼至上層**』命令 **❶**，接著執行『**物件/組成群組**』命令 **❷**，再執行『**物件/變形/個別變形**』命令，往左下移動／拷貝貼上的橢圓形路徑（群組）。此時，最理想的狀態是，讓彩色圓點平均分布（範例使用了**鏡射 X (X)**）**❸**。

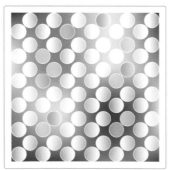

往左下移動／拷貝橢圓形路徑 (群組)

❶ 貼至上層

❷ 組成群組

❸ 個別變形

移動　水平：-15mm
　　　　垂直：15mm

☑ 鏡射 X (X)

※按下**拷貝**鈕

8 使用「個別變形」隨機調整位置

執行『**選取/全部**』命令 **❶**，接著執行『**物件/解散群組**』命令 **2** 次，再執行『**編輯/拷貝**』命令 **❷**。

然後執行『**物件/變形/個別變形**』命令，設定移動值、大小、旋轉方向後，隨機改變路徑的位置 **❸**。

❸ 按一下**預視**核取方塊，可以改變排列類型。

隨機改變擺放位置，避免過於呆板

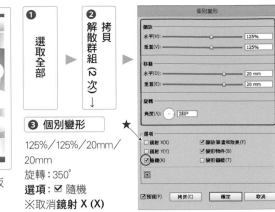

❶ 選取全部 ▶ **❷** 拷貝解散群組 (2 次) ↓ ▶

❸ 個別變形 ★

125%／125%／20mm／20mm

旋轉：350°

選項：☑ 隨機

※取消**鏡射 X (X)**

---

9 以羽化 3mm、不透明度 10% 融入背景

使用**透明度**面板，將隨機擺放的橢圓形路徑設定為**漸變模式：重疊、不透明度：10% ❶**。

執行『**效果/風格化/羽化**』命令，以**半徑 3mm** 模糊橢圓形路徑 **❷**。執行『**物件/鎖定/選取範圍**』命令，鎖定所有顯示中的物件 **❸**。

以重疊合成後，再以半徑：3 mm 模糊

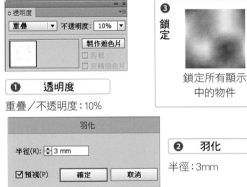

❶ 透明度

重疊／不透明度：10%

❷ 羽化

半徑：3mm

❸ 鎖定

鎖定所有顯示中的物件

---

10 以羽化 2mm、不透明度 20% 融入背景

執行『**編輯/貼至上層**』命令 **❶**，使用**透明度**面板，將貼上的橢圓形路徑設定為**漸變模式：重疊、不透明度：20% ❷**。接著執行『**效果/羽化**』命令，以**半徑 2mm** 模糊橢圓形路徑 **❸**。

執行『**物件/變形/個別變形**』命令，按一下**預視**核取方塊，讓排列類型產生變化（設定值與 **P265-8** 相同）**❹**。接著執行『**物件/鎖定/選取範圍**』命令 **❺**。

改變設定值，重複步驟 8～9 的操作步驟

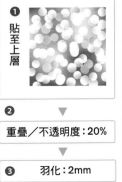

❶ 貼至上層

❷ 重疊／不透明度：20%

❸ 羽化：2mm

※ 設定值與 P265-8 相同

❹❺ 個別變形 → 鎖定

★按一下讓排列類型產生變化

11 以羽化 1.5mm、不透明度 40% 融入背景

執行『**編輯/貼至上層**』命令 ❶，使用**透明度**面板，將貼上的橢圓形路徑設定為**漸變模式：重疊、不透明度：40%** ❷。接著執行『**效果/羽化**』命令，以**半徑 1.5mm** 模糊橢圓形路徑 ❸。

執行『**物件/變形/個別變形**』命令，縮放的設定值為 **80%**，按一下**預視**核取方塊，讓排列類型產生變化 ❹，再執行『**物件/鎖定/選取範圍**』命令 ❺。

改變設定值，重複執行 P265-10 的操作步驟

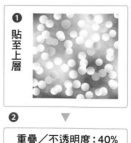
貼至上層

❷

▼

重疊／不透明度：40%

❸　羽化：1.5mm

❹❺　個別變形 → 鎖定

80%／80%／20mm／20mm／350˚
選項：隨機
※按下**預視**核取方塊

12 將隱藏在下層的橢圓形路徑移至最上層

執行『**物件/顯示全部物件**』命令 ❶，接著執行『**物件/排列順序/移至最前**』命令 ❷。

再執行『**物件/變形/個別變形**』命令，縮放的設定值為 **70%**、移動的設定值更改成 **30mm**，接著按一下**預視**核取方塊 ❸。

顯示 P264-6 隱藏的物件 → 移至最前 → 隨機變化排列位置

❶　顯示全部物件

▼

❷　移至最前

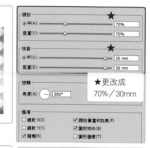

❸　個別變形

70%／70%／30mm／30mm／350˚
選項：隨機
※ 按下**預視**核取方塊

Finish 最上層的橢圓形路徑套用羽化 1mm、不透明度 90%

使用**透明度**面板，將移至最上層的橢圓形路徑設定為**漸變模式：重疊、不透明度：90%** ❶。

執行『**效果/羽化**』命令，以半徑 **1mm** 模糊橢圓形路徑 ❷。

最後，執行『**物件/全部解除鎖定**』命令 ❸。

❶　透明度

重疊／不透明度：90%

❷　羽化

半徑：1mm

❸
全部解除鎖定

49   P.268

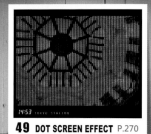

49   DOT SCREEN EFFECT   P.270

50   P.271

50   MEZZOTINT×TEXTURE   P.273

The Second Section

材質特效

Section 09

利用照片素材
製作特效

51   P.274

51B   VARIATION   P.277

52   P.280

53   P.284

SECTION
09
08
07
06
05
04
03
02
01

49

TEXTURE

分割影像的
點狀螢幕效果

這是將嵌入影像分割成磁磚狀的馬賽克特效。自動指令加上形狀轉換效果，就能將照片變成點狀影像。

■ 地點是東京築地的勝鬨橋

⊤ 範例資料夾 ■ 49 ○ ○ ○ ○ ○

06:20 KACHIDOKI-BRIDGE

▶若要平均排列圓點，可以利用馬賽克命令的「使用比例」，製作正方形磁磚。為了清楚傳達照片影像，特別增加了縱向縫隙。

---

1 用「連結」面板嵌入影像檔案

將影像檔案 (範例是 **KACHIDOKI. jpg**) 拖放至工作區域 ❶。

在**連結**面板的選項選單★執行『**嵌入影像**』命令，將影像嵌入工作區域 ❷。

TIPS 也可以執行點陣化
雖然有時右邊或下面會出現灰色馬賽克，不過利用**物件**功能表執行點陣化，也可以製作馬賽克物件。

KACHIDOKO.jpg

寬度 12.5mm × 高度 90mm／解析度 300pixel/inch／RGB／無描述檔

連結

KACHIDOKI.jpg ❷

利用選項選單執行『**嵌入影像**』命令

❶

DRAG & DROP

2 製作拼貼數目 80 × 80 的馬賽克物件

執行『**物件/建立物件馬賽克**』命令 ❶，接著執行『**物件/解散群組**』命令 ❷。

TIPS ★ **使用比例 (排列正方形拼貼)**
按下「**使用比例**」，會在「**拼貼數目**」的欄位中，自動輸入製作正方形拼貼的比例 (先輸入預期的拼貼數目)。

密技!
對點陣化後的長方形路徑執行『**建立物件馬賽克**』命令，可以在長方形範圍內排列四方型拼貼。

建立物件馬賽克

拼貼數目：80／80
刪除點陣圖

解散群組

3 使用「轉換為以下形狀」製作圓點馬賽克

執行『**效果/轉換為以下形狀/橢圓**』命令，將全部的長方形馬賽克轉換成橢圓形路徑 (範例是轉換成直徑 1mm) ❶。
接著執行『**物件/擴充外觀**』命令 ❷。

❶ 轉換為以下形狀

外框：橢圓形
絕對尺寸：1mm／1mm

擴充外觀

Finish 在點狀馬賽克的背景放置黑色長方形

執行『**物件/組成群組**』命令，將全部的橢圓形建立群組 ❶。
使用**矩形工具**建立**寬度：130mm、高度：130mm、填色：C50%、M40%、Y40%、K100%** 的長方形路徑 ❷，接著執行『**物件/排列順序/移至最後**』命令。
最後使用**對齊**面板讓 2 個物件居中對齊，完成範例 ❸。

填色：C50%、M40%、Y40%、K100%

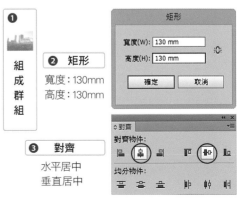

❶ 組成群組

❷ 矩形
寬度：130mm
高度：130mm

❸ 對齊
水平居中
垂直居中

DOT SCREEN EFFECT

測試影像分割效果的應用範例

這是使用**建立物件馬賽克**，製作點狀螢幕效果的應用範例。請參考 **P268～269** 的操作步驟，完成影像。

TOKYO-STATION.jpg
（原始影像）

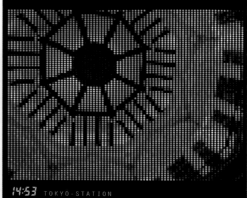

14:53 TOKYO-STATION

TOYOSU.jpg ▶

◀ HILLS.jpg

17:05 HILLS

07:35 TOYOSU

SHINJYUKU.jpg ▶

◀ YOKOHAMA.jpg

14:50 YOKOHAMA

12:38 SHINJYUKU

Photo1～5：寬度 85mm × 高度 40mm／解析度 300pixel/inch／RGB／無描述檔

09
The Second Section 材質特效

SECTION 50

TEXTURE

以網線銅版製作
照片的雜訊特效

利用 Photoshop 效果的網
線銅版 (長線)，在影像加
上線條雜訊。降低合成影
像的飽和度，營造出寂靜
的氛圍。

▼ 範例資料夾 📁 50 ○ ○ ○ ○ ○

▶ 此範例是利用漸變模式的色相來控制顏色。加上一點 Photoshop 效果中的**高斯模糊**，可以減緩刻線 (網線銅版) 的雜訊感。

---

1 在置入的影像檔案加上網線銅版效果

將影像檔案 (範例是 **GINZA.jpg**)
拖放到工作區域 ❶。

接著執行『**編輯/拷貝**』命令
❷，再執行『**效果/像素/網線銅
版**』命令，設定**長線**，將效果套
用在影像上 ❸。

GINZA.jpg

❶ DRAG & DROP

❷ 拷貝

❸ **網線銅版** 　類型：長線

GINZA.jpg：寬度 150mm × 高度 150mm／解析度 300pixel/inch／RGB／無描述檔

2 旋轉貼上的影像再次套用網線銅版效果

執行『**編輯/貼至上層**』命令 **❶**，接著執行『**物件/變形/旋轉**』命令，將貼上的影像旋轉 90° **❷**。執行『**物件/點陣化**』命令後，再執行『**效果/像素/網線銅版**』命令，在旋轉後的影像套用網線銅版 (長線) 效果 **❸**。

❶ 貼至上層

❷ 旋轉　角度：90°

❸ 網線銅版　類型：長線

3 將旋轉後的影像恢復原狀再以「色彩增值」合成

執行『**物件/擴充外觀**』命令 **❶**，接著執行『**物件/變形/旋轉**』命令，將影像旋轉 -90° **❷**。在**透明度**面板設定**漸層模式：色彩增值 ❸**。

❶ 擴充外觀

❷ 旋轉　角度：-90°

❸ 透明度
漸變模式：色彩增值
不透明度：100%

> TIPS 利用「擴充外觀」來保留效果
> 注意！假如不執行**擴充外觀**，當旋轉後的影像恢復成原本狀態時，刻線會變成水平。

(Finish) 合成影像並且降低刻線的效果與顏色

執行『**編輯/貼至上層**』命令 **❶**。在**透明度**面板設定**不透明度：50%**，降低刻線的效果 **❷**。使用**矩形工具**建立**寬度：150mm**、**高度：150mm**、**填色：C10%**、**Y10%** 的長方形路徑 **❸**，放在影像最上層 ★。

最後，使用**透明度**面板，將長方形路徑設定成**漸變模式：色相**、**不透明度：60%**，降低整體影像的飽和度，完成範例 **❹**。

❶ 貼至上層

❷ 透明度
漸變模式：一般
不透明度：50%

★ 寬度：150mm
高度：150mm
填色：C10%、Y10%

❸

❹ 透明度
漸變模式：色相
不透明度：60%

MEZZOTINT × TEXTURE

以網線銅版 (銅版畫) 效果製作照片影像的紋理

請參考 **P271～272** 的操作步驟，在影像套用紋理效果。這些範例是按照素材來調整色相模式的顏色。雜訊特效會受素材本身影響，因此挑選適合的素材，是提高完成度的關鍵。

LANE.jpg （原始影像）

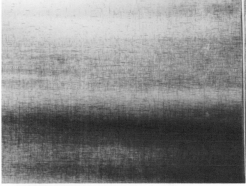

STAINLESS_STEEL.jpg ▶

◀ IRON_PLATE.jpg

FAIR-FACE_CONCRETE.jpg ▶

◀ CARDBOARD.jpg

Photo1～5：寬度 185mm × 高度 140mm／解析度 300 pixel/inch／RGB／無描述檔

SECTION

51

09
08
07
06
05
04
03
02
01

TEXTURE

**以影像描圖製作
剪影的合成技巧**

這是合成描圖後物件的技巧。此範例是把 P207 製作的紋理，與影像描圖產生的黑白物件合成在一起，完成的結果。

⊤ 範例資料夾 ▣ 51 ○ ○ ○ ○ ○

THE OLD TREE SILHOUETTE

▶ CS5、CS4 是使用**即時描圖**。從**物件**功能表中，叫出**影像描圖**選項，設定臨界值。各個版本的描圖精確度不一樣。

---

1 用「連結」面板嵌入照片影像

將影像檔案 (範例是 **OLD_TREE.jpg**) 拖放到工作區域 ❶。在**連結**面板的選項選單★執行『**嵌入影像**』命令，將影像嵌入工作區域內 ❷。

OLD_TREE.jpg

連結

OLD_TREE.jpg ❷ ★

在選項選單執行『**嵌入影像**』命令

❶

DRAG & DROP

TIPS 影像描圖的精確度
影像描圖的精確度與置入的影像解析度／影像尺寸成正比。嵌入工作區域的影像即使縮小，精確度也不會改變。但是您最好有心理準備，較大的影像完成描圖的時間比較久。

OLD_TREE.jpg：寬度 180mm × 高度 120mm／解析度 300 pixel/inch／RGB／無描述檔 (檔案大小：約 8.6MB)

2 以黑白模式執行影像描圖
(CC)、(CS6)

執行『**視窗/影像描圖** (CC、CS6)』
命令，設定**臨界值**與**模式**（黑
白），開始描圖★ ❶，然後執行
『**物件/影像描圖/展開**』命令 ❷。

TIPS **CS5、CS4 是即時描圖**
執行『**物件/即時描圖/描圖選項**』命令，設
定交談窗。
※描圖的精確度與版本有關 (CS5 的標準是：臨界
值 95、模糊 0.5px)。

★按下**影像描圖**面板的**預視**或**描圖**

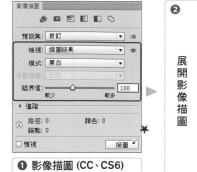

❷
展
開
影
像
描
圖

❶ 影像描圖 (CC、CS6)

描圖結果／模式：黑白
臨界值：100 (參考值)

---

3 開啟 38.ai (P207) 並且貼
上樹木剪影

選取經過影像描圖並展開的樹木
剪影，執行『**編輯/拷貝**』命令
❶。

接著開啟★**38.ai**，選取 **P207**
製作的物件，依序執行『**物件/
鎖定/選取範圍**』命令 ❷及執行
『**編輯/貼上**』命令 ❸。

★開啟 38.ai (P207 製作的物件)

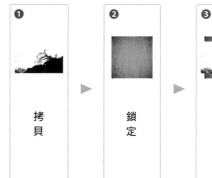

❶
拷
貝

❷
鎖
定

❸
貼
上

---

4 以「重疊」模式合成背景
與剪影

使用**透明度**面板，將貼上的樹木
剪影設定為**漸變模式：重疊、不
透明度：70%** ❶。使用**選取工具**
放大樹木剪影的尺寸，超出紋理
的左右兩邊（不用在意長寬比，
可以隨意調整）❷。

❷ 下一頁會調整上下部分。請以剪裁範
圍為優先來調整剪影尺寸。

❶ 透明度
重疊
不透明度：70%

❷
調
整
剪
影
的
尺
寸

5 移動上面的路徑擴大剪影的背景

執行『**選取/取消選取**』命令，接著使用**直接選取工具**拖曳選取上面的錨點（**2** 個）❶。按住 Shift 鍵不放，使用**直接選取工具**往上移動上面的路徑★ ❷。

❶ 以 ⇗ 拖曳選取上面的錨點　　❷ Shift + ⇗ 往上移動上面的路徑

6 配合背景的紋理遮蓋樹木剪影

使用**矩形工具**建立**寬度**：**200mm**、**高度**：**200mm** 的長方形路徑（**填色**：**任意色**、**筆畫**：**無**）❶，將長方形路徑移至紋理的上層 ❷。執行『**選取/全部**』命令 ❸，再執行『**物件/剪裁遮色片/製作**』命令，遮蓋樹木剪影 ❹。

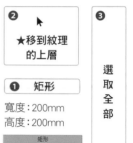

❷ ★移到紋理的上層

❶ 矩形
寬度：200mm
高度：200mm

| 矩形 |
| 寬度(W)：200 mm |
| 高度(H)：200 mm |
| 確定　取消 |

❸ 選取全部

▶ ❹ 製作剪裁遮色片

Finish 將隱藏在下層的 2 個鏡珠移至最前，完成範例

執行『**物件/全部解除鎖定**』命令，接著執行『**選取/取消選取**』命令 ❶。最後將隱藏在遮色片物件下層的鏡珠移動到最上層，完成範例 ❷。

TIPS
選取下層物件 (CC、CS6、CS5)
使用**選取工具**選取最上層的遮色片物件，按住 Ctrl (command) 鍵不放，在鏡珠物件上按 2 次滑鼠左鍵。

❶ 解除鎖定

▶

❷ 將鏡珠移至最前面

51B

VARIATION

使用「色彩增值」完成
直接了當的合成效果

以 P220 製作的紋理為基
礎,合成來自其他照片影
像的剪影。利用**色彩增值**模
式,明確表現剪影效果。

⊤ 範例資料夾 ■ 51

Silhouette
Image Trace in Adobe Illustrator CS6

▶ 這裡先刪除了 41.ai (P220) 所有的裝飾文字,再開始解說。以**色相**模式降低飽和度的紋埋,再利用**色彩增值**合成剪影,完成明確的合成效果。

1 開啟 41.ai 釋放剪裁遮色片

開啟★**41.ai**,選取 P220 製作的物件 ❶,執行『**物件/
剪裁遮色片/釋放**』命令 ❷。

2 隱藏長方形路徑→剪下

執行『**選取/取消選取**』命令,使用**選取工具**選取最上
層的長方形路徑 (**填色／筆畫:無**) ★,接著執行『**物
件/隱藏/選取範圍**』命令 ❶。再選取上層的長方形路
徑 (放射狀漸層),執行『**編輯/剪下**』命令 ❷。

❶ 開啟★41.ai

❷ 釋放剪裁遮色片

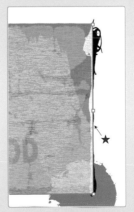

❷

★

❶

隱藏遮色片物件

❷

剪下上層的長方形路徑

3 刪除放在紋理上的 2 組文字

使用**選取工具**選取放在紋理上的裝飾用文字，按下 Delete 鍵，刪除文字 ❶。

❶ 選取裝飾用文字→刪除

4 再次製作剪裁遮色片

依序執行『**物件/顯示全部物件**』命令及執行『**選取/全部**』命令 ❶，接著執行『**物件/剪裁遮色片/製作**』命令 ❷。

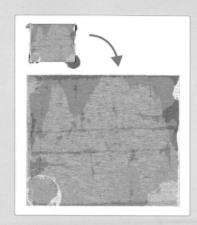

❶ 顯示全部物件→選取全部

❷ 製作剪裁遮色片

5 使用「色相」模式降低飽和度

執行『**編輯/貼至上層**』命令 ❶，長方形路徑的**填色**設定成**白色** ❷。在**透明度**面板設定**漸變模式：色相、不透明度：30%** ❸。

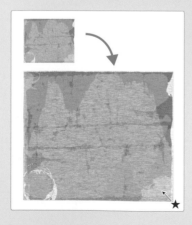

❶ 貼至上層

❷ 填色更改成白色

❸ 透明度

★色相／不透明度：30%

6 利用「連結」面板嵌入照片影像

執行『**選取/取消選取**』命令 ❶，將影像檔案（範例是 **TUGBOAT.jpg**）拖放至 **41.ai** 的工作區域內 ❷。

在**連結**面板的選項選單執行『**嵌入影像**』命令，將影像嵌入工作區域 ❸。

❸ 嵌入影像（「連結」面板）

❶ 取消選取 ▶ ❷ 拖放至 41.ai 的工作區域

TUGBOAT.jpg：寬度 180mm × 高度 120mm／解析度 300 pixel/inch／RGB／無描述檔（檔案大小：約 8.6MB）

7 以黑白模式執行影像描圖 (CC) (CS6)

執行『**視窗/影像描圖** (CC、CS6) 』命令，設定臨界值與模式 (黑白)，按下**預視**或**描圖**，顯示描圖結果 ❶。

❶ CS5、CS4 是執行『**物件/即時描圖/描圖選項**』命令，叫出交談窗。(CS5 的標準是：臨界值 95、模糊 0.5px)。請參考 P275-1

❶　影像描圖

描圖結果
模式：黑白
臨界值：60 (參考值)

8 讓展開後的物件強制變形

執行『**物件/影像描圖/展開**』命令 ❶，在**變形**面板設定**寬：200mm、高：170mm** ❷ (讓展開後的物件強制變形成和紋理一樣的尺寸)。

❶ CS5、CS4 是執行『**物件/即時描圖/展開**』命令

依照紋理尺寸變形/放大

展開影像描圖

❷　變形

寬：200mm　高：170mm

9 設定「色彩增值」模式並且重疊在紋理上

使用**選取工具**，讓展開後的物件 (剪影) 重疊在紋理的上層 ❶。接著將**透明度**面板的**漸變模式**設定成**色彩增值** ❷。

❶ 透明度

漸變模式：色彩增值
不透明度：100%

Finish 利用「對齊」面板讓 3 個物件居中對齊

執行『**選取/全部**』命令 ❶。最後，利用**對齊**面板讓 3 個物件居中對齊，完成範例 ❷。

❶ 選取全部

❷　對齊

水平居中

垂直居中

SECTION

52

09
08
07
06
05
04
03
02
01

TEXTURE

褐色牛皮紙與文字特效

這是將製作剪裁遮色片的影像搭配文字，製作而成的特效。此範例的重點是，將隨機排列的英文字母轉換成複合路徑。請一邊注意排列順序，一邊以文字遮蓋影像。

⊤ 範例資料夾 ■ 52

BRWN
BoWN
PPN
PAER

BROWN PAPER

TEXT EFFECT

▶ 這是以文字遮蓋影像的特效。此範例將可愛的油漆刷便條紙當作被攝體，以俯瞰方式，拍攝揉皺牛皮紙的光澤面。

---

1 在工作區域置入影像檔案

將影像檔案（**BROWNPAPER.jpg**）拖放到工作區域 ❶。

執行『**編輯/拷貝**』命令 ❷，在**透明度**面板設定**不透明度：40%** ❸。

TIPS **或執行『檔案/置入』命令**
若想使用置入命令，將影像檔案匯入工作區域，可以執行『**檔案/置入**』命令。

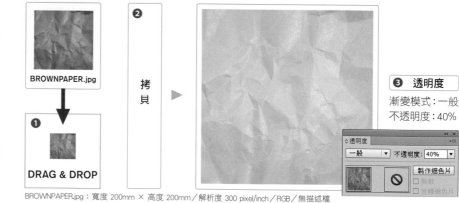

BROWNPAPER.jpg

❶ DRAG & DROP

❷ 拷貝

❸ **透明度**
漸變模式：一般
不透明度：40%

透明度
一般　不透明度：40%

製作遮色片

BROWNPAPER.jpg：寬度 200mm × 高度 200mm／解析度 300 pixel/inch／RGB／無描述檔

2 在上層放置使用放射狀漸層的長方形路徑

使用**矩形工具**建立**寬度：200mm**、**高度：200mm** 的長方形路徑 ❶。

長方形路徑的**填色**設定為使用不透明效果的放射狀漸層（**筆畫：無**）❷，使用**選取工具**將長方形路徑放在置入的影像上層 ❸。

❸ ▶ 疊放長方形路徑
※注意別移動下層影像

❶ **矩形**
寬度：200mm
高度：200mm

❷ **漸層**
類型：放射狀
外觀比例：100%

矩形
寬度(W)：200 mm
高度(H)：200 mm

◇漸層
類型：放射狀
筆畫：
∠ 0°
100° 100%
位置 50%

○ 白色
不透明度 0%
位置 18%

● C16、M25
Y52、K15
位置 100%

3 利用「色彩加深」讓影像四周變暗

使用**漸層工具**擴大放射狀漸層的範圍 ❶。在**透明度**面板設定長方形路徑的**漸變模式：色彩加深、不透明度：70%** ❷。依序執行『**選取/全部**』命令 ❸ 及執行『**物件/隱藏/選取範圍**』命令 ❹。

※漸層註解者的操作方法請參考 P146

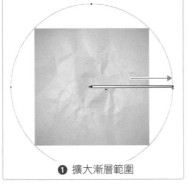

❶ 擴大漸層範圍

❸ 選取全部 ▶ ❹ 隱藏

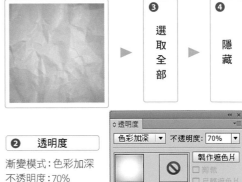

❷ **透明度**
漸變模式：色彩加深
不透明度：70%

◇透明度
色彩加深 ▼ 不透明度：70%
製作遮色片

4 垂直翻轉拷貝的影像

執行『**編輯/貼至上層**』命令 ❶，接著執行『**物件/變形/鏡射**』命令，垂直翻轉貼上的影像 ❷，再執行『**物件/鎖定/選取範圍**』命令 ❸。

❶ 貼至上層 ▶ ❷ 鏡射垂直翻轉 ▶ ❸ 鎖定

❷ **鏡射**
座標軸：垂直

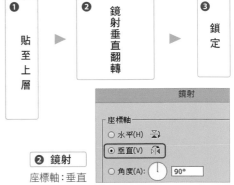
鏡射
座標軸
○ 水平(H)
◉ 垂直(V)
○ 角度(A)： 90°

5 改變尺寸隨意編排文字

使用**文字工具**輸入要套用特效的基本文字 ❶。

依序執行『**文字/建立外框**』命令 ❷及執行『**物件/解散群組**』命令 ❸。再使用**選取工具**隨意改變文字大小，並且安排位置 ❹。

❶ 此範例用的是文字尾端沒有「突起」的無襯線字型。建議選擇文字較寬且穩重的比例字型 (Proportional Font)。

❶
**BROWN
PAPER**

Arial Black ※
　　　　　　　　　※範例是參考值
填色：任意色

❷
建
立
外
框

❸
解
散
群
組

❹ 隨意調整大小並且編排文字的位置

6 以文字遮蓋照片影像

選取全部的文字之後，執行『**物件/複合路徑/製作**』命令 ❶。

執行『**編輯/拷貝**』命令 ❷，再執行『**物件/全部解除鎖定**』命令 ❸。執行『**選取/全部**』命令，然後執行『**物件/剪裁遮色片/製作**』命令，以文字遮蓋照片影像 ❹。

❶
製
作
複
合
路
徑

❷
拷
貝

❸
全
部
解
除
鎖
定

❹
製
作
剪
裁
遮
色
片

7 顯示照片影像並且將文字貼至最上層

依序執行『**物件/顯示全部物件**』命令及執行『**選取/取消選取**』命令 ❶，接著執行『**編輯/貼至上層**』命令 ❷，將物件設定為**填色：白色**、**筆畫：M18%**、**Y45%**、**K28%**、**筆畫寬度：4.5pt** (圓角★) ❸。

❶
顯
示
全
部
物
件
↓
取
消
選
取

❷
貼
至
上
層

❸
填色：白色
筆畫：M18%
　　　 Y45%
　　　 K28%
筆畫寬度：4.5pt
尖角：★圓角

8 使用「色彩加深」在文字右下方增加陰影

執行『**物件/變形/移動**』命令，往右下移動貼上的文字 **❶**。接著執行『**物件/排列順序/置後**』命令 **❷**，在**透明度**面板設定**漸變模式：色彩加深、不透明度：50%** **❸**。

★在右下方增加陰影

❶ 移動
距離：0.8mm／角度：-45°

❷ 置後

❸ 調整漸變模式

❸ 透明度
色彩加深／不透明度：50%

9 將筆畫設定成白色文字並且貼至最上層

執行『**選取/取消選取**』命令 **❶**，接著執行『**編輯/貼至上層**』命令 **❷**，設定物件的**填色與筆畫：白色、筆畫寬度：1.2pt**（圓角★）**❸**。

❶ 取消選取

❷ 貼至上層

❸
填色：白色
筆畫：白色
筆畫寬度：1.2pt
尖角：★圓角

Finish 使用「柔光」在文字左側加上反光

執行『**物件/變形/移動**』命令，往左移動貼上的白色文字 **❶**。接著執行『**物件/排列順序/置後**』命令 **❷**，在**透明度**面板設定**漸變模式：柔光、不透明度：100%**，完成範例 **❸**。

❶ 移動
移動
水平：-0.55mm
垂直：0mm

❷ 置後

❸ 透明度
柔光
不透明度：100%

The Second Section 材質特效

SECTION

09
08
07
06
05
04
03
02
01

53

TEXTURE

切割雜誌製作
立體拼貼

剪裁雜誌製作出拼貼背
景。隨機排列儲存於色票
的影像，完成立體拼貼效
果。

範例資料夾　■ 53

▶ 此範例使用了剪裁後的影像當作素材。如果要以擷取鍵來製作時，請參考右邊的說明。MAC：command + Shift + 4 (拖曳游標)、Win8：使用**剪取工具**擷取需要的區域。

1　置入影像檔案並且點陣化

將影像檔案 (**MAGAZINE.jpg**) 拖放到
工作區域 **❶**。

執行『**物件/點陣化**』命令，設定
**色彩模式：CMYK、解析度：高
(300ppi)**，將照片影像點陣化 **❷**。

使用**矩形工具**建立**寬度：80mm**、
**高度：34mm、填色：無、筆畫：
白色、筆畫寬度：1pt** 的長方形路
徑，移動至點陣化後的影像上層 **❸**。

MAGAZINE.jpg

❶

DRAG & DROP

點陣化

色彩模式(C)：CMYK

解析度(R)：高 (300 ppi)

背景
◉ 白色(W)
○ 透明(T)

選項

消除鋸齒(A)：最佳化線條圖 (超取樣)

□ 製作剪裁遮色片(M)

在物件周圍增加(D)：0 mm　版面

☑ 保留特別色(P)

❷ 點陣化　　CMYK／高解析度／白色／最佳化線條圖／0mm

❸　　矩形
寬度：80mm　高度：34mm

矩形

寬度(W)：80 mm

高度(H)：34 mm

MAGAZINE.jpg：寬度 85mm × 高度 40mm／解析度 300 pixel/inch／RGB／無描述檔

2 將點陣化影像儲存成圖樣

使用**選取工具**將移動至上層的長方形路徑放到剪裁位置,參考圖 **❶**,調整位置 **❶**。

執行『**物件/排列順序/置後**』命令 **❷**,將長方形路徑的**筆畫**(**白色**)設定為**無 ❸**。

使用**選取工具**選取 **2** 個物件,拖曳至**色票**面板,將影像儲存成圖樣 **❹**。

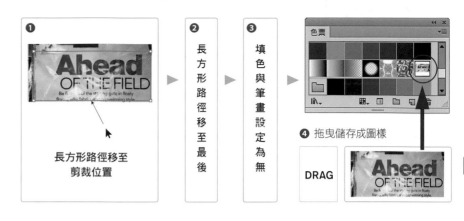

❶ 長方形路徑移至剪裁位置

❷ 長方形路徑移至最後

❸ 填色與筆畫設定為無

❹ 拖曳儲存成圖樣

DRAG

3 利用變形效果與移動讓長方形路徑排成 2 排

使用**矩形工具**建立**寬度：45mm**、**高度：18mm**、**填色：任意色**(**筆畫：無**)的長方形路徑 **❶**。

執行『**效果/扭曲與變形/變形**』命令,往右排列長方形路徑 **❷**,執行『**物件/變形/移動**』命令,把橫向排列的長方形路徑變成 **2** 排 **❸**。

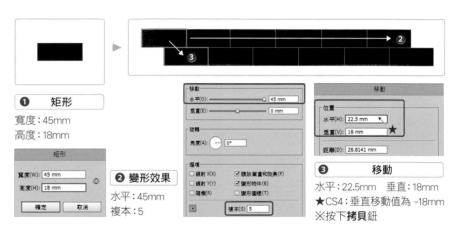

❶ 矩形
寬度：45mm
高度：18mm

矩形
寬度(W)：45mm
高度(H)：18mm
確定　取消

❷ 變形效果
水平：45mm
複本：5

❸ 移動
水平：22.5mm　垂直：18mm
★CS4：垂直移動值為 -18mm
※按下**拷貝**鈕

4 使用變形效果將長方形路徑排成12排

選取排列成 **2** 排的長方形路徑,執行『**物件/組成群組**』命令 **❶**。接著執行『**效果/變形**』命令,往下排列長方形 **❷**,再執行『**物件/擴充外觀**』命令 **❸**。

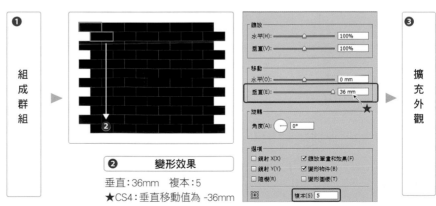

❶ 組成群組

❷ 變形效果
垂直：36mm　複本：5
★CS4：垂直移動值為 -36mm

❸ 擴充外觀

TIPS 重複使用效果

請直接按下提醒視窗內的**套用新效果**鈕。

5 將物件的填色設定成剛才儲存的影像圖樣

使用剛才儲存在**色票**面板的影像圖樣來設定排列成 12 排的物件**填色** ❶。依序執行『**編輯/拷貝**』命令 ❷ 及執行『**編輯/貼至上層**』命令 ❸，使用**透明度**面板設定物件的**漸變模式：色彩增值、不透明度：100%** ❹。

❶ 將物件的填色設定成剛才儲存的圖樣

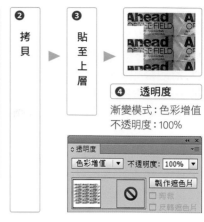

❷ 拷貝

❸ 貼至上層

❹ 透明度

漸變模式：色彩增值
不透明度：100%

6 物件填色設定成 90° 漸層

將貼至上層的物件**填色**設定成使用透明效果的 **90° 線性漸層** ❶。依序執行『**編輯/拷貝**』命令及執行『**物件/鎖定/選取範圍**』命令 ❷。

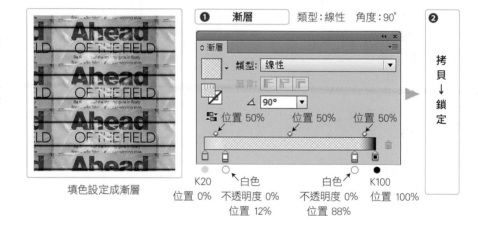

填色設定成漸層

❶ 漸層　　類型：線性　角度：90°

❷ 拷貝 ↓ 鎖定

K20
位置 0%

白色
不透明度 0%
位置 12%

白色
不透明度 0%
位置 88%

K100
位置 100%

7 改變「貼上物件」的漸層角度

執行『**編輯/貼至上層**』命令 ❶，將物件的**填色**調整成 **-180° 線性漸層** ❷。接著執行『**物件/鎖定/選取範圍**』命令 ❸。

★改變漸層的角度

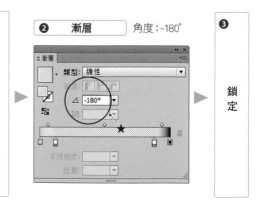

❶ 貼至上層

❷ 漸層　　角度：-180°

❸ 鎖定

8 隨機移動錯開圖樣與物件
(CC) (CS6)

選取移至最後的物件，執行『**物件/解散群組**』命令 **3** 次 **❶**。接著執行『**物件/變形/個別變形**』命令，與物件錯開，隨機移動圖樣 (CC、CS6) **❷**。

TIPS **CS5、CS4 是使用波浪鍵手動移動**
按住波浪鍵不放，同時使用**選取工具**直接拖曳長方形物件內的影像圖樣。 **[~] + ▶**

★按下**預視**隨機變化編排位置

❶ 解除群組 × 3 次

▼

❷ 個別變形 (CC、CS6)

移動 水平／垂直：30mm
☐ 變形物件
☑ 變形圖樣
☑ 隨機

※請勾選**變形圖樣**與**隨機**，取消**變形物件**。

---

9 將套用放射狀漸層的長方形路徑移至最前

執行『**選取/取消選取**』命令 **❶**。

使用**矩形工具**建立**寬度：220mm、高度：220mm** 的長方形路徑 **❷**。路徑**填色**設定成使用不透明效果的放射狀漸層 **❸**，在**透明度**面板設定長方形的**漸變模式：色彩增值、不透明度：100% ❹**。

❷ 矩形

寬度：220mm 高度：220mm

★將長方形路徑移到最前面

❹ 透明度 色彩增值／100%

❶ 取消選取

▼

❷ 建立
長方形路徑

▼

❸ 填色設定成
放射狀漸層

▼

❹ 漸變模式
設定成色彩增值

❸ 漸層 放射狀／外觀比例：100%

○   ●
白色   C45、K100
不透明度 0%   位置 100%
位置 0%

Finish 以略小的長方形路徑當作剪裁遮色片

使用**漸層工具**往上移動放射狀漸層的原點位置，擴大漸層範圍 **❶**。執行『**物件/全部解除鎖定**』命令 **❷**。

建立**寬度：220mm、高度：220mm** 的長方形路徑 **❸**，移動至剪裁位置，依序執行『**選取/全部**』命令及執行『**物件/剪裁遮色片/製作**』命令，完成範例 **❹**。

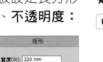

※漸層註解者的操作方法請參考 P146

❶ 調整漸層的原點
位置並擴大漸層範圍

▼

❷ 全部解除鎖定

▼

❸ 建立長方形路徑
寬×高：200mm

▼

❹ 製作
剪裁遮色片

感謝您購買旗標書,
記得到旗標網站
www.flag.com.tw
更多的加值內容等著您…

<請下載 QR Code App 來掃描>

1. 建議您訂閱「旗標電子報」：精選書摘、實用電腦知識
   搶鮮讀; 第一手新書資訊、優惠情報自動報到。

2. 「更正下載」專區：提供書籍的補充資料下載服務, 以及
   最新的勘誤資訊。

3. 「網路購書」專區：您不用出門就可選購旗標書!

   買書也可以擁有售後服務, 您不用道聽塗說, 可以直接
   和我們連絡喔!

   我們所提供的售後服務範圍僅限於書籍本身或內容表達
   不清楚的地方, 至於軟硬體的問題, 請直接連絡廠商。

● 如您對本書內容有不明瞭或建議改進之處, 請連上旗標網
   站, 點選首頁的 讀者服務 , 然後再按右側 讀者留言版 , 依
   格式留言, 我們得到您的資料後, 將由專家為您解答。註
   明書名 (或書號) 及頁次的讀者, 我們將優先為您解答。

   學生團體 訂購專線：(02)2396-3257 轉 362
           傳真專線：(02)2321-2545

   經銷商   服務專線：(02)2396-3257 轉 331
           將派專人拜訪
           傳真專線：(02)2321-2545

國家圖書館出版品預行編目資料

設計職人必修：Illustrator 文字與材質特效 / 下田和政 作 /
吳嘉芳 譯. -- 臺北市：旗標, 2015.06 面; 公分

ISBN 978-986-312-263-0 (平裝)

1. Illustrator (電腦程式)

312.49I38   104008236

作   者／下田和政
翻譯著作人／旗標科技股份有限公司
發 行 所／旗標科技股份有限公司
         台北市杭州南路一段15-1號19樓
電   話／(02)2396-3257(代表號)
傳   真／(02)2321-2545
劃撥帳號／1332727-9
帳   戶／旗標科技股份有限公司
監   督／楊中雄
執行企劃／林佳怡
執行編輯／林佳怡
美術編輯／陳慧如・林美麗・薛詩盈
         張家騰・薛榮貴
校   對／林佳怡
封面設計／古鴻杰

新台幣售價：450 元
西元 2021 年 1 月 初版 7 刷
行政院新聞局核准登記-局版台業字第 4512 號
ISBN 978-986-312-263-0
版權所有・翻印必究

Illustrator Design Manual TEXTURE & TEXT EFFECT by
Kazumasa Shimoda
Copyright © 2014 Kazumasa Shimoda All rights reserved.
Original Japanese edition published by Gijutsu-Hyoron Co., Ltd., Tokyo
This Complex Chinese edition is published by arrangement with
Gijutsu-Hyoron Co., Ltd., Tokyo in care of Tuttle-Mori Agency, Inc.,
Tokyo
Copyright for the Traditional Chinese edition © 2019
Flag Technology Co., Ltd. All rights reserved.

本著作未經授權不得將全部或局部內容以任何形式重製、轉
載、變更、散佈或以其他任何形式、基於任何目的加以利用。

本書內容中所提及的公司名稱及產品名稱及引用之商標或網頁,
均為其所屬公司所有, 特此聲明。